中国科学技术大学
交叉学科基础物理教程

主编 侯建国 副主编 程福臻 叶邦角

量子力学导论 第2版

潘必才 编著

中国科学技术大学出版社

内 容 简 介

本书是针对非物理专业和对理论物理要求不高的物理专业的大学生学习量子力学所编写的教材，也适合初学者自学量子力学。全书包含了初等量子力学的基本假设和基本理论架构：微观粒子的波函数、波动方程、算符、表象、角动量和电子自旋、近似算法(包括对微扰论、变分法和密度泛函理论的简介)，同时介绍了初等量子理论在化学、凝聚态物理、核材料、量子通信和量子计算等学科中的应用。

图书在版编目(CIP)数据

量子力学导论/潘必才编著.—2版.—合肥：中国科学技术大学出版社，2019.8(2023.7重印)
(中国科学技术大学交叉学科基础物理教程)
中国科学技术大学一流规划教材
安徽省高等学校“十三五”省级规划教材
ISBN 978-7-312-04735-0

Ⅰ.量… Ⅱ.潘… Ⅲ.量子力学—高等学校—教材 Ⅳ.O413.1

中国版本图书馆CIP数据核字(2019)第171554号

出版 中国科学技术大学出版社
安徽省合肥市金寨路96号，230026
http://press.ustc.edu.cn
https://zgkxjsdxcbs.tmall.com
印刷 合肥市宏基印刷有限公司
发行 中国科学技术大学出版社
经销 全国新华书店
开本 880 mm×1230 mm 1/16
印张 17
字数 345千
版次 2015年8月第1版 2019年8月第2版
印次 2023年7月第3次印刷
定价 68.00元

序

物理学从17世纪牛顿创立经典力学开始兴起,最初被称为自然哲学,探索的是物质世界普遍而基本的规律,是自然科学的一门基础学科。19世纪末20世纪初,麦克斯韦创立电磁理论,爱因斯坦创立相对论,普朗克、玻尔、海森伯等人创立量子力学,物理学取得了一系列重大进展,在推动其他自然学科发展的同时,也极大地提升了人类利用自然的能力。今天,物理学作为自然科学的基础学科之一,仍然在众多科学与工程领域的突破中、在交叉学科的前沿研究中发挥着重要的作用。

大学的物理课程不仅仅是物理知识的学习与掌握,更是提升学生科学素养的一种基础训练,有助于培养学生的逻辑思维和分析与解决问题的能力,而且这种思维和能力的训练,对学生一生的影响也是潜移默化的。中国科学技术大学始终坚持“基础宽厚实,专业精新活”的教育传统和培养特色,一直以来都把物理和数学作为最重要的通识课程。非物理专业的本科生在一、二年级也要学习基础物理课程,注重在这种数理训练过程中培养学生的逻辑思维、批判意识与科学精神,这也是我校通识教育的主要内容。

结合我校的教育教学改革实践,我们组织编写了这套“中国科学技术大学交叉学科基础物理教程”丛书,将其定位为非物理专业的本科生物理教学用书,力求基本理论严谨、语言生动浅显,使老师好教、学生好学。丛书的特点有:从学生见到的问题入手,引导出科学的思维和实验,再获得基本的规律,重在启发学生的兴趣;注意各块知识的纵向贯通和各门课程的横向联系,避免重复和遗漏,同时与前沿研究相结合,显示学科的发展和开放性;注重培养学生提出新问题、建立模型、解决问题、作合理近似的能力;尽量做好数学与物理的配合,物理上必需的数学内容而数学书上难以安排的部分,则在物理书中予以考虑安排等。

这套丛书的编写队伍汇集了中国科学技术大学一批老、中、青骨干教师,其中既有经验丰富的国家级教学名师,也有年富力强的教学骨干,还有活跃在教学一线的青年教师,他们把自己对物理教学的热爱、感悟和心得都融入教材的字里行间。这套丛书从2010年9月立项启动,其间经过编委会多次研讨、广泛征求意见和反复修改完善。在丛书陆续出版之际,我谨向所有参与教材研讨和编写的同志,向所有关心和支持教材编写工作的朋友表示衷心的感谢。

教材是学校实践教育理念、达到教学培养目标的基础,好的教材是保证教学质量的第一环节。我们衷心地希望,这套倾注了编者们的心血和汗水的教材,能得到广大师生的喜爱,并让更多的学生受益。

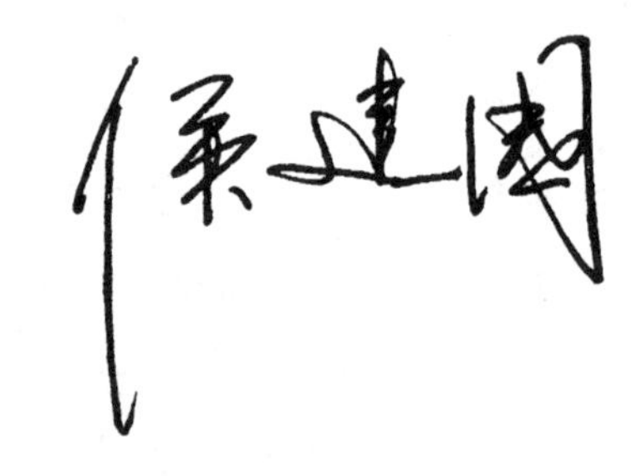

2014年1月于中国科学技术大学

第2版前言

在本版中，我们对第1版全书进行了校勘和修订，在第2章中增加了对算符函数的简单介绍，并对第3章中的“表象间的变换”进行了改写。为了简要地介绍产生量子概念的物理背景，本版增设了一个附录。书中增加了少量的例题和习题，并将每章的习题调整为 Part A 和 Part B 这两部分。其中，列入 Part A 的习题为基础题，列入 Part B 的习题是难度较大的习题。

特别感谢合肥工业大学周如龙教授和李冬冬博士在修订过程中提出了宝贵意见。感谢权毓捷和翟泽华修订书中的习题及其解答。

潘必才

2019年7月

第1版前言

在20世纪的上半叶，非相对论近似下的量子理论已经建立、完善。量子理论的建立极大地推动了物理学的深入发展，这不仅体现在原子分子物理、理论物理和粒子物理领域，凝聚态物理、化学和材料科学的研究也强烈地依赖着量子理论。近十年来，诸如“量子通信”“量子计算”等含有术语“量子”的科技新闻频繁地出现在媒体上。于是，一些远离量子理论的人们也都注意到了量子理论所能带来的神奇现象，他们似乎感受到量子理论的应用离百姓的生活并不遥远。实际上，在现代的日常生活中，我们处处享受着量子理论的成果，例如用发光二极管制成的交通信号灯、日光灯和半导体器件集成的大量电子产品等。随着高新技术的快速发展，量子理论将会在更宽广的非物理类领域中获得越来越多的应用。

非物理类专业在校的大学生和研究生是这些领域中未来的科技工作者的主体，学习量子理论知识对他们未来的工作是十分有益的。然而，学习量子力学并非易事。费曼说过“没有谁理解量子力学”，这是因为量子力学的基本概念和理论构架与经典物理学的相去甚远，常常让初学者困惑不解。即便是物理学科的学生，在学习量子力学时也常常有“如坠云海”的感觉。目前已有的各种量子力学教材主要是针对物理学科学生编写的，不适合用于非物理类学科大学生的学习。鉴于此，我们编写了本教材。教材采用较为通俗的语言来阐述量子力学的基本概念和理论架构,舍弃了一些理论的细节,特别是忽略了一些非常复杂的方程求解过程和数学技巧,以突出量子理论的要点。这样的处理是为了让读者不要被复杂的数学过程困扰,而将注意力集中于物理图像。

我们假定学习本教材的读者已学习过"原子物理学"。在"原子物理学"中已初步介绍过微观粒子的波-粒性质、波函数的统计解释、不确定性关系、薛定谔方程和氢原子的量子力学解。于是,本教材在第1章中对微观粒子的波粒二象性、概率波和不确定性关系只进行适当的回顾和点评。在后面的五章中,略去了非物理类专业学生感到很困难的内容。例如,略去了算符函数,以及对称性(时间平移不变性、空间平移不变性、空间转动不变性)与守恒量(能量守恒、动量守恒、角动量守恒)的关系。尽管如此,我们尽可能使教材的内容表现出基本完整的理论体系。

为了强调量子力学在应用上的价值,我们将量子力学的一些概念和结果与相关学科的实际应用联系起来,让神秘的量子理论更贴近生活。为此,在书中给出了若干"拓展阅读"。这些"拓展阅读"包括量子尺寸效应、量子剪裁、原子间形成化学键的直观图像、量子通信、量子计算、自旋电子学、磁致冷冰箱的工作原理等内容。最后一章还给出一个简单的第一性原理计算的实例,让读者感受如何采用所学的量子力学知识对一个实际的微观物理体系开展理论计算研究。

在习题的安排上,我们给出了思考题、计算题和证明题。其中,思考题对初学量子力学的读者尤其重要,通过对这些问题的思考,读者能够加深对该章内容的物理图像的理解。习题中只有很少量的难题,这些题均打上了"*"号,作为选做的题。

张永德教授曾经告诫说:"量子力学的教学是如履薄冰的。"的确,在课堂教学中要深入浅出地讲述量子理论的深刻内涵是非常困难的事。而作为量子力学的简明导论,如何才能准确、清晰、易懂地介绍量子力学的基本理论也同样是个挑战。在丛书主编侯建国院士和丛书副主编程福臻教授的鼓励和支持下,编者鼓起勇气编写本书。在本书的编写过程中,张永德教授审阅了书稿的大纲,对内容的安排给予了有益的指导。感谢侯建国院士、谢毅院士、王兵教授和许小亮教授为本书提供了他们的实验结果的彩色图片;感谢朱林繁教授提供了原子光谱与表象理论的研究成果作为本书的拓展阅读，让读者切实感受表象理论如何用于解释某些实验现象；感谢郭国平教授审阅了书中关于量子态工程的拓展阅读内容。司杭博士和李冬冬博士绘制了书中的一些原始图片；雷雪玲博士通过量子化学计算，提取计算数据，绘制了与原子轨道波函数有关的图片。我的学生韦宗慧和化雪敏解答了本书的习题。

吴强教授、周如龙博士、陆爱江博士等仔细地审阅了书稿，提出了许多有价值的意见。张云鹏校阅了书稿。在 2014 年全国量子力学年会期间，也有几位教授对书稿的内容提出了建议。中国科学技术大学化学与材料科学学院的李群祥教授、胡水明教授和几位本科生也阅读了书稿，他们从化学专业学生学习量子力学的角度提出了许多建议。朱栋培教授和刘全慧教授细致地审阅了书稿，纠正了书稿中的错误和许多不当之处，提出了非常宝贵的修改意见和建议。

正由于这些宝贵的支持，本书才能顺利出版，我向他们深表谢意！

由于本书编者学识有限，教材中难免会有许多不足之处，恳请读者批评指正。

潘必才

2015 年 4 月

致 读 者

在阅读本书之前,读者要有原子物理学的基础,特别是已经了解了玻尔的氢原子理论。由于量子理论本身是个“非常奇怪”的理论,建议读者在阅读本书时,要将主要精力用于仔细地思考和感悟量子理论中的概率波的概念。为了加深对微观粒子波-粒性的深入理解,在学习量子力学的过程中,尽可能地将学习的内容与波-粒性相关联。这样的关联也能帮助读者加深对微观体系新奇的物理现象和规律的理解。

尽管本书是一本简明的导论(不是科普读物),依然要用数学的语言表述量子理论中的基本知识,这是不可回避的现实。所以,读者要有基本的矩阵代数和线性空间的知识,能求解简单的偏微分方程。

许多非物理非数学专业的学生在学习物理时,一遇到稍复杂的数学公式及其推导就会产生一定程度的排斥心理。实际上,数学仅仅是表达物理内容的工具,读者在读物理书的过程中见到数学公式时,要深入思考这些数学公式表述了什么样的物理内容。如果采用这样的思考方式,读者就不会被数学的形式所困扰。另外,为了减少复杂的数学过程对读者阅读的干扰,本书回避了对特殊方程的求解过程,主要强调物理问题的提出和对结果的讨论。

此外,我们特意在页边空白处对有关内容作了一些通俗性的注解。

有些注解是提醒该处内容与前面的某个或某些内容的关联，这能帮助读者将前后的相关知识联系起来；有些注解则是对该处数学处理的物理原因或数学技巧的交代。希望这样的编排能增强本书物理内容的可读性。

路 线 图

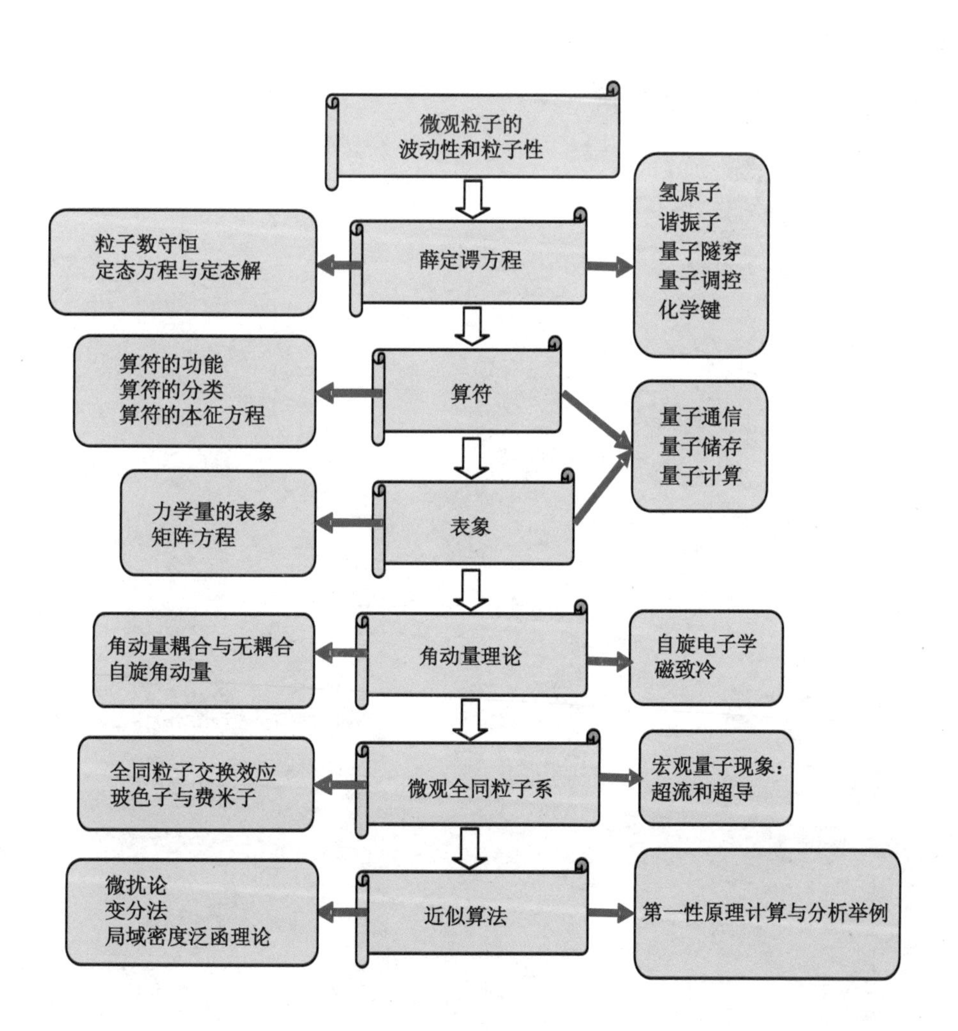

微观粒子的
波动性和粒子性
薛定谔方程
粒子数守恒
定态方程与定态解
氢原子
谐振子
量子隧穿
量子调控
化学键
算符
算符的功能
算符的分类
算符的本征方程
量子通信
量子储存
量子计算
表象
力学量的表象
矩阵方程
角动量理论
角动量耦合与无耦合
自旋角动量
自旋电子学
磁致冷
微观全同粒子系
全同粒子交换效应
玻色子与费米子
宏观量子现象：
超流和超导
近似算法
微扰论
变分法
局域密度泛函理论
第一性原理计算与分析举例

目　　录

例题目录

第1章　概率波与薛定谔方程

《聊斋志异》中有一则名为《崂山道士》的寓言故事。故事里虚构了一个书生去学习“穿墙术”，回家后表演“穿墙术”时却被碰得鼻青脸肿。的确，在我们生活的宏观空间中，我们是没有能力用自己的身体直接穿越住房的墙体的。然而，这种“违反常理”的事却在微观世界里发生了：运行的微观粒子有可能穿越比它的动能还要大的能量势垒(能量势垒就是阻挡粒子行进的墙)。在微观世界，这种粒子“穿墙”的现象常常发生，不仅如此，还有许多其他的不可思议的现象。

《崂山道士》中书生穿墙是发生在实空间中，而微观粒子穿越势垒是在能量空间中。这是两个不同空间中的故事，在此，只是用于类比。

面对这些“离奇”的现象，我们不禁要问：为什么微观粒子的一些运动行为与我们宏观世界中物体的运动行为大相径庭？为了理解微观粒子的运动规律，本章首先介绍微观粒子若干重要的本征属性，并与宏观粒子的一些相关的性质进行对比。然后，系统地引入量子理论中与波动力学相关的基本知识。同时，介绍波动力学对若干模型体系和氢原子的物理解。

1.1　概率波与薛定谔方程

1.1.1　波粒二象性的简要回顾

1900年，普朗克(M. Planck)为了解释黑体辐射的实验现象，大胆地假设了能量的辐射不是连续的，而是一份一份地发射。每一份能量被称为一个能量量子。于是，黑体辐射中的能量单元是“量子化”的——从而提出了“量子化”的概念。普朗克将这一物理思想与经典物理学中的统计理论和电动力学理论相

附录A给出了产生量子化概念的物理背景。

结合，对令人困惑不解的黑体辐射现象给出了完美的解释。此后，爱因斯坦(A. Einstein)为了解释光电效应，提出在光被物质吸收的过程中，光的能量是一份一份地被吸收的。每一份能量的光被称为光量子(又称为光子)。其中，光子的能量 E 由光的频率 ν 决定：

$$E = h\nu \tag{1.1.1}$$

这里，h 为普朗克常数。光量子概念的提出赋予了光全新的内涵——光具有粒子性。至此，爱因斯坦在光的波动性基础上补充了粒子性。于是，基于量子化的假设，光具有了波粒二象性。

光的静止质量为零。与光子相对应的则是自然界中存在着大量的静止质量不为零的粒子(通常称为实物粒子)，这些粒子本身就具有我们所熟知的粒子性。德布罗意(Louis Victor de Broglie)开创性地提出：实物粒子不仅具有粒子性，而且具有波动性，其波长与粒子的动量满足如下的关系：

$$\lambda = \frac{h}{p} \tag{1.1.2}$$

式(1.1.2)就是著名的德布罗意关系式，式中 λ 称为粒子的德布罗意波长。这一关系式与式(1.1.1)一起将粒子性的特征物理量(能量 E 和动量 p)与波动性的特征物理量(频率 ν 和波长 λ)关联起来。

【例 1.1】 粒子的能量、质量与德布罗意波长

设一个质量为 m 的自由运动粒子，其速度 v 较低，可忽略相对论效应。该粒子的动能为

$$E = \frac{1}{2}mv^2 = \frac{p^2}{2m}$$

对应的德布罗意波长为

$$\lambda = \frac{h}{\sqrt{2mE}}$$

显然，粒子的能量越高，德布罗意波长越小；粒子的质量越大，其德布罗意波长也越小。例如，一个动能为 1 eV 的电子，其德布罗意波长为 1.226 nm；而一个质量为 1.3 t、运动速度为 120 km · h^{-1} 的汽车，其德布罗意波长约为 1.53×10^{-29} nm。显然，汽车的质量远大于微观粒子的质量，所对应的德布罗意波长非常微小。由于汽车的德布罗意波长太小，因而汽车表现出“宏观粒子”的特征。

如果我们需要观测一个 0.3 nm 的物体，可用的光子的最小能量是多少？如将光子换成电子呢？

1.1.2　对概率波的评述

德布罗意提出的实物粒子具有波动性的假设被多个互相独立的实验所证实。其中最著名的验证性实验是入射到镍单晶的电子束出射后显示出衍射现象,以及电子通过双缝后显示出干涉现象(见图 1.1)。既然不同的实验都证实了物质波的存在,我们当然需要思考物质波是什么样的波。

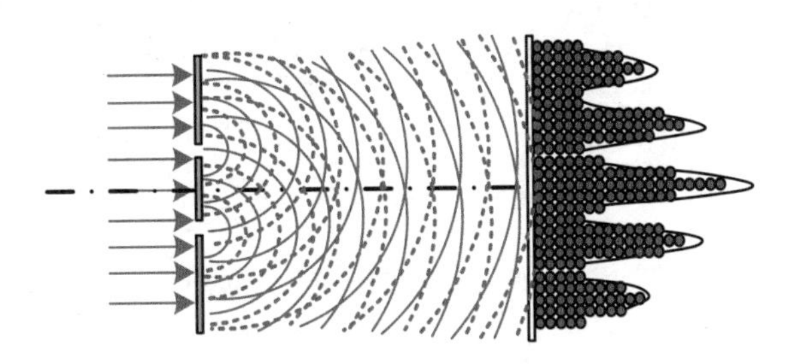

图 1.1　电子的双缝实验
电子从左侧入射到双缝金属板,在右边的屏上探测电子。大量电子入射的结果是右边的屏上电子在空间上的分布密度呈现出类似于光的双缝干涉的花样。

首先,注意到:入射到右边屏上的电子在空间上的分布密度呈现出类似于光的双缝干涉的花样。这样的具有波动特征的花样是否是由入射的电子束在空间(例如在垂直于运行方向的截面)上的不均匀分布导致电子在屏上不均匀累积而成?如果是这样,为什么一定要非均匀地累积成类似于光的干涉花样呢?不妨进行一个特殊的实验:控制实验条件,使得入射的电子是一颗一颗地射向双缝,并且是前一颗电子打到屏上后,才发射第二颗电子。如此一来,每束入射电子的面密度都是相同的。按此方案,长时间地入射电子(即有大量的电子入射到屏上),屏幕上电子密度的空间分布依然呈现出图 1.1 所示的干涉花样。这足以说明电子双缝实验所观察到的干涉花样不是由入射电子束的粒子面密度不均匀所导致的。

其次,物质波是弹性波吗?我们知道,弹性波是靠介质中的各个粒子在各自平衡位置附近集体振动来产生并进行传输的。因此,没有介质就不会有弹性波,也谈不上弹性波的传输。然而,电子双缝干涉实验需要在高真空的环境中进行。在这样的实验环境中没有传输弹性波的介质存在,于是,电子双缝实验所显示出来的波动现象与弹性波无关。所以,物质波不是弹性波。

那么,物质波是否是经典的波包呢?如果是一种经典的波包,按光学中的惠更斯原理,物质波在通过双缝时被分成两个子波前,这两个子波前在后续的空间中相干,会表现出干涉现象。若果真如此,电子经过双缝时就应该“分身”。但是,在双缝右侧的空间中探测经过双缝的电子时,要么没有探测到电子,一旦探测到电子,该电子的内禀性质与入射双缝的电子的内禀性质完全相同,从来没有探测到电子经过双缝后有关“电子分身”的任何信息。因而,物质波也不是经典的波包。

通过上述的辨析,我们认识到虽然物质波具有波动特征,但不能采用经典物理中的波予以理解。那么,物质波到底是什么样的波?让我们回顾上面提到

我们必须指出，这两个实验中所表现出的衍射和干涉现象完全类似于光的衍射和干涉现象，如此的相似性深刻地暗含着电子也具有与光相似的波动性。

的实验事实：入射到右边屏上的电子在空间上的分布密度呈现出类似于光的双缝干涉的花样。从这个实验事实我们知道，干涉花样中“强度”大的地方对应着电子密度高，反之则小。而“电子密度高”则意味着电子在该区域出现的概率大，“电子密度小”则对应着电子出现的概率小。于是，图 1.1 中屏上出现的电子密度空间分布的干涉花样是电子在屏上概率性分布的表现。因而，玻恩(M. Born)提出微观粒子的物质波是概率波。

必须强调，在经典物理学中，波是体系的某些实际物理量在时间和空间上按周期行为而演化。例如，单色平面波(频率为 ω，波矢为 $\vec{k}$)的电场矢量和磁场矢量

$$\vec{E} = \vec{E}_0\exp[\mathrm{i}(\vec{k}\cdot\vec{r} - \omega t)]$$

$$\vec{B} = \vec{B}_0\exp[\mathrm{i}(\vec{k}\cdot\vec{r} - \omega t)]$$

就是两个可观测的物理量(电场强度和磁感应强度)在时间和空间上的演化，它们的波幅 $\vec{E}_0$ 和 $\vec{B}_0$ 具有确定的物理意义。但微观粒子的波动性却不是微观粒子某一实际物理量的波动行为，只是刻画微观粒子在空间和时间上的概率分布。正因如此，微观粒子的波动性被形象地称为概率波。

既然微观粒子的波动性与经典粒子的波动性有着天壤之别，我们也应该思考微观粒子的粒子性与经典粒子的粒子性是否也存在着差异。在经典物理学中，粒子不仅具有粒子本身的颗粒完整性(如粒子的质量、电荷等本征属性在测量中被完整地观测到)，而且在空间的占位上具有排他性：不可能有两个或更多的粒子在同一时刻占据完全相同的空间位置。然而，微观粒子在保持着粒子的颗粒完整性的同时，却抛弃了经典粒子所拥有的空间占位的排他性。换言之，微观粒子能够在空间位置上“叠加”。这种“叠加”性恰恰又是其波动性的一种体现！

众所周知，经典粒子的空间位置的排他性与波的空间可叠加性是互不相容的。同时，经典粒子在空间中的定域性与波在空间中的延展性也是格格不入的。在经典物理学中从未采用粒子性和波动性的概念来同时表述任意一个经典粒子的物理行为。但在量子力学中，微观粒子却同时拥有这一对“互不相容”的属性，只不过有时以粒子性为主体特征的形态出现，有时以波动性为主体特征的形态出现。微观粒子“既是粒子又是波”的表述常常给量子理论的初学者带来理解上的困惑。产生困惑的主要原因是初学者将经典物理中的波动性和粒子性的图像赋予了微观粒子。

在经典物理中，粒子在空间中的运动是连续的，因而经典粒子具有连续的运行轨道。这种运动形式在我们的宏观世界中普遍存在。由于这一原因，当粒子位于空间的任何一点时，均能在测量误差范围内同时测定该粒子的位置和动量。例如，当我国的神舟载人飞船绕地球飞行时，北京的测控中心可以对飞船

的位置和飞行的状态进行实时监控。显然,飞船在飞行过程中每一时刻的空间坐标和飞行的速度均能被精确测定。飞船和地球组成的宏观体系如果在空间尺度上同比例地缩小 100 000 000 000 000 倍,就变成了类氢原子的微观体系。量子力学中的海森伯不确定性关系告诉我们,在这种微观尺度上,无论采用何种精密的测量技术,微型飞船的飞行位置和速度都不能同时被精确确定。

这里提到了不确定性关系。不确定性关系是指微观粒子的位置和动量不能同时被确定。在数学上,这一不确定性关系可表述为

$$\Delta x \cdot \Delta p \geqslant \frac{\hbar}{2} \tag{1.1.3}$$

其中,Δx 和 Δp 分别为粒子的位置不确定度和动量不确定度,$\hbar = \dfrac{h}{2\pi}$ 为约化普朗克常数,也简称为普朗克常数。由式(1.1.3)可知,如果粒子的位置被精确确定,则对应于位置的不确定度为零,此时,该粒子的动量不确定度为无穷大,即粒子的动量完全不能被确定。反之亦然。于是,一微观粒子在任一时刻不能同时拥有确定的位置和确定的动量。因而,具有连续运动形式的"轨道运动"对微观粒子不再适用!

如何理解上述的不确定度呢?如前所述,微观粒子的波动性导致了粒子在空间和时间上的概率性分布行为。这意味着粒子出现在空间某一特定位置具有不确定性,这使得测量粒子的空间位置时出现了位置不确定度。类似地,在测量动量时也出现动量不确定度。显然,不确定性关系中的位置不确定度和动量不确定度并非源于测量误差,而是源于粒子的波动性。

【例 1.2】 通过提高测量精度来试图获得微观粒子的更精确的空间位置是徒劳的

设恒温器的温度为 T,置于其中的金属 Ag 形成了蒸气。Ag 原子束通过小孔 A 逸出,使之打到屏 P 上。实验观测到屏上 Ag 斑点具有一定的线宽 D。试讨论能否通过缩小孔 A 的尺度来减小屏上 Ag 斑点的线宽。

【解】 建立图中所示的直角坐标系。由于恒温器中的 Ag 蒸气在温度 T 时达到了热平衡,按能量均分定理,沿 x 轴正方向运动的每个 Ag 原子有

$$\frac{p_x^2}{2m} = \frac{1}{2} k_{\mathrm{B}} T$$

其中,p_x 为原子在 x 方向上统计平均的动量。

于是

$$p_x = \sqrt{mk_B T}$$

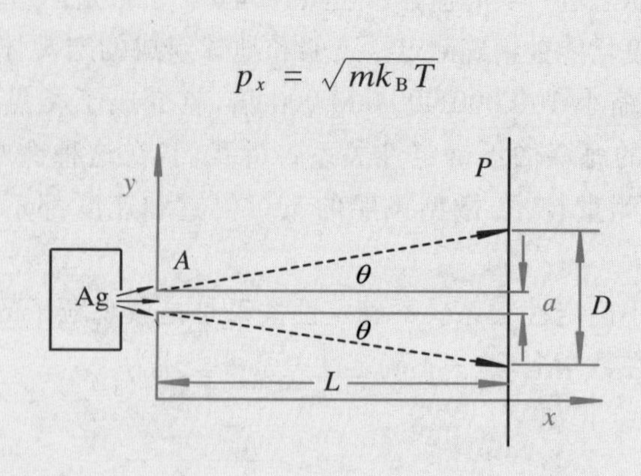

例 1.2 图　恒温器中 Ag 原子从小孔出射打到屏 P 上的示意图

单个原子通过小孔 A 时，在 y 方向上位置的不确定度 $\Delta y \approx \frac{a}{2}$。根据不确定性关系

$$\Delta y \cdot \Delta p_y \geqslant \frac{\hbar}{2}$$

则有

$$\Delta p_y \geqslant \frac{\hbar}{a}$$

Δp_y 值不为零说明逸出小孔的 Ag 原子在 y 方向上的动量不确定，这导致打到屏 P 上的原子束在 y 方向上有展宽。

由几何关系，我们有

$$\tan\theta = \frac{\frac{1}{2}\Delta p_y}{p_x} \geqslant \frac{\hbar}{2ap_x} = \frac{\hbar}{2a\sqrt{mk_B T}}$$

$$D = a + 2L \cdot \tan\theta \geqslant a + \frac{L\hbar}{a\sqrt{mk_B T}}$$

当 a 变小时，后一项的值变大，D 值不能有效地减小！

在量子物理中，除了式(1.1.3)，还有另外一个非常重要的不确定性关系式

$$\Delta E \cdot \Delta t \geqslant \frac{\hbar}{2}$$

这个关系式中 ΔE 和 Δt 分别是能量不确定度和时间不确定度。这个关系式常用于讨论高能粒子、原子、分子和凝聚态体系处于某些能量状态时的寿命。例如，对某一原子的发射光谱，通常在实验上将观测到的发光强度谱中任一谱峰

的半高宽作为该谱峰所对应的能量状态的 ΔE，再按上面的能量不确定度与时间不确定度的关系，估算出体系处于该能量状态的寿命 Δt。

谱峰的半高宽就是取谱峰的一半高度处的谱宽。

虽然运动的微观粒子均具有波动性，但其波动的特征能否被显现出来还与粒子所在的空间尺度和测量仪器的某些特征尺寸有关。例如，电子是一种微观粒子。在双缝实验中，当电子通过双缝时，电子呈现出波动性，此时电子完全没有轨道运动的行为。然而，当单个电子在电视机的显像管中运动时，我们却能完全按经典物理学的理论来研究它在空间中的运动行为。实际上，按德布罗意关系式，运动的电子都具有德布罗意波长。在电视机显像管中飞行的电子的德布罗意波长要比电子运动所在的空间小得太多，此时电子的波动性几乎不能表现出来。但双缝实验中的缝宽却与电子的德布罗意波长可比，通过双缝的电子表现出很强的波动性，故轨道运动的行为消失。更严谨地判断是采用量子力学的理论还是采用经典力学的理论来描述微观粒子的运动行为的方法是，将运动粒子的作用量（如角动量等）与普朗克常数相比较：如果作用量远大于普朗克常数，则可用经典物理理论研究粒子的运动，否则，需要使用量子理论进行研究。

1.1.3 微观粒子的状态用波函数描述

既然微观粒子的运动不能用轨道运动的方式来描述，我们就不能知道微观粒子从一个状态变化到另一个状态的中间过程。换言之，现有的量子理论没有能力刻画粒子状态改变的中间过程，只能对微观粒子的状态予以描述。在量子力学中，采用波函数表述微观粒子的状态。其中，波函数主要具有以下的性质：

(1) 波函数是概率波的波幅，它不代表任何真实的物理量，因而波函数的本身不具有任何实际的物理意义。虽然如此，波函数却包含着微观体系物理性质的信息。

(2) 波函数是定义于希尔伯特空间中的复函数（或称为复矢量），是关于粒子的空间坐标 $\vec{r}$、时间参量 t 和自旋 s 的函数，可记为 $\psi(\vec{r},t,s)$。在本书中未涉及粒子自旋的各章节中，将波函数中的自旋自由度 s 略去，记为 $\psi(\vec{r},t)$。

(3) 波函数的模平方 $|\psi(\vec{r},t)|^2=\psi(\vec{r},t)\psi^*(\vec{r},t)$ 为粒子在 t 时刻位于空间 $\vec{r}$ 处的概率密度；那么，在时刻 t 在空间区域 $\Delta\tau$ 中发现粒子的概率则为 $|\psi(\vec{r},t)|^2\cdot\Delta\tau$。

如果是在全空间中寻找这个粒子，那么，我们找到这个粒子的概率是 1。此即

$$\int|\psi(\vec{r},t)|^2\cdot\mathrm{d}\tau=1$$

上式是粒子波函数 $\psi(\vec{r},t)$ 的归一化条件。

如果波函数不是归一化的，则积分不等于 1。我们可设积分值为 A，即

$$\int|\psi(\vec{r},t)|^2\cdot\mathrm{d}\tau=A$$

由于 A 是正的实数，可将上式改写成

$$\int \left| \frac{1}{\sqrt{A}}\psi(\vec{r},t) \right|^2 \cdot \mathrm{d}\tau = 1$$

$\frac{1}{\sqrt{A}}\psi(\vec{r},t)$为归一化的波函数。

当粒子处于一确定的态，设描述该态的波函数为 $\psi(\vec{r},t)$；在该粒子所在的空间中任取两个很小的体积相等的区域 $\Delta\tau_1=\Delta\tau_2$，在时刻 t 粒子分别出现在这两个很小的区域的概率为$|\psi(\vec{r}_1,t)|^2\cdot\Delta\tau_1$ 和$|\psi(\vec{r}_2,t)|^2\cdot\Delta\tau_2$。那么粒子出现在这两个区域的概率之比为

$$\frac{|\psi(\vec{r}_1,t)|^2\cdot\Delta\tau_1}{|\psi(\vec{r}_2,t)|^2\cdot\Delta\tau_2}=\frac{|\psi(\vec{r}_1,t)|^2}{|\psi(\vec{r}_2,t)|^2}$$

如果将描述该态的波函数乘一个复常数 C，那么在态 $C\psi(\vec{r},t)$下，在时刻 t 粒子分别出现在上述的两个体积区域中的概率为$|C\psi(\vec{r}_1,t)|^2\cdot\Delta\tau_1$ 和$|C\psi(\vec{r}_2,t)|^2\cdot\Delta\tau_2$。它们的概率之比为

$$\frac{|C\psi(\vec{r}_1,t)|^2\cdot\Delta\tau_1}{|C\psi(\vec{r}_2,t)|^2\cdot\Delta\tau_2}=\frac{|\psi(\vec{r}_1,t)|^2}{|\psi(\vec{r}_2,t)|^2}$$

这个比值与前一个比值完全相等。于是，从观测的效果上看，$C\psi(\vec{r},t)$中的 C 不改变$\psi(\vec{r},t)$所表达的粒子在任意给定的时刻 t 在空间上不同区域的相对概率分布。因而，$C\psi(\vec{r},t)$与 $\psi(\vec{r},t)$是描述相同的量子态。换句话说，描述微观粒子某一状态的波函数在数学的表述上可以有不同的常数因子。

再进一步考察 $C\psi(\vec{r},t)$中的常数 C。如果 $C=1$，$C\psi(\vec{r},t)$完全回到了$\psi(\vec{r},t)$，并且没有不确定的因子了。然而，在一般的意义上，C 是复数，可以令$C=\mathrm{e}^{\mathrm{i}\alpha}$（$\alpha$ 为任意的实数，不是坐标的函数），于是 $\mathrm{e}^{\mathrm{i}\alpha}\psi(\vec{r},t)$与 $\psi(\vec{r},t)$也是描述完全相同的态，但相因子 α 不能被确定。由于 α 取任何实数时，$\mathrm{e}^{\mathrm{i}\alpha}\psi(\vec{r},t)$与$\psi(\vec{r},t)$是描述相同的态，为简便起见，常令 $\alpha=0$。

(4) 按希尔伯特空间中复函数的定义，波函数在其定义域内应是单值、连续和平方可积的复函数。物理上有意义的是可观测的物理量，而物理实验上的观测是在空间中有限大小的区域上进行的，不是在某个几何点上进行的。基于实验，在任意小的区域 Ω 中有

$$\int_{\Omega} |\psi|^2\mathrm{d}\tau = \text{有限值}$$

对于上述的积分，如果设 Ω 是$\vec{r}_0$ 处的小体积，则

$$\lim_{r_0\to 0} |\psi(\vec{r}_0,t)|^2 r_0^3 = 0$$

如果波函数 $\psi(\vec{r}_0,t)$在 r_0 点发散，只要 $\psi(\vec{r}_0,t)\xrightarrow{r_0\to 0}\infty$ 慢于 $r_0^{-\frac{3}{2}}$，这样

的波函数也是满足物理要求的。

用波函数来描述微观粒子的状态当然要求波函数既能表达出微观粒子的波动性又能体现出微观粒子的粒子性。实际上,波函数是满足这样的要求的。例如,在图1.1所示的电子双缝干涉实验中,当一个电子通过双缝时,电子的波函数 $\psi(\vec{r},t)$ 为两个缝分别对应的波函数 $\varphi_1(\vec{r},t)$ 和 $\varphi_2(\vec{r},t)$ 的线性叠加,即

$$\psi(\vec{r},t) = c_1\varphi_1(\vec{r},t) + c_2\varphi_2(\vec{r},t) \tag{1.1.4}$$

c_1 和 c_2 为叠加系数。电子通过双缝后的概率密度为

$$\begin{aligned}|\psi(\vec{r},t)|^2 &= [c_1\varphi_1(\vec{r},t) + c_2\varphi_2(\vec{r},t)]^*[c_1\varphi_1(\vec{r},t) + c_2\varphi_2(\vec{r},t)] \\ &= |c_1\varphi_1|^2 + |c_2\varphi_2|^2 + c_1^* c_2\varphi_1^*\varphi_2 + c_1 c_2^*\varphi_1\varphi_2^*\end{aligned} \tag{1.1.5}$$

式(1.1.5)中出现了相干项($c_1^* c_2\varphi_1^*\varphi_2 + c_1 c_2^*\varphi_1\varphi_2^*$)。于是,概率密度的分布呈现出类似于光的干涉花样,表现出电子具有波动性。

电子双缝实验中的干涉现象源于单个电子的不同可能态的叠加,所以,这样的干涉现象称为电子的自相干。

当电子通过双缝而被检测,测量到的电子要么处于(即塌缩到)$\varphi_1(\vec{r},t)$态,要么处于 $\varphi_2(\vec{r},t)$态,无论电子塌缩到哪个态,所测量到的电子都拥有电子本征的质量、电荷、自旋等属性,即测量到完整的电子。因此,电子的粒子性被充分展示。

从式(1.1.4)可知,$\varphi_1(\vec{r},t)$ 和 $\varphi_2(\vec{r},t)$ 是这一个电子通过双缝时的两种可能的状态,这两个可能的态叠加后,形成的 $\psi(\vec{r},t)$ 是电子通过双缝后的一个可能的状态。它们都是电子的可能的状态。实际上,式(1.1.4)是应用量子力学中的态叠加原理解释双缝干涉现象。什么是态叠加原理呢?如果 $\varphi_i(\vec{r},t)$ $(i=1,2,\cdots,n)$ 是一个微观粒子的 n 种可能的状态,那么,他们的线性叠加态

$$\psi(\vec{r},t) = \sum_{i=1}^{n} c_i\varphi_i(\vec{r},t)$$

也是这个粒子的可能的状态。其中叠加系数$\{c_i\}$是复数。这就是态叠加原理。

态叠加原理中量子态的线性叠加是概率波波幅(波函数)的叠加,不是概率密度的叠加,也不是概率的叠加。态叠加原理包含着丰富的物理内涵,涉及量子测量、在量子理论中使用线性空间等。

请读者思考:概率波波幅的叠加与经典波的叠加有什么不同?

1.1.4 薛定谔方程

微观粒子的状态会随时间演化,这就要求表述状态的波函数应该满足一个动力学方程。为此,薛定谔(E. Schrödinger)提出在势场 V 中运动粒子的波函数$\psi(\vec{r},t)$遵从如下方程:

$$\mathrm{i}\hbar\frac{\partial\psi(\vec{r},t)}{\partial t} = \left(\frac{\hat{\vec{p}}^2}{2m} + V\right)\psi(\vec{r},t) \tag{1.1.6}$$

这里引入了算符$\hat{\vec{p}}$。在下一章,我们将较系统地、详细地介绍算符。

方程中，$i=\sqrt{-1}$，m 为粒子的质量，$\hat{\vec{p}}$为粒子的动量算符，V 为粒子所处势场的势能函数。

如令 $\hat{H}=\frac{\hat{\vec{p}}^2}{2m}+V$，则方程(1.1.6)简写为

$$i\hbar\frac{\partial\psi(\vec{r},t)}{\partial t}=\hat{H}\psi(\vec{r},t) \tag{1.1.7}$$

其中，$\hat{H}$ 称为量子力学体系的哈密顿算符。

方程(1.1.6)或方程(1.1.7)称为薛定谔方程。该方程是量子力学基本理论框架中的一个公理，它不能从更基本的假设出发推导出来，其正确性完全靠实验验证。到目前为止，大量的实验也都证实了该方程的正确性。必须注意的是：

(1) 方程中只包含粒子的状态量，不包含运动量。于是，方程只能支配着粒子状态的演化规律，不能提供任何状态间跃迁的中间过程的信息。

(2) 方程中含有波函数关于时间的一阶导数，因而，方程的解中会有关于时间的一个待定因子。这需要与时间相关的边界条件来确定待定因子。我们知道，任何物理体系都会有一个初始的状态，这恰好对应着一个关于时间的初始边界条件，该边界条件可用于确定方程的解中与时间有关的待定因子。

原则上，对一个给定的粒子，如果知道势函数的数学表达式，运用薛定谔方程可解出体系的波函数。一旦获得波函数，就可以计算粒子的许多物理量，从而揭示其物理性质。然而，在不同的体系中，作用于粒子的势场不同。例如，当粒子为自由粒子时，该粒子不受到任何势场的作用，即势函数 $V=0$；在氢原子中，其电子只受到原子核的库仑场作用，则 $V=-\frac{1}{4\pi\varepsilon_0}\cdot\frac{e}{r}$；但在复杂的分子和凝聚态体系中，作用于每个电子的势场非常复杂，其势函数的表达式中常常含有体系的波函数，这时，方程不再是关于波函数的线性方程，而是非线性方程，这给求解方程带来巨大的困难。本书后面的相关章节会涉及对这些问题的初步分析。

量子力学对微观体系的物理量的求解，需要采用统计平均的方案。在统计平均计算中，需要分布函数。波函数被用于构造分布函数。参见本书第2章中的平均值假设。

1.1.5 薛定谔方程的推论——概率守恒

薛定谔方程内暗含着体系中粒子出现的概率是守恒的。下面对此予以讨论。

设一个质量为 m 的粒子在势场 V 中运动，其波函数为 ψ。该波函数应遵从方程(1.1.6)。

在本书第3章中将会发现粒子的动量算符可进一步用梯度算符表达，即 $\hat{\vec{p}}=-i\hbar\nabla$。那么，$\hat{\vec{p}}^2=-\hbar^2\nabla^2$。在直角坐标系中

$$\nabla = \hat{e}_x \frac{\partial}{\partial x} + \hat{e}_y \frac{\partial}{\partial y} + \hat{e}_z \frac{\partial}{\partial z} \tag{1.1.8}$$

$$\nabla^2 = \frac{\partial^2}{\partial x^2} + \frac{\partial^2}{\partial y^2} + \frac{\partial^2}{\partial z^2} \tag{1.1.9}$$

式(1.1.8)中的$(\hat{e}_x,\hat{e}_y,\hat{e}_z)$为直角坐标系中的三个单位矢量。于是,方程(1.1.6)可进一步写成

$$\mathrm{i}\hbar \frac{\partial \psi(\vec{r},t)}{\partial t} = \left(-\frac{\hbar^2}{2m}\nabla^2 + V\right)\psi(\vec{r},t) \tag{1.1.10}$$

对方程(1.1.10)取复共轭,方程中 $\mathrm{i}\to \mathrm{i}^* = -\mathrm{i}, \psi\to\psi^*$。对实际的物理体系,作用于粒子的势场是真实的物理量,对应的势函数应为实函数,于是,$V^* = V$。而方程中其他各量均是实的,复共轭后不改变。基于这些考虑,复共轭后的薛定谔方程为

$$-\mathrm{i}\hbar \frac{\partial \psi^*(\vec{r},t)}{\partial t} = \left(-\frac{\hbar^2}{2m}\nabla^2 + V\right)\psi^*(\vec{r},t) \tag{1.1.11}$$

ψ^* 右乘方程(1.1.10),得

$$\left(\mathrm{i}\hbar \frac{\partial \psi}{\partial t}\right)\psi^* = \left(-\frac{\hbar^2}{2m}\nabla^2 + V\right)\psi\psi^* \tag{1.1.12}$$

ψ 左乘方程(1.1.11),得

$$\psi\left(-\mathrm{i}\hbar \frac{\partial \psi^*}{\partial t}\right) = \psi\left(-\frac{\hbar^2}{2m}\nabla^2 + V\right)\psi^* \tag{1.1.13}$$

方程(1.1.12)减去方程(1.1.13),则有

$$\mathrm{i}\hbar \frac{\partial(\psi^*\psi)}{\partial t} = -\frac{\hbar^2}{2m}\nabla\cdot(\psi^*\nabla\psi - \psi\nabla\psi^*) \tag{1.1.14}$$

定义概率密度

$$\rho = \psi^*\psi \tag{1.1.15}$$

和概率流密度

$$\vec{j} = -\frac{\mathrm{i}\hbar}{2m}(\psi^*\nabla\psi - \psi\nabla\psi^*) \tag{1.1.16}$$

则方程(1.1.14)可写为

$$\frac{\partial \rho}{\partial t} = -\nabla\cdot\vec{j} \tag{1.1.17}$$

方程(1.1.17)显示出概率密度在时间上的改变与概率流密度在空间上的变化是相关联的。然而,这还不能直观地看出概率守恒。为了揭示出体系中粒子出现的概率是守恒的,将方程(1.1.17)在空间区域 Ω 积分

$$\int_{\Omega} \frac{\partial \rho}{\partial t} \mathrm{d}\tau = -\int_{\Omega} \nabla \cdot \vec{j} \mathrm{d}\tau \tag{1.1.18}$$

交换方程(1.1.18)左边的积分与导数的次序,同时,利用高斯公式,将方程右边三维空间中区域 Ω 内的体积分转变成该区域封闭曲面 Σ 上的面积分,于是

$$\frac{\partial}{\partial t} \int_{\Omega} \rho \mathrm{d}\tau = -\oiint_{\Sigma} \vec{j} \cdot \mathrm{d}\vec{S} \tag{1.1.19}$$

式(1.1.19)的物理意义是:单位时间内在区域 Ω 中找到粒子的概率的增量 = 单位时间内通过封闭曲面 Σ 而流入区域 Ω 内的概率。亦即,在某一局部空间区域中粒子的概率密度减少,则同时在另外的局部区域中粒子的概率密度相应地增大。于是,空间中局部区域之间存在着概率流。

这里引入了"流"的概念。读者可将概率流与水流类比,这有助于形象地理解这一概念。

当积分区域的体积趋向于全空间(对应于 $\Omega \to \infty$)时,封闭的曲面趋向无穷大,此时曲面"外部空间"消失,穿越封闭曲面的通量为零,即 $\lim\limits_{\Sigma \to \infty} \oiint_{\Sigma} \vec{j} \cdot \mathrm{d}\vec{S} = 0$。于是,我们获得 $\int_{\infty} \rho \mathrm{d}\tau = C$(常数),此即在全空间中任意一个时刻一定能找到粒子。换言之,全空间寻找到粒子的概率是守恒的。

必须指出,薛定谔方程的本身不满足相对论的协变性要求,同时,对高能粒子体系,会有粒子的发射和吸收,体系的粒子数会不守恒,因而,薛定谔方程不能用于研究高能粒子。薛定谔方程只适用于刻画低能量、非相对论近似下的微观粒子状态的演化行为。

讨论:当势函数为复函数时,体系的粒子数守恒吗?

1.1.6 定态薛定谔方程

当势函数 V 不显含时间时,$V = V(\vec{r})$。此时,体系的哈密顿量 $\hat{H}$ 也不显含时间。这样的体系与外界不发生能量或质量交换。在求解这类体系的薛定谔方程时,可将波函数中与时间相关的部分和与空间相关的部分进行分离变量。

设与时间相关的函数为 $f(t)$,与空间相关的函数为 $\varphi(\vec{r})$,则体系的波函数为

$$\psi(\vec{r}, t) = \varphi(\vec{r}) f(t) \tag{1.1.20}$$

将式(1.1.20)代入薛定谔方程,我们有

$$i\hbar \frac{\partial[\varphi(\vec{r})f(t)]}{\partial t} = \hat{H}[\varphi(\vec{r})f(t)] \tag{1.1.21}$$

由于算符 $\hat{H}$ 只含坐标自由度，它只对含坐标的函数进行运算。所以方程(1.1.21)可改写成

$$i\hbar \frac{\frac{\partial f(t)}{\partial t}}{f(t)} = \frac{\hat{H}\varphi(\vec{r})}{\varphi(\vec{r})} \tag{1.1.22}$$

方程(1.1.22)的左边与空间坐标完全无关，右边与时间参量完全无关。左右两侧的式子满足上述的等量关系意味着它们应该同时等于一个共同的因子，而该因子与时间和空间坐标无关。令该因子为 E，有

$$i\hbar \frac{\frac{\partial f(t)}{\partial t}}{f(t)} = \frac{\hat{H}\varphi(\vec{r})}{\varphi(\vec{r})} = E \tag{1.1.23}$$

式(1.1.23)包含着两个方程，即

$$i\hbar \frac{\partial f(t)}{\partial t} = Ef(t) \tag{1.1.24}$$

和

$$\hat{H}\varphi(\vec{r}) = E\varphi(\vec{r}) \tag{1.1.25}$$

方程(1.1.24)的解为

$$f(t) = A\mathrm{e}^{-\mathrm{i}Et/\hbar} \tag{1.1.26}$$

A 为不定积分常数。通过求解方程(1.1.25)，可获得能量值 E 和对应的态函数 $\varphi(\vec{r})$。这一结果意味着当体系处于量子态 $\varphi(\vec{r})$ 时，体系具有确定的能量 E。在量子理论中，将具有确定能量值的量子态称为定态。于是，方程(1.1.25)被称为定态薛定谔方程。将定态方程的解 $\varphi(\vec{r})$ 和式(1.1.26)代入到式(1.1.20)，则体系处于定态时的波函数为

$$\psi(\vec{r},t) = \varphi(\vec{r})\mathrm{e}^{-\mathrm{i}Et/\hbar} \tag{1.1.27}$$

必须强调，定态体系的波函数仍然是含时的波函数，只不过在波函数中与空间坐标有关的函数和与时间相关的函数分离了。

下面我们讨论定态的部分性质：

(1) $\rho(\vec{r},t) = \psi^*(\vec{r},t)\psi(\vec{r},t) = \varphi^*(\vec{r})\varphi(\vec{r}) = \rho(\vec{r})$；

(2) $\vec{j}(\vec{r},t)=-\frac{\mathrm{i}\hbar}{2m}[\psi(\vec{r},t)^*\nabla\psi(\vec{r},t)-\psi(\vec{r},t)\nabla\psi^*(\vec{r},t)]$

$$=-\frac{\mathrm{i}\hbar}{2m}[\varphi(\vec{r})^*\nabla\varphi(\vec{r})-\varphi(\vec{r})\nabla\varphi^*(\vec{r})]$$

$$=\vec{j}(\vec{r})。$$

显然,粒子处于定态时,粒子的概率密度分布和概率流密度分布均不随时间变化。在本书的第2章还将发现定态体系中不含时的力学量的平均值也不随时间变化。众所周知,在对实际的物理体系开展研究时,如果所关注的体系的某些物理量随时间演化,就给深入并简明地揭示物理规律带来很大的困难;如果体系的某些物理性质不随时间演化,则更有利于分析实验现象和总结物理规律。微观粒子处于定态时的一些性质恰好不随时间而改变,所以,在对许多微观体系开展研究时,体系的定态性质是备受关注的。

1.2 量子限域

1.2.1 一维定态的若干性质

为了加强对定态方程和微观粒子一些重要物理性质的理解,我们将介绍如何应用定态方程求解具有代表性的一维模型体系。在求解模型体系之前,先了解一维定态的若干性质。

定理1.1 一维定态体系的能级简并度≤2。这里的能级简并度是指属于同一个能量本征值的独立本征函数的数目。

【证】 我们采用反证法证明命题。设某一能量本征值 E 的简并度为3,所对应的独立的本征函数为 $\varphi_1(x)$,$\varphi_2(x)$和 $\varphi_3(x)$,它们都满足一维定态方程

$$\varphi_i''(x)+\frac{2m}{\hbar^2}(E-V)\varphi_i(x)=0,\quad i=1,2,3 \tag{1.2.1}$$

$$\varphi_j''(x)+\frac{2m}{\hbar^2}(E-V)\varphi_j(x)=0,\quad j=1,2,3 \tag{1.2.2}$$

用 $\varphi_j(x)$左乘方程(1.2.1),得

$$\varphi_j(x)[\varphi_i''(x)+\frac{2m}{\hbar^2}(E-V)\varphi_i(x)]=0 \tag{1.2.3}$$

用 $\varphi_i(x)$右乘方程(1.2.2),得

$$\left[\varphi_j''(x)+\frac{2m}{\hbar^2}(E-V)\varphi_j(x)\right]\varphi_i(x)=0 \tag{1.2.4}$$

方程(1.2.3)与方程(1.2.4)相减,则有

$$\varphi_j\varphi_i''-\varphi_j''\varphi_i=0$$

即

$$(\varphi_j\varphi_i'-\varphi_j'\varphi_i)'=0$$

积分得

$$\varphi_j\varphi_i'-\varphi_j'\varphi_i=C(\text{常数}) \tag{1.2.5}$$

由式(1.2.5),可写出

$$\varphi_1\varphi_2'-\varphi_1'\varphi_2=C_{12} \tag{1.2.6}$$

$$\varphi_1\varphi_3'-\varphi_1'\varphi_3=C_{13} \tag{1.2.7}$$

式(1.2.6)×C_{13}-式(1.2.7)×C_{12},得

$$\varphi_1(C_{13}\varphi_2'-C_{12}\varphi_3')=\varphi_1'(C_{13}\varphi_2-C_{12}\varphi_3)$$

可改写为

$$(\ln\varphi_1)'=[\ln(C_{13}\varphi_2-C_{12}\varphi_3)]'$$

积分得

$$\varphi_1=A(C_{13}\varphi_2-C_{12}\varphi_3)$$

A 为常数。故 φ_1、φ_2 和 φ_3 是线性相关的,简并度一定小于3,即小于或等于2。

定理1.1的推论 对束缚态,当势场无奇点时,简并度=1。

先介绍束缚态。当粒子的运动受到势场的约束,使得粒子的能量小于它在无穷远处的势能,那么,粒子到达无穷远处的概率为零。于是,束缚态的自然边界条件为

$$\lim_{x\to\pm\infty}\varphi(x)=0$$

【证】 对式(1.2.6),取如下极限:

$$\lim_{x\to\infty}(\varphi_1\varphi_2'-\varphi_1'\varphi_2)=\lim_{x\to\infty}C_{12} \tag{1.2.8}$$

势场无奇点,体系态函数的导数 φ_1' 和 φ_2' 不发散,即 φ_1' 和 φ_2' 为有界值。利用上述的束缚态自然边界条件,式(1.2.8)的左边就等于零。于是要求 $C_{12}=0$,那么,式(1.2.6)变成

$$\frac{\varphi_1}{\varphi_1'} = \frac{\varphi_2}{\varphi_2'}$$

对上面方程的两边进行积分，可得

$$\varphi_1 = B\varphi_2$$

φ_1 与 φ_2 只差一个常数 B，应为同一个量子态。故此时的简并度为 1。

定理 1.2 对一维束缚定态体系，如果体系的势场具有 $V(x)=V(-x)$ 的对称性，则体系的定态波函数具有确定的宇称。

波函数的宇称是指波函数 $\psi(x)$ 关于空间坐标反演变换的性质。当 $\psi(x)=\psi(-x)$ 时，则称波函数具有偶宇称；当 $\psi(x)=-\psi(-x)$ 时，则称波函数 $\psi(x)$ 具有奇宇称。

【证】 设体系的哈密顿量为

$$\hat{H}(x) = \frac{\hat{p}_x^2}{2m} + V(x)$$

定态方程为

$$\hat{H}(x)\psi(x) = E\psi(x) \tag{1.2.9}$$

因为

$$V(x) = V(-x)$$

所以

$$\hat{H}(x) = \hat{H}(-x) \tag{1.2.10}$$

将方程(1.2.9)做变换 $x \to -x$，并利用式(1.2.10)，则有

$$\hat{H}(x)\psi(-x) = E\psi(-x) \tag{1.2.11}$$

根据定理 1.1 的推论，一维体系的束缚定态不简并，则 $\psi(x)$ 与 $\psi(-x)$ 描述同一个量子态，它们之间只相差一个常数因子，即

$$\psi(x) = c\psi(-x) \tag{1.2.12}$$

再将式(1.2.12)做变换 $x \to -x$，得

$$\psi(-x) = c\psi(x) = c^2\psi(-x)$$

我们有 $c^2 = 1$，从而 $c = \pm 1$，于是

$$\psi(x) = \pm\psi(-x) \tag{1.2.13}$$

此即，在对称势场中，粒子的定态波函数或具有偶宇称[$\psi(x)=\psi(-x)$]，或具有奇宇称[$\psi(x)=-\psi(-x)$]。

定理 1.3 对应于不同能量 E 的束缚态本征波函数相互正交。

【证】 设体系的本征能量 E_i 所对应的波函数为 φ_i，本征能量 E_j 所对应的波函数为 φ_j。它们分别满足一维定态方程

$$\varphi_i''(x)+\frac{2m}{\hbar^2}(E_i-V)\varphi_i(x)=0 \tag{1.2.14}$$

$$\varphi_j''(x)+\frac{2m}{\hbar^2}(E_j-V)\varphi_j(x)=0 \tag{1.2.15}$$

将式(1.2.14)取复共轭后右乘 φ_j 减 φ_i^* ×式(1.2.15)，并注意到本征值 E_i 为实数，得

$$\varphi_i^{*\prime\prime}\varphi_j-\varphi_i^*\varphi_j''+\frac{2m}{\hbar^2}(E_i-E_j)\varphi_i^*\varphi_j=0$$

对空间坐标做积分，得

$$\int_{-\infty}^{\infty}(\varphi_i^{*\prime\prime}\varphi_j-\varphi_i^*\varphi_j'')\mathrm{d}x+\frac{2m}{\hbar^2}(E_i-E_j)\int_{-\infty}^{\infty}\varphi_i^*\varphi_j\mathrm{d}x=0 \tag{1.2.16}$$

等式左边第一个积分 $=\int_{-\infty}^{\infty}(\varphi_i^{*\prime}\varphi_j-\varphi_i^*\varphi_j')'\mathrm{d}x=(\varphi_i^{*\prime}\varphi_j-\varphi_i^*\varphi_j')\Big|_{-\infty}^{\infty}=0$，所以，方程(1.2.16)变为

$$\frac{2m}{\hbar^2}(E_i-E_j)\int_{-\infty}^{\infty}\varphi_i^*\varphi_j\mathrm{d}x=0$$

由于 $E_i\neq E_j$，故要求

$$\int_{-\infty}^{\infty}\varphi_i^*\varphi_j\mathrm{d}x=0$$

于是，对应于不同能量的本征态相互正交。

1.2.2 一维无限深势阱

设一维无限深势阱(见图 1.2)的宽度为 $2a$，势函数为

$$V(x)=\begin{cases}\infty, & |x|>a\\ 0, & |x|<a\end{cases}$$

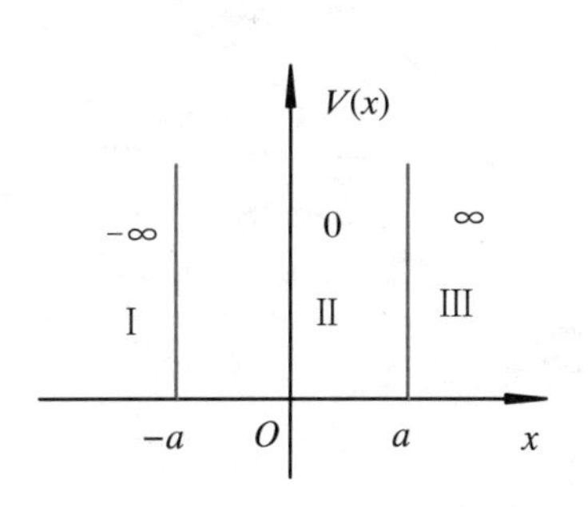

图 1.2 一维无限深势阱

由于势场不随时间变化，因而势场中的粒子处于定态。

针对势函数在一维空间分布的特征，可将一维空间划分成三个区域：

$$\mathrm{I}\in(-\infty,-a)$$

$$\text{Ⅱ} \in (-a, a)$$
$$\text{Ⅲ} \in (a, \infty)$$

将定态方程分别应用到这三个区域：

$$\varphi''_{\text{Ⅰ},\text{Ⅲ}}(x) + \frac{2m}{\hbar^2}(E - V)\varphi_{\text{Ⅰ},\text{Ⅲ}}(x) = 0, \quad x > a \text{ 或 } x < -a \tag{1.2.17}$$

$$\varphi''_{\text{Ⅱ}}(x) + \frac{2m}{\hbar^2}E\varphi_{\text{Ⅱ}}(x) = 0, \quad -a < x < a \tag{1.2.18}$$

在方程(1.2.17)中，$V \to \infty$。而方程中 $V \cdot \varphi_{\text{Ⅰ},\text{Ⅲ}}$ 应为有限值，这只能要求

$$\varphi_{\text{Ⅰ},\text{Ⅲ}}(x) = 0, \quad x \geqslant a \text{ 或 } x \leqslant -a \tag{1.2.19}$$

式(1.2.19)的物理意义是粒子出现在无穷高的势阱壁及阱以外区域的概率为零。于是，粒子被完全限制在区域Ⅱ中运动。

令

$$k^2 = \frac{2mE}{\hbar^2} \tag{1.2.20}$$

则

$$\varphi''_{\text{Ⅱ}}(x) + k^2\varphi_{\text{Ⅱ}}(x) = 0, \quad -a < x < a \tag{1.2.21}$$

方程(1.2.21)为波动方程，解的一般形式为 $e^{\pm ikx}$，或者 $\sin kx$ 或 $\cos kx$。鉴于势场的分布具有 $V(x) = V(-x)$ 对称性，由定理 1.2 可知，粒子的波函数应具有确定的宇称：或为奇函数或为偶函数。我们可选择波函数为

$$\varphi_{\text{Ⅱ}}(x) = A\sin(kx + \delta) \tag{1.2.22}$$

式(1.2.22)中的 A 和 δ 为待定系数。为了确定这两个系数，我们需要利用如下的条件。

条件 1 波函数在全空间连续。于是波函数在 $x = a$ 和 $x = -a$ 处也当然连续，即

$$\varphi_{\text{Ⅰ}}(x)\big|_{x=-a} = \varphi_{\text{Ⅱ}}(x)\big|_{x=-a} \tag{1.2.23}$$

$$\varphi_{\text{Ⅱ}}(x)\big|_{x=a} = \varphi_{\text{Ⅲ}}(x)\big|_{x=a} \tag{1.2.24}$$

据此可得

$$\sin(\delta - ka) = 0$$
$$\sin(\delta + ka) = 0$$

这要求

$$\delta - ka = n'\pi$$
$$\delta + ka = n\pi$$

即

$$\delta = \frac{n + n'}{2}\pi$$
$$ka = \frac{n - n'}{2}\pi$$

其中，$n', n = 0, \pm 1, \pm 2, \pm 3, \cdots$。

由于 $n + n'$ 和 $n - n'$ 的值也都属于全体整数的集合，与 $\{n\}$ 完全相同，故可以令 $n' = 0$，则

$$\delta = ka = \frac{n}{2}\pi, \quad n = 0, \pm 1, \pm 2, \pm 3, \cdots \tag{1.2.25}$$

在 n 的取值中，当 $n = 0$ 时，$\delta = ka = 0$。此时 $\sin(kx + \delta) = 0$，即 $\varphi_{\text{II}}(x) = 0$。这在数学上是成立的，但在物理上对应于粒子在全空间的概率为零，即粒子不存在。这与实际情况相矛盾，因而 $n = 0$ 不是物理解，故在 n 的物理取值中排除 $n = 0$。另一方面，n 取负整数的结果与 n 取正整数的结果是相同的。基于这些考虑，则有 $n = 1, 2, 3, \cdots$。

将式(1.2.25)代入式(1.2.20)，有

$$E = \frac{n^2\pi^2\hbar^2}{8ma^2}, \quad n = 1, 2, 3, \cdots \tag{1.2.26}$$

显然，能量 E 依赖量子数 n 的取值，故能量要用 n 来标识：

$$E_n = \frac{n^2\pi^2\hbar^2}{8ma^2}, \quad n = 1, 2, 3, \cdots \tag{1.2.27}$$

类似地，波函数也用 n 标识：

$$\varphi_n(x) = A\sin\left[\frac{n\pi}{2a}(x + a)\right], \quad n = 1, 2, 3, \cdots \tag{1.2.28}$$

条件2 波函数的归一化条件

$$\int_{-\infty}^{\infty} |\varphi_n(x)|^2 \mathrm{d}x = 1$$

将式(1.2.28)中的 $\varphi_n(x)$ 代入上面的归一化条件，可解得 $A = \sqrt{\frac{1}{a}}$。最终获得粒子的本征函数

$$\varphi_n(x)=\begin{cases}\sqrt{\dfrac{1}{a}}\sin\left[\dfrac{n\pi}{2a}(x+a)\right], & |x|\leqslant a\\ 0, & |x|>a\end{cases},\quad n=1,2,3,\cdots \tag{1.2.29}$$

体系的定态波函数为 $\psi_n=\varphi_n(x)\mathrm{e}^{-\mathrm{i}E_n t/\hbar}$。

讨论：

(1) 粒子的能量 E_n 是分立的，即呈现出能量量子化特征。同时，能量值按量子数 n^2 的关系而迅速增大。特别当量子数取最小值时，体系的能量值 $E_1=\dfrac{\pi^2\hbar^2}{8ma^2}\neq0$，这个能量值称为体系的基态能。

在经典物理中，可通过适当地选取势能的参考点使得体系的势能值最小，同时，如果粒子的动能为零，这时粒子的最低能量可以为零。对于我们讨论的一维无限深势阱，粒子在阱中的势能恰好为零，当粒子在阱底静止时，经典物理认为此时的粒子能量为最低能量，且为零。然而，量子力学计算的最低能量却不为零。

为了定性地理解量子力学的结果，我们采用不确定性关系予以讨论。

令 $\Delta x\sim a$，$\Delta p\sim p$。由于 $\Delta x\cdot\Delta p\sim\dfrac{\hbar}{2}$，我们有 $p\sim\dfrac{\hbar}{2a}$，则

$$E=\frac{p^2}{2m}+V\sim\frac{\hbar^2}{8ma^2}$$

显然，$E>0$ 是因为无限深势阱中粒子处于最低能量状态时仍然有动能。

(2) 粒子的能级 E_n 所对应的量子态波函数为 φ_n。图 1.3 画出了几个较低能量状态的波函数和相应的概率密度分布。从图中可看出，只有某些具有适合阱宽的波长的波才存在。按德布罗意假设，这些特定波长的波对应着粒子拥有相应的能量。于是，粒子的能量当然不能连续分布，只能处于特定的分离值。从这些分析，我们能很容易理解：粒子能量的量子化特征是源于粒子的波动性！

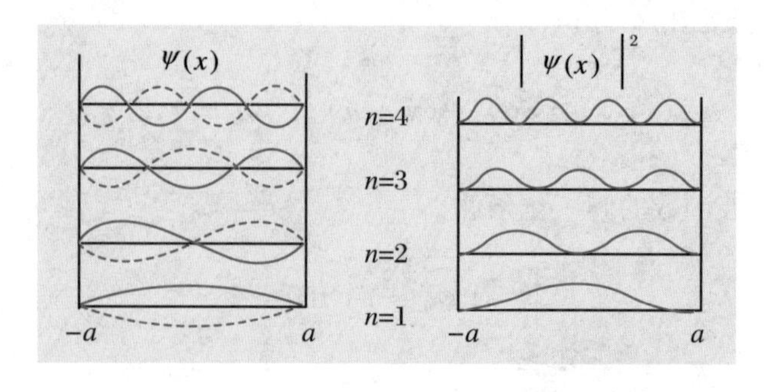

图 1.3 能级波函数和相应的概率密度空间分布图

(3) 从图 1.3 可知，不同能态的波函数在不包含边界点的区域中与 x 轴有不同的交点数目。我们将这样的交点称为节点。例如，基态波函数没有节点，第一激发态波函数有 1 个节点，第二激发态有 2 个节点，第三个激发态有 3 个

节点。这一规律遵从量子力学理论中的节点定理:对一维束缚定态体系,在其基本区域(不含边界)的基态无节点,第 n 个激发态有 n 个节点。

对于一维束缚定态体系,如果我们知道该体系处于不同状态的态函数,但不知道这些状态的能量大小的相对次序,那么,依据上述的节点定理就可以从态函数的节点数目上判断不同态函数对应的能量的相对高低。

【例 1.3】 二维无限深方势阱

设有宽度分别为 $2a$ 和 $2b$ 的二维无限深方势阱。势场分布为

$$V(x,y)=\begin{cases}0, & |x|<a;\ |y|<b\\ \infty, & |x|>a;\ |y|>b\end{cases}$$

求质量为 μ 的粒子在势阱中的能量和相应的定态函数。

【解】 粒子的定态薛定谔方程为

$$\left[-\frac{\hbar^2}{2\mu}\left(\frac{\partial^2}{\partial x^2}+\frac{\partial^2}{\partial y^2}\right)+V(x,y)\right]\psi(x,y)=E\psi(x,y) \tag{1}$$

由于势函数 $V(x,y)=V(x)+V(y)$,故可分离变量。

令

$$\psi(x,y)=\varphi(x)\varphi(y) \tag{2}$$

$$E=E_x+E_y \tag{3}$$

将式(2)和式(3)代入方程(1),则方程(1)分离成 x 自由度和 y 自由度的方程,即

$$\left[-\frac{\hbar^2}{2\mu}\frac{\partial^2}{\partial x^2}+V(x)\right]\varphi(x)=E_x\varphi(x) \tag{4}$$

$$\left[-\frac{\hbar^2}{2\mu}\frac{\partial^2}{\partial y^2}+V(y)\right]\varphi(y)=E_y\varphi(y) \tag{5}$$

方程(4)和方程(5)均为粒子在一维无限深势阱中的定态方程,本节已经给出了一维无限深势阱中粒子的定态能量和相应的定态函数。于是

$$E_x=\frac{n^2\pi^2\hbar^2}{8\mu a^2},\quad n=1,2,3,\cdots \tag{6}$$

$$\varphi(x)=\begin{cases}\sqrt{\dfrac{1}{a}}\sin\left[\dfrac{n\pi}{2a}(x+a)\right], & |x|\leqslant a\\ 0, & |x|>a\end{cases},\quad n=1,2,3,\cdots \tag{7}$$

$$E_y=\frac{m^2\pi^2\hbar^2}{8\mu b^2},\quad m=1,2,3,\cdots \tag{8}$$

$$\varphi(y)=\begin{cases}\sqrt{\dfrac{1}{b}}\sin\left[\dfrac{m\pi}{2b}(y+b)\right], & |y|\leqslant b\\ 0, & |y|>b\end{cases},\quad m=1,2,3,\cdots \tag{9}$$

所以,粒子的定态能量为

$$E_{n,m}=E_x+E_y=\frac{\pi^2\hbar^2}{8\mu}\left[\left(\frac{n}{a}\right)^2+\left(\frac{m}{b}\right)^2\right] \tag{10}$$

相应的定态函数为

$$\psi_{n,m}(x,y)=\begin{cases}\sqrt{\dfrac{1}{ab}}\sin\left[\dfrac{n\pi}{2a}(x+a)\right]\sin\left[\dfrac{m\pi}{2b}(y+b)\right], & |x|\leqslant a;\ |y|\leqslant b\\ 0, & |x|>a;\ |y|>b\end{cases} \tag{11}$$

讨论:

当 $a=b$ 时,为正方形的二维无限深势阱。此时,

$$E_{n,m}=\frac{\pi^2\hbar^2}{8\mu a^2}(n^2+m^2) \tag{12}$$

$$\psi_{n,m}(x,y)=\begin{cases}\sqrt{\dfrac{1}{ab}}\sin\left[\dfrac{n\pi}{2a}(x+a)\right]\sin\left[\dfrac{m\pi}{2a}(y+a)\right], & |x|\leqslant a;\ |y|\leqslant a\\ 0, & |x|>a;\ |y|>a\end{cases} \tag{13}$$

显然,$E_{n,m}=E_{m,n}$,出现了简并态!

当 $a\neq b$ 时,上述的部分简并态不简并了,这也称为退简并。由此我们可以感受到:降低粒子的势场的对称性可以将某些简并态进行退简并。

1.2.3 拓展阅读:纳米科技中的量子限域效应和量子剪裁

从式(1.2.27)可知,势阱宽度强烈地影响着势阱中粒子的能级值和能级分布的行为。换言之,粒子的能量状态和对应的物理性质与粒子所受限制的区域(势场的空间范围)密切相关,这种现象称为量子限域效应。在现代纳米科学技术研究中,人们利用量子限域效应对许多材料的一些物理性质进行调制和剪裁,制备出许多新型功能材料,既丰富了人类对物质世界的认识,也为纳米器件的发展奠定了基础。

量子点(quantum dot)　由少量的原子所构成的准零维纳米点状物。通

常，一个量子点的三个维度的尺寸约在 100 nm 以下，其内部电子在各方向上的运动都受到限制。更重要的是，由于量子点的几何尺寸与材料中电子的德布罗意波长很接近，导致显著的量子限域效应。当量子点的尺寸发生改变（见图 1.4），量子点的电子能级分布也随之而变化。实验上，对同一种半导体材料可制备出不同尺度的量子点。采用一适当波长的光对这些量子点进行光致激发，而处于激发态的电子会向低能态跃迁，发射光子。实验观察到这些量子点会发射出不同颜色的光（见图 1.5）。显然，发射光谱可以通过改变量子点的尺寸予以控制，这情形就如同调控一维无限深势阱的宽度 a 来改变能级 E_n。另外，量子点的荧光强度比一些常用的有机荧光材料高出很多倍，并且发光的稳定性更高。这些优异的发光性能是生物学研究中染料分子所不能比拟的。于是，源于量子限域效应的量子点的光学性质使得量子点在生物学许多领域的研究中有着广泛的应用。例如，生物研究中经常需要同时观察几种组分，如果用染料分子染色，则需要不同波长的光来激发。如果使用不同大小的量子点来标记不同的生物分子，使用单一光源就可以使不同的组分能够被同时监控。

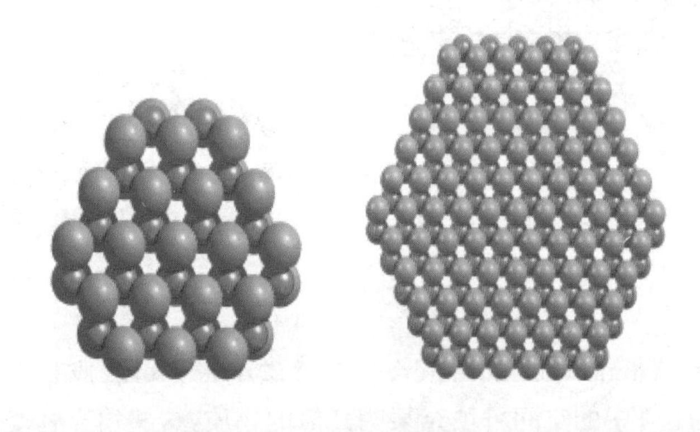

图 1.4 两个不同尺寸量子点的结构示意图

图中两种颜色的小球分别代表两种原子。一个量子点可以由单一的元素组成，也可以由多种元素组成。量子点的结构亦是多种多样的。

图 1.5 硒化镉(CdSe)量子点直径为 1.8～5.5 nm，在紫外线的照射下发出荧光

石墨烯(graphene) 由碳原子构成的石墨单层称为石墨烯。石墨烯是一种室温下稳定存在的二维量子体系。实验显示石墨烯具有独特的电学输运、光学耦合和其他新奇的物理特性，这使得该材料在纳米器件、分子电子学、太赫兹学、气敏材料等领域有着重要的应用前景。在一些可能的器件应用中，需要石墨烯具有开关特征。从固体物理理论上看，这要求价带与导带之间有能隙。然而，理想的石墨烯却具有金属性，这是由碳原子间离域的公有化电子（又称为 π 电子）所造成的。如何有效地产生能隙是石墨烯研究领域的一个引人注目的科学问题。在石墨单层的表面吸附适当的吸附质或对石墨烯进行适当的结构剪裁能打开石墨烯的能隙。图 1.6 中的左图示意了对石墨烯进行的一种可能的结构剪裁。结构剪裁改变了体系中作用于电子的势场分布，因而体系的电子能谱和对应的概率密度分布发生改变。右边的上下两幅图分别为体系的最低未占据轨道和最高占据轨道的概率密度空间分布。

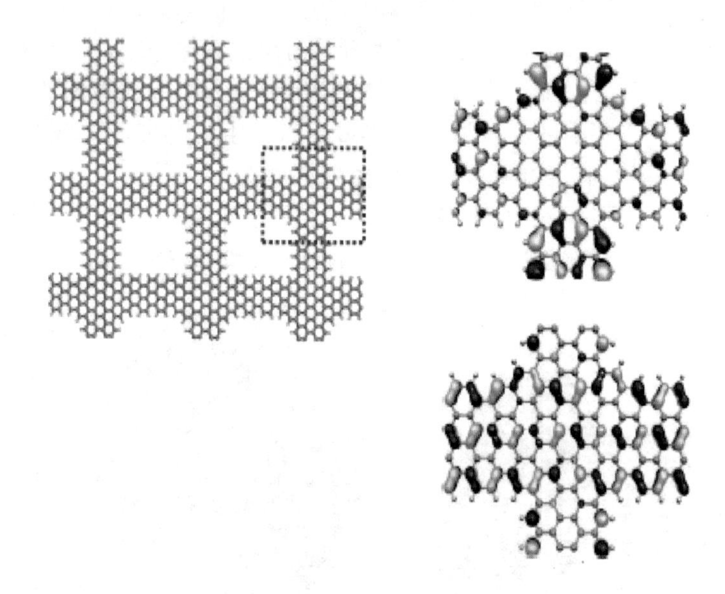

图 1.6　一种结构剪裁图（左）和概率密度空间分布图（右）

由于左图中的结构具有空间周期性，右图只画出了虚线所围成的周期单元对应的概率密度的空间分布。

纳米温度计（nano thermometer）　单壁碳纳米管可看成是由单层石墨卷曲而成。碳纳米管中的空间可填充某些其他的物质，这些填充物受限在准一维的纳米空间中。在该空间中，填充物中的电子所感受到的势场也是准一维的，于是电子间的相互作用关系受到调制，在一定程度上影响了填充物中原子间的最优排列方式。这使得某些填充物在自由空间中最稳定存在的结构却在纳米受限空间中不再是最稳定的，而在自由空间中的某种亚稳结构或不存在的结构却在纳米受限空间中稳定存在。这显示出人们可以利用量子限域效应在纳米尺度上制备出具有新颖物理性能的纳米功能材料。作为一个典型的例子，日本科学家将大量的镓原子（Ga）填充到碳纳米管的内部空间，发现此时的镓在低温下的稳定结构不是自由空间中的 α-Ga，而是 β-Ga。① 并且随着温度的改变，填充的镓发生结构相变，同时，镓柱体长度随温度的变化而发生线性改变。这一线性热膨胀的性能展示出该体系有可能成为纳米温度计。

---

① Liu Z W, Bando Y, Mitome M, et al. Unusual Freezing and Melting of Gallium Encapsulated in Carbon Nanotubes[J]. Phys. Rev. Lett., 1993, 93: 95504.

1.3 量子隧穿

1.3.1 一维方势垒

设有一个质量为 m 的粒子具有能量 E 在一维空间中从左向右运动。如果在其行进的过程中遇到比能量 E 更高的势垒，经典物理学告诉我们该粒子不能穿越这样的势垒。如果这一粒子是微观粒子，会发生什么呢？我们知道，微观粒子具有波动性，这种波动性已经造成了经典物理学无法理解的现象，例如势阱中粒子的能量是量子化的。当微观粒子遇到高于其自身能量的势垒时，其波动性是否也会导致经典物理不能理解的新的物理现象的出现？如果有新的物理现象的出现，那么，粒子能够穿越比自身能量高的势垒便是经典物理完全无法解释的一种新现象。如果用量子力学的语言来描述这一可能的现象，则是在势垒的右侧发现电子的概率不为零，同时，粒子停留在势垒左侧的概率就会相应地减少。根据第1.1.3节关于粒子数守恒的讨论可知，这对应着粒子穿越势垒的概率流密度不为零，同时，粒子被势垒反射的概率流密度的数值应小于粒子入射的概率流密度的数值。量子力学采用由概率流密度定义的反射系数 R 和透射系数 T 来定量地描述粒子对势垒的透射和被势垒的反射：

按式(1.1.16)定义，只要知道了粒子入射的波函数、透射的波函数和反射的波函数，就能计算出 $\vec{j}_{\text{in}}$，$\vec{j}_{\text{T}}$ 和 $\vec{j}_{\text{R}}$。

$$R = \frac{|\vec{j}_{\text{R}}|}{|\vec{j}_{\text{in}}|} \tag{1.3.1}$$

$$T = \frac{|\vec{j}_{\text{T}}|}{|\vec{j}_{\text{in}}|} \tag{1.3.2}$$

式中，$\vec{j}_{\text{in}}$，$\vec{j}_{\text{T}}$ 和 $\vec{j}_{\text{R}}$ 分别为粒子入射、透射和反射的概率流密度。由于粒子数守恒，故有 $R+T=1$。基于这样的思想，我们来具体讨论微观粒子与一维方势垒的作用。

设一维方势垒的高度为 V_0，宽度为 a。势函数为

$$V(x) = \begin{cases} V_0, & 0 < x < a \\ 0, & x > a, x < 0 \end{cases}$$

如同第1.2.2节，根据势场在空间中的分布特征，我们将势场划分成Ⅰ、Ⅱ和Ⅲ三个区域，如图1.7所示。然后，将一维定态方程分别应用到这三个区域：

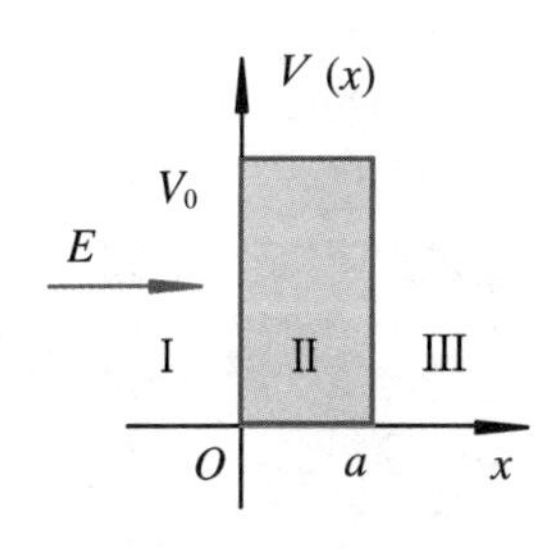

图1.7 一维方势垒

$$\varphi''(x) + \frac{2m}{\hbar^2}(E - V_0)\varphi(x) = 0, \quad 0 < x < a \tag{1.3.3}$$

$$\varphi''(x) + \frac{2m}{\hbar^2}E\varphi(x) = 0,\quad x < 0, x > a \tag{1.3.4}$$

令

$$q^2 = \frac{2m}{\hbar^2}(V_0 - E) \tag{1.3.5}$$

$$k^2 = \frac{2mE}{\hbar^2} \tag{1.3.6}$$

则有

$$\varphi''(x) - q^2\varphi(x) = 0,\quad 0 < x < a \tag{1.3.7}$$

$$\varphi''(x) + k^2\varphi(x) = 0,\quad x < 0, x > a \tag{1.3.8}$$

区域Ⅰ中粒子的波函数为沿着 x 轴正方向运动的平面波(e^{ikx})和被势垒反射的平面波 e^{-ikx} 的叠加;区域Ⅲ中粒子的波函数只有沿着 x 轴正方向运动的平面波 e^{ikx},没有反射波;注意到方程(1.3.7)不是波动方程,其波函数的解具有 $e^{\pm qx}$ 的形式,因而,区域Ⅱ中粒子的波函数是 e^{qx} 与 e^{-qx} 的线性叠加。根据这些分析,粒子的波函数写为

$$\varphi(x) = \begin{cases} A_1 e^{ikx} + re^{-ikx}, & x \leqslant 0 \\ Ae^{qx} + Be^{-qx}, & 0 \leqslant x \leqslant a \\ Se^{ikx}, & x \geqslant a \end{cases} \tag{1.3.9}$$

其中,$A_1 e^{ikx}$ 为初始入射的平面波。由波函数的归一化条件,上式中的五个系数并非线性独立的。为方便可令 $A_1 = 1$。利用在边界 $x = 0$ 和 $x = a$ 处波函数连续和波函数的一阶导数连续的条件,我们有

$x = 0$ 时

$$\begin{cases} 1 + r = A + B \\ ik - ikr = qA - qB \end{cases} \tag{1.3.10}$$

$x = a$ 时

$$\begin{cases} Ae^{qa} + Be^{-qa} = Se^{ika} \\ qAe^{qa} - qBe^{-qa} = ikSe^{ika} \end{cases} \tag{1.3.11}$$

联立求解式(1.3.10)和式(1.3.11)的四个方程可解出四个系数(A, B, r, S)。其中,r 和 S 的表达式如下:

$$r = \frac{-\frac{i}{2}\left(\frac{q}{k} + \frac{k}{q}\right)\sinh(qa)}{\cosh(qa) + \frac{i}{2}\left(\frac{q}{k} - \frac{k}{q}\right)\sinh(qa)} \tag{1.3.12}$$

$$S = \frac{e^{-ika}}{\cosh(qa) + \frac{i}{2}\left(\frac{q}{k} - \frac{k}{q}\right)\sinh(qa)} \tag{1.3.13}$$

由入射的波函数 e^{ikx}、反射的波函数 re^{-ikx} 和透射的波函数 Se^{ikx} 可计算出

$$R = |r|^2, \quad T = |S|^2 \tag{1.3.14}$$

显然，$T\neq0$，$R\neq1$，这表明微观粒子具有穿越比粒子能量高的势垒的可能，如图1.8所示。这就是所谓的量子隧穿现象，与之相对应的效应称为量子隧道效应。对于宏观粒子，观察不到这种效应。与微观粒子相比，宏观粒子的主要特征是质量很大，这导致德布罗意波的波长非常小，因而几乎无法探测其波动行为。于是，我们不难认识到微观粒子的量子隧道效应是源于其波动性。

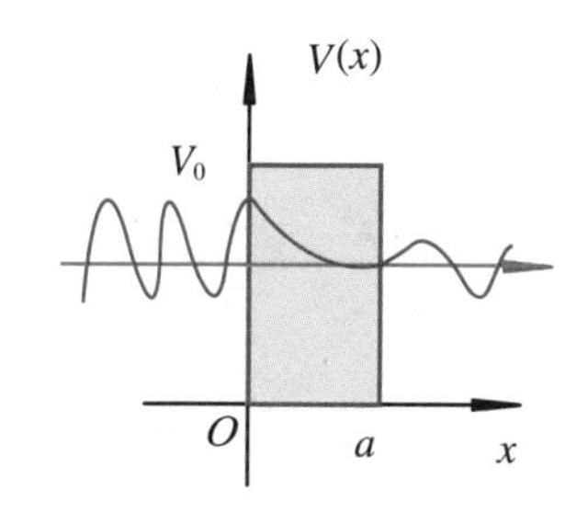

图 1.8 一维隧穿

根据式(1.3.13)可知，透射系数 T 与方势垒的特性参量(宽度和高度)和粒子的性质(能量和质量)有着复杂的关系。为了简化这种关系，令 $qa\gg1$。在该近似条件下，透射系数 T 可简化成

$$T \approx \frac{16E}{V_0}\left(1 - \frac{E}{V_0}\right)e^{-2a\sqrt{\frac{2m(V_0-E)}{\hbar^2}}} \tag{1.3.15}$$

对 T 起主导作用的是式(1.3.15)中的指数。对一具有确定能量的粒子，势垒越高，T 越小；对给定的粒子和具有确定高度的势垒，透射系数 T 随势垒宽度的增大呈指数衰减。另一方面，穿透系数 T 也强烈地依赖着粒子的质量。当粒子的质量增大时，T 值也是迅速衰减。因此，较大质量的粒子几乎不能表现出量子隧道效应。

【例 1.4】 金属中传导电子在金属表面处的反射概率和透射概率

把传导电子限制在金属内部，对于这类物理体系，作用于电子的势场可以用平均的势场来模拟。计算接近金属表面的传导电子的反射概率和透射概率。

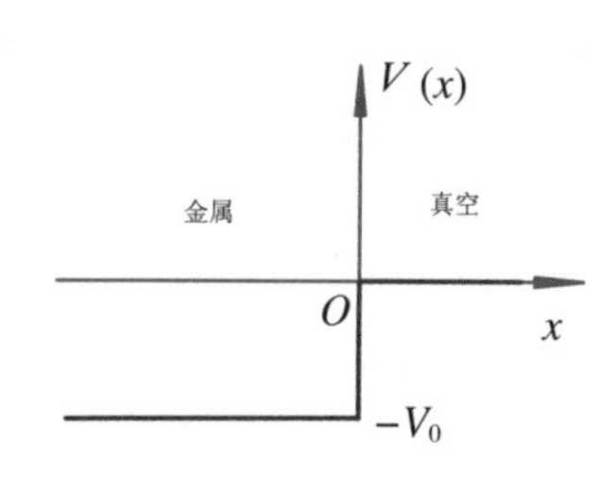

例 1.4 图 势场分布示意图

【解】 设金属中平均势场的势能函数为 $-V_0$ ($V_0>0$)。金属外部为真空，势能函数为零。

对 $x<0$ 的区域，有

$$\frac{d^2\psi_1}{dx^2} + \frac{2m}{\hbar^2}(E + V_0)\psi_1 = 0$$

对 $x>0$ 的区域，有

$$\frac{d^2\psi_2}{dx^2} + \frac{2mE}{\hbar^2}\psi_2 = 0$$

这两个方程的通解分别是

$$\psi_1 = A\mathrm{e}^{\frac{\mathrm{i}}{\hbar}qx} + B\mathrm{e}^{-\frac{\mathrm{i}}{\hbar}qx}, \quad q = \sqrt{2m(E+V_0)}, \quad x \leqslant 0 \tag{1}$$

$$\psi_2 = C\mathrm{e}^{\frac{\mathrm{i}}{\hbar}px} + D\mathrm{e}^{-\frac{\mathrm{i}}{\hbar}px}, \quad p = \sqrt{2mE}, \quad x \geqslant 0 \tag{2}$$

电子波函数是

$$\psi(x,t) = \begin{cases} A\mathrm{e}^{\frac{\mathrm{i}}{\hbar}(qx-Et)} + B\mathrm{e}^{-\frac{\mathrm{i}}{\hbar}(qx-Et)}, & x \leqslant 0 \\ C\mathrm{e}^{\frac{\mathrm{i}}{\hbar}(px-Et)} + D\mathrm{e}^{-\frac{\mathrm{i}}{\hbar}(px-Et)}, & x \geqslant 0 \end{cases} \tag{3}$$

我们考虑金属中传导电子的能量高于真空中的势能和低于真空中的势能这两种情况。

(1) $E>0$

按经典力学,如果 $E>0$,电子有足够的能量克服表面处的势垒,离开金属,并不会被金属表面反射。在用量子力学处理这一问题时,情况并非如此简单。让我们来考察上面的波函数表达式(3):波函数中系数 A 的项代表从左方入射到表面的平面波,系数 B 的项代表反射波,系数 C 的项表示透射波,系数 D 的项代表从右方到达表面的波。在本题的情况中,D 项应不存在,故可令 $D=0$。

由 $x=0$ 处的波函数连续和波函数的一阶导数连续的条件,可得到

$$A + B = C$$
$$q(A - B) = pC$$

解出

$$B = \frac{q-p}{q+p}A, \quad C = \frac{2q}{q+p}A$$

进一步计算概率流密度,有

$$|\vec{j}_A| = |A|^2 \frac{q}{m}$$

$$|\vec{j}_B| = |B|^2 \frac{q}{m}$$

$$|\vec{j}_C| = |C|^2 \frac{p}{m}$$

由此计算出透射系数和反射系数:

$$T = \frac{|\vec{j}_C|}{|\vec{j}_A|} = \frac{4\sqrt{E(E+V_0)}}{(\sqrt{E+V_0}+\sqrt{E})^2}$$

$$R = \frac{|\vec{j}_B|}{|\vec{j}_A|} = \frac{V_0^2}{(\sqrt{E + V_0} + \sqrt{E})^4}$$

不难验证 $T+R=1$，并且 $R\neq 0$。此即粒子以非零概率反射回去。于是，经典物理中的完全不可能发生的物理现象在量子力学中有可能发生。

(2) $-V_0<E<0$

对这一情况，经典力学认为，电子的能量不足以驱动电子离开金属，即在金属外找到这些电子的概率为零。下面给出量子力学的解。

令

$$q = \sqrt{2m(V_0 - |E|)}$$
$$p = \mathrm{i}\sqrt{2m|E|}$$

则在 $x>0$ 时的有界解是

$$\psi_2 = C\exp\left(-\frac{x}{2d}\right)$$

其中

$$d = \frac{\hbar}{\sqrt{8m|E|}}$$

根据 $x=0$ 处的连续条件，给出

$$A + B = C$$
$$\frac{\mathrm{i}}{\hbar}q(A - B) = -\frac{C}{2d}$$

联立求解这两个方程，可得三个系数间的比值关系：

$$\frac{B}{A} = -\frac{1 + \frac{2\mathrm{i}}{\hbar}qd}{1 - \frac{2\mathrm{i}}{\hbar}qd}$$

$$\frac{C}{A} = -2\frac{\frac{2\mathrm{i}}{\hbar}qd}{1 - \frac{2\mathrm{i}}{\hbar}qd}$$

将系数 C 与 A 的关系代入上面的 $\psi_2(x)$ 的表达式中，再取该波函数的模平方，计算出在金属外部空间中找到电子的概率密度。所计算的这个波函数的模平方为

$$|\psi_2(x)|^2 = 4|A|^2\left(1+\frac{\hbar^2}{4q^2d^2}\right)^{-1}\mathrm{e}^{-x/d} > 0$$

从上式可看出，在金属外部找到电子的概率不为零，只不过离开金属表面越远，找到电子的概率迅速衰减！

1.3.2 δ 势垒

当粒子感受到的势场在空间上的分布非常局域时，可用 δ 函数来模拟这样的势场。下面简单介绍 δ 函数。

1. δ 函数的定义和基本性质

定义：

$$\begin{cases}\delta(x-a)=0, & x\neq a\\ \delta(x-a)=\infty, & x=a\\ \int_{-\infty}^{+\infty}\delta(x-a)\mathrm{d}x=1\end{cases}\tag{1.3.16}$$

上式中，a 为实数。

由定义式可知，δ 函数虽然在 x 轴上非常局域，但该函数曲线与 x 轴围成的面积却是定值。于是，函数在 x 轴上越局域，函数值也会相应地越大。

δ 函数具有以下的基本性质：

$$\int_{-\infty}^{+\infty}\delta(x-a)f(x)\mathrm{d}x=f(a)\tag{1.3.17}$$

$$\delta(-x)=\delta(x)\tag{1.3.18}$$

$$\delta(ax)=\frac{1}{|a|}\delta(x),\quad a\neq 0\tag{1.3.19}$$

δ 函数也有多种表示的形式，例如

$$\delta(x)=\lim_{a\to\infty}\frac{\sin ax}{\pi x}\tag{1.3.20}$$

$$\delta(p'_x-p_x)=\frac{1}{2\pi\hbar}\int_{-\infty}^{+\infty}\mathrm{e}^{\mathrm{i}(p'_x-p_x)x/\hbar}\mathrm{d}x\tag{1.3.21}$$

这两种表述的形式在本教材中会有应用。

2. 求解粒子贯穿 δ 势垒的概率

设质量为 μ 的粒子沿 x 轴射向如下的势垒：

$$V(x)=\gamma\delta(x),\quad \gamma>0$$

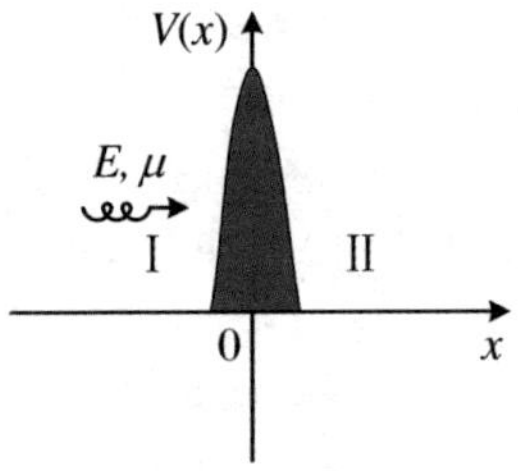

下面讨论粒子对该势垒(见图1.9)的隧穿概率。

体系的定态方程为

$$\psi''(x) + \frac{2\mu}{\hbar^2}(E - \gamma\delta(x))\psi(x) = 0 \tag{1.3.22}$$

图1.9 δ势垒

由 δ 函数的定义式可知，在 $x=0$ 处与 $x\neq 0$ 的区域的势场分布不同，故要对此分别讨论。

(1) 当 $x=0$ 时

在 $x=0$ 点附近的小邻域内进行积分

$$\lim_{\varepsilon\to 0^+}\int_{-\varepsilon}^{+\varepsilon}\psi''(x)\mathrm{d}x + \frac{2\mu}{\hbar^2}\lim_{\varepsilon\to 0^+}\int_{-\varepsilon}^{+\varepsilon}(E - \gamma\delta(x))\psi(x)\mathrm{d}x = 0 \tag{1.3.23}$$

上式可写为

$$\psi'(0^+) - \psi'(0^-) + \frac{2\mu}{\hbar^2}\lim_{\varepsilon\to 0^+}\int_{-\varepsilon}^{+\varepsilon}E\psi(x)\mathrm{d}x - \frac{2\mu\gamma}{\hbar^2}\lim_{\varepsilon\to 0^+}\int_{-\varepsilon}^{+\varepsilon}\delta(x)\psi(x)\mathrm{d}x = 0 \tag{1.3.24}$$

$$\psi'(0^+) - \psi'(0^-) + 0 - \frac{2\mu\gamma}{\hbar^2}\psi(0) = 0 \tag{1.3.25}$$

所以，我们有

$$\psi'(0^+) - \psi'(0^-) = \frac{2\mu\gamma}{\hbar^2}\psi(0) \tag{1.3.26}$$

显然，当 $\psi(0)=0$ 时，

$$\psi'(0^+) = \psi'(0^-) \tag{1.3.27}$$

即，当 $\psi(0)=0$ 时，粒子的波函数的一阶导数在 $x=0$ 点是连续的。

但是，当 $\psi(0)\neq 0$ 时，波函数的一阶导数在 $x=0$ 点就不连续了。式(1.3.26)称为波函数一阶导数在 δ 势垒中心处的跃变条件。

(2) 当 $x\neq 0$ 时

$$\psi''(x) + \frac{2\mu E}{\hbar^2}\psi(x) = 0 \tag{1.3.28}$$

令 $k=\sqrt{\frac{2\mu E}{\hbar^2}}$，则

$$\psi''(x) + k^2\psi(x) = 0 \tag{1.3.29}$$

该方程的解为

$$\psi(x) = \mathrm{e}^{\pm ikx} \tag{1.3.30}$$

实际上，在势垒的右侧只有沿 x 正方向行进的平面波 e^{ikx}，没有沿 x 负方向行进的平面波 e^{-ikx}。在式(1.3.32)中列入了 e^{-ikx}，只是为了方便在后续计算过程中采用矩阵表述。在最后的结果中，我们将会取式(1.3.32)中 e^{-ikx} 前面的系数 $A_{22}=0$。

于是，入射区域的态函数为入射的平面波和被势垒反射的平面波的叠加：

$$\psi_{\mathrm{I}}(x) = A_{11}e^{ikx} + A_{12}e^{-ikx}, \quad x<0 \tag{1.3.31}$$

透射区域的波函数为

$$\psi_{\mathrm{II}}(x) = A_{21}e^{ikx} + A_{22}e^{-ikx}, \quad x>0 \tag{1.3.32}$$

由于波函数在全空间连续，那么在 $x=0$ 这一点也连续，故有

$$\psi_{\mathrm{I}}(0) = \psi_{\mathrm{II}}(0) \tag{1.3.33}$$

即

$$A_{11} + A_{12} = A_{21} + A_{22} \tag{1.3.34}$$

再将两个区域的波函数代入跃变条件，有

$$\mathrm{i}k(A_{21} - A_{22} - A_{11} + A_{12}) = \frac{2\mu\gamma}{\hbar^2}(A_{11} + A_{12}) \tag{1.3.35}$$

读者也可避开矩阵表述，采用前面求解一维方势垒的方法来求解这里的粒子对一维 δ 势垒的隧穿。

令 $c=\dfrac{2\mu\gamma}{\mathrm{i}k\hbar^2}$，式(1.3.34)和式(1.3.35)可写成如下的矩阵形式：

$$\begin{pmatrix} 1 & 1 \\ -1-c & 1-c \end{pmatrix}\begin{pmatrix} A_{11} \\ A_{12} \end{pmatrix} = \begin{pmatrix} 1 & 1 \\ -1 & 1 \end{pmatrix}\begin{pmatrix} A_{21} \\ A_{22} \end{pmatrix} \tag{1.3.36}$$

即

$$\begin{pmatrix} A_{21} \\ A_{22} \end{pmatrix} = \frac{1}{2}\begin{pmatrix} 2+c & c \\ -c & 2-c \end{pmatrix}\begin{pmatrix} A_{11} \\ A_{12} \end{pmatrix} \tag{1.3.37}$$

其中，$\dfrac{1}{2}\begin{pmatrix} 2+c & c \\ -c & 2-c \end{pmatrix}$在透射区域的波函数叠加系数与入射区域的波函数的叠加系数之间建立了关系，称为传递矩阵。

令传递矩阵为

$$\begin{pmatrix} M_{11} & M_{12} \\ M_{21} & M_{22} \end{pmatrix} = \frac{1}{2}\begin{pmatrix} 2+c & c \\ -c & 2-c \end{pmatrix} \tag{1.3.38}$$

则

$$A_{12} = \frac{A_{22} - M_{21}A_{11}}{M_{22}} \tag{1.3.39}$$

$$A_{21} = \left(M_{11} - \frac{M_{12}M_{21}}{M_{22}}\right)A_{11} + \frac{M_{12}}{M_{22}}A_{22} \tag{1.3.40}$$

透射概率为

$$
\begin{aligned}
T &= \left|\frac{j_{\mathrm{T}}}{j_{\mathrm{in}}}\right| = \left|\frac{-\dfrac{\mathrm{i}\hbar}{2\mu}(\psi_{\mathrm{T}}^{*}\nabla\psi_{\mathrm{T}} - \psi_{\mathrm{T}}\nabla\psi_{\mathrm{T}}^{*})}{-\dfrac{\mathrm{i}\hbar}{2\mu}(\psi_{\mathrm{in}}^{*}\nabla\psi_{\mathrm{in}} - \psi_{\mathrm{in}}\nabla\psi_{\mathrm{in}}^{*})}\right| \\
&= \left|\frac{A_{21}^{*}\mathrm{e}^{-\mathrm{i}kx}(A_{21}\mathrm{i}k\mathrm{e}^{\mathrm{i}kx}) - A_{21}\mathrm{e}^{\mathrm{i}kx}(-\mathrm{i}kA_{21}^{*}\mathrm{e}^{-\mathrm{i}kx})}{A_{11}^{*}\mathrm{e}^{-\mathrm{i}kx}(A_{11}\mathrm{i}k\mathrm{e}^{\mathrm{i}kx}) - A_{11}\mathrm{e}^{\mathrm{i}kx}(-A_{11}^{*}\mathrm{i}k\mathrm{e}^{-\mathrm{i}kx})}\right| \\
&= \frac{|A_{21}|^{2}}{|A_{11}|^{2}}
\end{aligned}
\tag{1.3.41}
$$

反射概率为

$$
\begin{aligned}
R &= \left|\frac{j_{\mathrm{R}}}{j_{\mathrm{in}}}\right| = \left|\frac{-\dfrac{\mathrm{i}\hbar}{2\mu}(\psi_{\mathrm{R}}^{*}\nabla\psi_{\mathrm{R}} - \psi_{\mathrm{R}}\nabla\psi_{\mathrm{R}}^{*})}{-\dfrac{\mathrm{i}\hbar}{2\mu}(\psi_{\mathrm{in}}^{*}\nabla\psi_{\mathrm{in}} - \psi_{\mathrm{in}}\nabla\psi_{\mathrm{in}}^{*})}\right| \\
&= \left|\frac{A_{12}^{*}\mathrm{e}^{\mathrm{i}kx}(-A_{12}\mathrm{i}k\mathrm{e}^{-\mathrm{i}kx}) - A_{12}\mathrm{e}^{-\mathrm{i}kx}(\mathrm{i}kA_{12}^{*}\mathrm{e}^{\mathrm{i}kx})}{A_{11}^{*}\mathrm{e}^{-\mathrm{i}kx}(A_{11}\mathrm{i}k\mathrm{e}^{\mathrm{i}kx}) - A_{11}\mathrm{e}^{-\mathrm{i}kx}(-A_{11}^{*}\mathrm{i}k\mathrm{e}^{-\mathrm{i}kx})}\right| \\
&= \frac{|A_{12}|^{2}}{|A_{11}|^{2}}
\end{aligned}
\tag{1.3.42}
$$

对于我们所考虑的 δ 势垒对入射平面波的散射，可令

$$
A_{11} = 1,\quad A_{22} = 0\quad (\text{透射区中没有反射波}) \tag{1.3.43}
$$

则

$$
A_{21} = M_{11} - \frac{M_{12}M_{21}}{M_{22}} \tag{1.3.44}
$$

于是

$$
\begin{aligned}
T &= |A_{21}|^{2} = \left|M_{11} - \frac{M_{12}M_{21}}{M_{22}}\right|^{2} \\
&= \left|\frac{2}{2-c}\right|^{2} = \left(1 + \frac{\mu^{2}\gamma^{2}}{k^{2}\hbar^{4}}\right)^{-1}
\end{aligned}
\tag{1.3.45}
$$

【例 1.5】 粒子对双 δ 势垒的隧穿概率

质量为 μ 的粒子沿 x 轴射向如下的势垒：

$$
V(x) = \begin{cases} \gamma_{1}\delta(x-a) \\ \gamma_{2}\delta(x-b) \end{cases},\quad \gamma_{1} > 0, \gamma_{2} > 0, a > 0, b > 0
$$

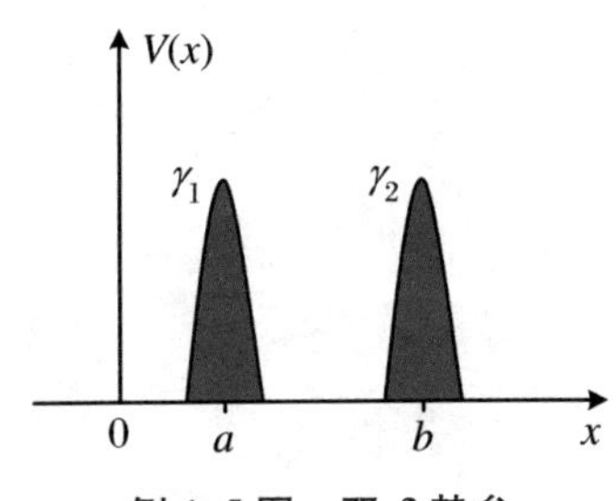

例 1.5 图 双 δ 势垒

实际的物理过程中，$C_2 e^{-ikx}$这一项是不出现的。我们将在最终的表达式中令 $C_2=0$。

求解粒子穿越双 δ 势垒的透射概率。

【解】 体系的定态薛定谔方程为

$$\left[-\frac{\hbar^2}{2\mu}\frac{d^2}{dx^2}+\gamma_1\delta(x-a)+\gamma_2\delta(x-b)\right]\psi(x)=E\psi(x) \tag{1}$$

粒子的波函数为

$$\psi(x)=\begin{cases}A_1 e^{ikx}+A_2 e^{-ikx}, & x<a\\ B_1 e^{ikx}+B_2 e^{-ikx}, & a<x<b\\ C_1 e^{ikx}+C_2 e^{-ikx}, & x>b\end{cases} \tag{2}$$

其中，$k=\sqrt{\dfrac{2\mu E}{\hbar^2}}$。

波函数分别在 $x=a$ 和 $x=b$ 处连续，则有

$$A_1 e^{ika}+A_2 e^{-ika}=B_1 e^{ika}+B_2 e^{-ika} \tag{3}$$

$$B_1 e^{ikb}+B_2 e^{-ikb}=C_1 e^{ikb}+C_2 e^{-ikb} \tag{4}$$

根据波函数的一阶导数在 $x=a$ 和 $x=b$ 处的跃变条件：

$$\psi'(a^+)-\psi'(a^-)=\frac{2\mu\gamma_1}{\hbar^2}\psi(a) \tag{5}$$

$$\psi'(b^+)-\psi'(b^-)=\frac{2\mu\gamma_2}{\hbar^2}\psi(b) \tag{6}$$

有

$$B_1 ik e^{ika}+B_2(-ik)e^{-ika}-A_1 ik e^{ika}-A_2(-ik)e^{-ika}=\frac{2\mu\gamma_1}{\hbar^2}(A_1 e^{ika}+A_2 e^{-ika}) \tag{7}$$

$$C_1 ik e^{ikb}+C_2(-ik)e^{-ikb}-B_1 ik e^{ikb}-B_2(-ik)e^{-ikb}=\frac{2\mu\gamma_2}{\hbar^2}(B_1 e^{ikb}+B_2 e^{-ikb}) \tag{8}$$

令 $\eta=\dfrac{2\mu\gamma_1}{ik\hbar^2}$，$\xi=\dfrac{2\mu\gamma_2}{ik\hbar^2}$，则式(7)和式(8)改写成

$$-(1+\eta)A_1 e^{ika}+(1-\eta)A_2 e^{-ika}=-B_1 e^{ika}+B_2 e^{-ika} \tag{9}$$

$$-(1+\xi)B_1 e^{ikb}+(1-\xi)B_2 e^{-ikb}=-C_1 e^{ikb}+C_2 e^{-ikb} \tag{10}$$

(3)、(9)两式可改写成矩阵形式：

$$\begin{pmatrix} \frac{2+\eta}{2} & \frac{\eta}{2}e^{-2ika} \\ -\frac{\eta}{2}e^{2ika} & \frac{2-\eta}{2} \end{pmatrix} \begin{pmatrix} A_1 \\ A_2 \end{pmatrix} = \begin{pmatrix} B_1 \\ B_2 \end{pmatrix} \tag{11}$$

(4)、(10)两式可改写成矩阵形式：

$$\begin{pmatrix} \frac{2+\xi}{2} & \frac{\xi}{2}e^{-2ikb} \\ -\frac{\xi}{2}e^{2ikb} & \frac{2-\xi}{2} \end{pmatrix} \begin{pmatrix} B_1 \\ B_2 \end{pmatrix} = \begin{pmatrix} C_1 \\ C_2 \end{pmatrix} \tag{12}$$

令

$$M = \begin{bmatrix} M_{11} & M_{12} \\ M_{21} & M_{22} \end{bmatrix} = \begin{pmatrix} \frac{2+\eta}{2} & \frac{\eta}{2}e^{-2ika} \\ -\frac{\eta}{2}e^{2ika} & \frac{2-\eta}{2} \end{pmatrix} \tag{13}$$

$$N = \begin{bmatrix} N_{11} & N_{12} \\ N_{21} & N_{22} \end{bmatrix} = \begin{pmatrix} \frac{2+\xi}{2} & \frac{\xi}{2}e^{-2ikb} \\ -\frac{\xi}{2}e^{2ikb} & \frac{2-\xi}{2} \end{pmatrix} \tag{14}$$

M 和 N 分别为粒子穿越两个势垒的传递矩阵。此时，由(11)和(12)两式有

$$\begin{bmatrix} N_{11} & N_{12} \\ N_{21} & N_{22} \end{bmatrix} \begin{bmatrix} M_{11} & M_{12} \\ M_{21} & M_{22} \end{bmatrix} \begin{pmatrix} A_1 \\ A_2 \end{pmatrix} = \begin{pmatrix} C_1 \\ C_2 \end{pmatrix} \tag{15}$$

上式表明，透射波幅的系数 C_1 与入射波幅的系数 A_1 间可通过两个独立的传递矩阵联系起来。

为了简便起见，记

$$\begin{bmatrix} N_{11} & N_{12} \\ N_{21} & N_{22} \end{bmatrix} \begin{bmatrix} M_{11} & M_{12} \\ M_{21} & M_{22} \end{bmatrix} = \begin{bmatrix} P_{11} & P_{12} \\ P_{21} & P_{22} \end{bmatrix} \tag{16}$$

令 $A_1 = 1, C_2 = 0$，可解出

$$C_1 = P_{11} - \frac{P_{21}P_{12}}{P_{22}} \tag{17}$$

采用传递矩阵的计算方法，可以方便地计算粒子穿越更多的一维 δ 势垒的概率。

透射概率为

$$T=\left|\frac{j_{\mathrm{T}}}{j_{\mathrm{in}}}\right|=\left|\frac{-\frac{\mathrm{i}\hbar}{2\mu}(\psi_{\mathrm{T}}^{*}\nabla\psi_{\mathrm{T}}-\psi_{\mathrm{T}}\nabla\psi_{\mathrm{T}}^{*})}{-\frac{\mathrm{i}\hbar}{2\mu}(\psi_{\mathrm{in}}^{*}\nabla\psi_{\mathrm{in}}-\psi_{\mathrm{in}}\nabla\psi_{\mathrm{in}}^{*})}\right|$$

$$=\left|\frac{C_1^{*}\mathrm{e}^{-\mathrm{i}kx}(C_1\mathrm{i}k\mathrm{e}^{\mathrm{i}kx})-C_1\mathrm{e}^{\mathrm{i}kx}(-\mathrm{i}kC_1^{*}\mathrm{e}^{-\mathrm{i}kx})}{A_1^{*}\mathrm{e}^{-\mathrm{i}kx}(A_1\mathrm{i}k\mathrm{e}^{\mathrm{i}kx})-A_1\mathrm{e}^{\mathrm{i}kx}(-A_1^{*}\mathrm{i}k\mathrm{e}^{-\mathrm{i}kx})}\right|$$

$$=\frac{|C_1|^2}{|A_1|^2}=\left|P_{11}-\frac{P_{21}P_{12}}{P_{22}}\right|^2 \tag{18}$$

1.3.3 拓展阅读:扫描隧道显微镜

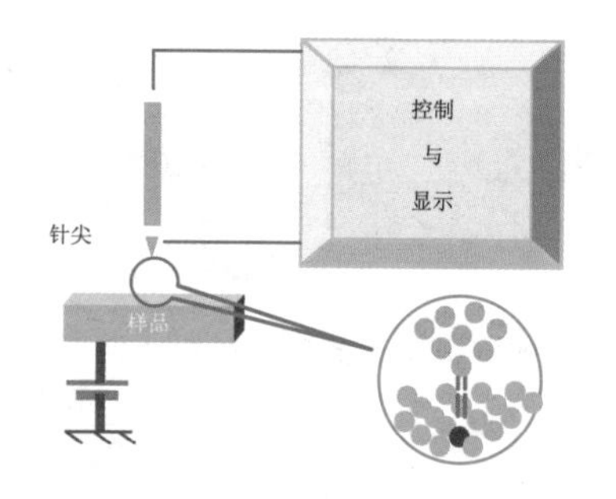

图 1.10 STM 工作示意图

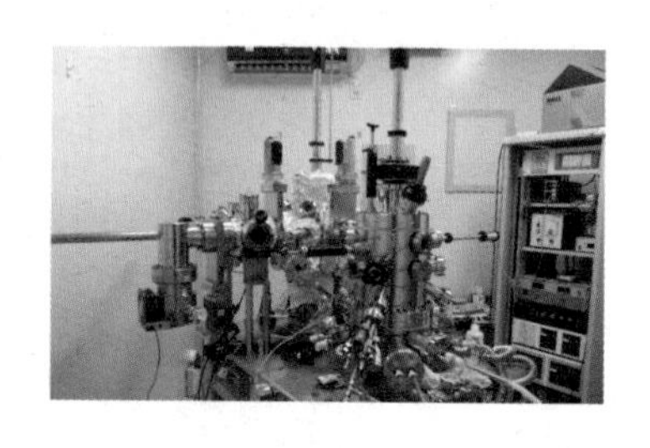

图 1.11 STM 装置

我们知道,各类材料均由不同的原子或离子在空间上排列构成。尽管单个原子或离子的尺度只有 0.1 nm 左右,但试图通过某种仪器来“查看”这些原子或离子却是人类长期以来的一个梦想。1981 年,G. Binnig 和 H. Rohrer 将这一梦想变成了现实。他们依据量子隧道效应,设计并制造了扫描隧道显微镜(Scanning Tunneling Microscope,STM,见图 1.10),观察到了固体表面的原子级分辨图像!他们开辟了人类在极其微小的尺度上对表面原子化结构及原子在表面的迁移、扩散和吸附的研究,甚至还可以对表面原子的空间排列进行人工操控。这极大地推动了物理学、化学、生物学和材料科学的发展。1986 年,G. Binnig 和 H. Rohrer 被授予诺贝尔物理学奖。

在 STM 的复杂装置(见图 1.11)中,需要选择化学性质稳定的金属材料作为针尖。同时,要求针尖的顶部非常尖锐(只有若干个原子)。这样的设计才能保证在针尖与样品之间施加较低的电压就能在针尖的顶部发射出电子。针尖与被测量的样品之间的真空层为势垒。由于电子隧穿势垒的概率敏感地依赖于势垒的宽度,在 STM 的实验工作中,要求针尖与被测量的样品之间的距离尽可能地小,通常可控制到 0.5 nm 左右。在针尖与样品的表面之间施加电压 V。当发射的电子能持续地隧穿真空层时,在针尖与样品的表面之间就形成了隧穿电流。J. Tersoff 和 D. R. Hamann 提出隧穿电流强度正比于能量间隔$[E_{\mathrm{F}},E_{\mathrm{F}}+eV]$中表面量子态的概率密度,即

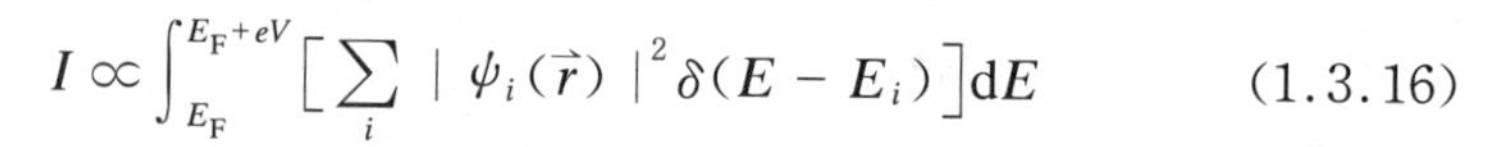

$$I\propto\int_{E_{\mathrm{F}}}^{E_{\mathrm{F}}+eV}\left[\sum_i|\psi_i(\vec{r})|^2\delta(E-E_i)\right]\mathrm{d}E \tag{1.3.16}$$

其中,(E_i,ψ_i)是表面的第 i 个量子态的能量和对应的波函数,E_{F} 是体系的费米能级。费米能级是占满电子的能级与未占电子能级的分界:$E_i<E_{\mathrm{F}}$ 的所有 E_i 都占满了电子,$E_i>E_{\mathrm{F}}$ 的所有 E_i 都是空能级。在 STM 的实验中,如果 $V>0$,则施加了正偏压,所探测到的信息是由费米能级以上位于能量区间$[E_{\mathrm{F}},E_{\mathrm{F}}+eV]$中的量子态贡献;如果 $V<0$,则施加了负偏压,所探测到的信息

是由费米能级以下位于能量区间$[E_F, E_F + eV]$中占据电子的量子态贡献。通过改变电压V的大小和正负可以敏感地改变隧穿电流的大小。通过数字信号的处理,可获得不同能量范围中表面电子态的STM图像,统称为表面的STM图像。图1.13是实验获得的Si(111)(7×7)表面(见图1.12)STM图像。在不同的偏压下,STM提取了不同的表面态的信息,因而对应着不同的STM图像。必须指出的是STM图像上的斑点并非是原子本身的图像,而是包含着表面原子信息的表面量子态同时在能量空间和坐标空间中的一种反映。

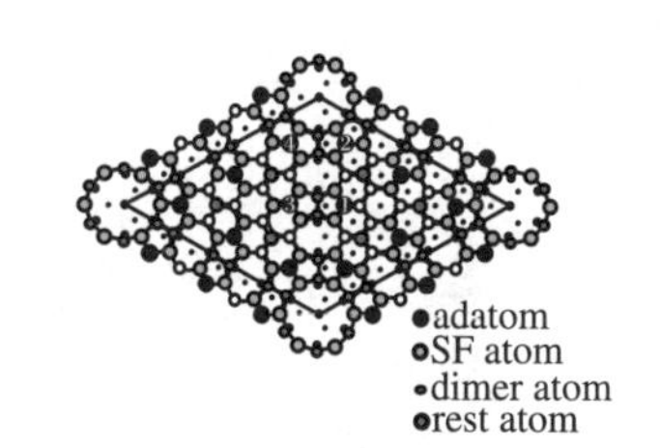

图1.12 Si(111)(7×7)表面的原子排列图

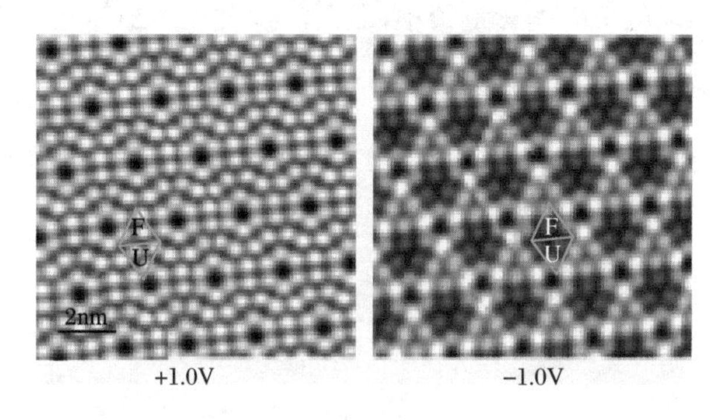

图1.13 STM实验获得的Si(111)(7×7)表面的图像

左图为正偏压+1.0 V时的STM图像,反映了Si(111)(7×7)表面上增原子(adatom原子)的电子态的空间分布;右图为负偏压−1.0 V时的STM图像,反映了Si(111)(7×7)表面上adatom原子和rest原子电子态的空间分布。

利用STM中的针尖与样品表面的相互作用,人们成功地将某些表面上的原子提取,并放置于表面上的另一位置,对材料的表面进行原子级的操控。图1.14是将铁表面上的48个铁原子排成一圈后形成的量子围栏。显然,围栏内外的电子波不同。这项基于量子理论的原子级的操控技术可用于对一些材料表面的结构和相应的物理性质和化学性质进行人工改造。

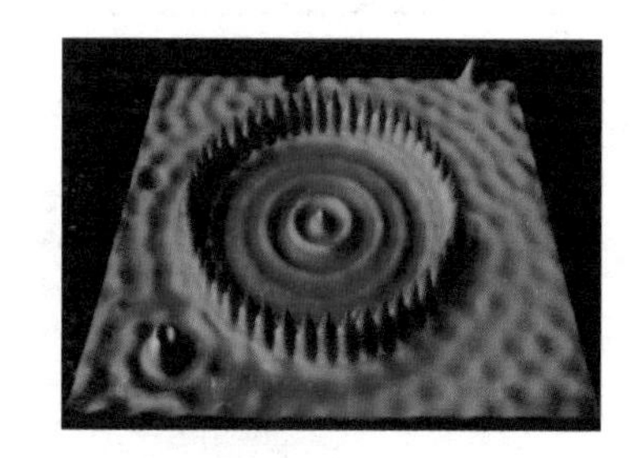

图1.14 量子围栏

1.4 线性谐振子

在经典物理学中,物体的振动是一个非常重要的基础物理问题。这不仅涉及单个物体在其平衡位置附近的振动规律,而且也是介质中弹性波的形成和传播的基础。对于微观粒子,量子力学如何表述其振动行为?更重要的是,在处理微观粒子的振动时,是否会带来意想不到的新的物理规律?

1.4.1 势能函数

通常,我们所说的粒子振动是指在某一特定的势场作用下,粒子在其平衡位置附近发生位置偏移时始终受到指向平衡位置的恢复力的作用,这驱使粒子在其平衡位置附近做往复运动。如此振动的粒子称为振子。不妨设作用于振子的一维势场的势能函数为$V(x)$,并且粒子在该势场中的平衡位置位于x_0。

在振动的过程中,振子瞬间离开其平衡位置的偏移量 $\Delta x = x - x_0$。我们将势函数关于 x_0 点做级数展开:

$$V(x) = V(x_0) + V'(x_0)\Delta x + \frac{1}{2}V''(x_0)(\Delta x)^2 + \cdots \quad (1.4.1)$$

式中 $V(x_0)$为振子位于平衡点处的势能值,如选择该点的势能值为势能的参考点,则可令 $V(x_0)=0$。因为粒子在平衡位置处受力为零(平衡条件),故有 $V'(x_0)=0$。如果粒子的偏移量很小,那么,高阶小量$(\Delta x)^n$($n\geqslant 3$)均可忽略。考虑到这些因素,势能函数可近似为

$$V(x) \approx \frac{1}{2}V''(x_0)(\Delta x)^2 \quad (1.4.2)$$

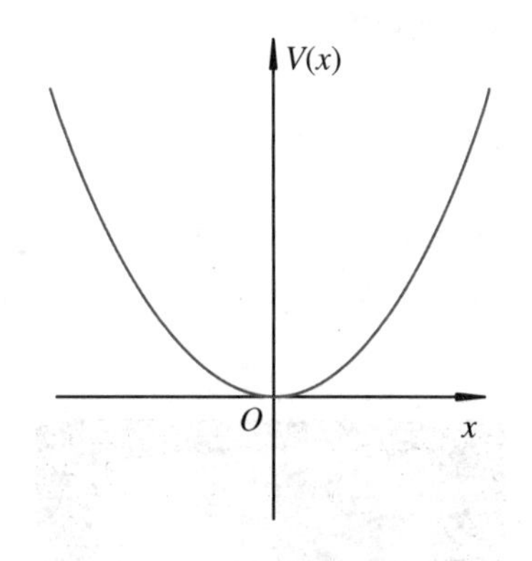

图 1.15 一维简谐势

记 $k = V''(x_0)$,并令粒子的质量为 m,则粒子振动的频率 $\omega = \sqrt{\frac{k}{m}}$。另外,为方便起见,通过选择坐标原点,使 $x_0 = 0$。于是,式(1.4.2)改写成

$$V(x) \approx \frac{1}{2}m\omega^2 x^2 \quad (1.4.3)$$

通过上述的近似,粒子受到的恢复力的大小与粒子的位置偏移量 x 的一次方成正比。物理上将该近似称为简谐近似。形如式(1.4.2)函数形式的势称为简谐势,图 1.15 为其势函数示意图。

1.4.2 定态解

一维谐振子的定态方程为

$$\left(-\frac{\hbar^2}{2m}\frac{\mathrm{d}^2}{\mathrm{d}x^2} + \frac{1}{2}m\omega^2 x^2\right)\varphi(x) = E\varphi(x) \quad (1.4.4)$$

上面方程中的势能为一个关于变量 x 的二次函数:无论 x 取正值(对应于粒子沿 x 轴的正方向偏移)或取负值(对应于粒子沿 x 轴的负方向偏移),粒子的势能均增大。显然,粒子是被束缚在这个开口向上的抛物线形的势场中,因此,粒子具有束缚态解。从物理上看,在简谐近似下,势函数中的变量 x 应为小量。换言之,当粒子在其平衡位置附近做偏移量很小的振动时,其振动行为能很好地满足简谐振动。但我们不能定量地界定满足简谐近似所对应的粒子偏移量的上界,因此,在对方程进行数学处理时,几乎不能定量地指定自变量 x 的有界区域。另一方面,从纯粹的数学角度看,$\frac{1}{2}m\omega^2 x^2$ 是描述了定义在一维全空间中理想的简谐近似下的势函数。因而,在定义域$x\in(-\infty,\infty)$中定态方程的解就是一维理想谐振子的通解。该通解当然包含着粒子在其平衡位置附近

做微小振动时的物理解。于是,将无法定量确定变量 x 上界的物理问题转化成 $x\in(-\infty,\infty)$ 的理想简谐振动的数学问题。然而,方程(1.4.4)看似是一个"简单"的二阶微分方程,但在数学上进行严格求解时却并非简单。附录 B 给出了详细的数学求解过程。下面直接给出方程的解。

粒子的能量本征值为

$$E_n = \left(n + \frac{1}{2}\right)\hbar\omega, \quad n = 0,1,2,\cdots \tag{1.4.5}$$

从能量本征值的表达式中我们不难发现能谱是量子化分布的,并且任意相邻能级的间隔为 $\hbar\omega$(见图 1.16)。更有趣的是粒子的最低能量不等于零,而是 $E_0 = \frac{\hbar\omega}{2}$,该能量称为振动零点能。振动零点能的存在意味着粒子不可能"静止"。这是微观粒子特有的现象,是粒子波动性的必然结果。

读者可用不确定性关系估算粒子的振动零点能。

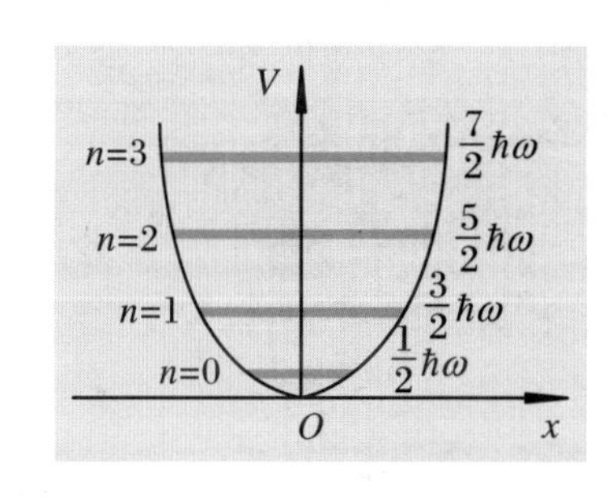

图 1.16 一维谐振子的能级分布

对应的定态函数为

$$\varphi_n(x) = \frac{\sqrt{\alpha}}{\pi^{1/4}}(2^n n!)^{-\frac{1}{2}}\exp\left(-\frac{1}{2}\alpha^2 x^2\right)H_n(\alpha x), \quad n = 0,1,2,\cdots \tag{1.4.6}$$

式中,H_n 为厄米多项式,n 为量子数,$\alpha = \sqrt{\frac{m\omega}{\hbar}}$。定态波函数满足归一化条件

$$\int_{-\infty}^{\infty}\varphi_n^*(x)\varphi_n(x)\mathrm{d}x = 1$$

数学上,厄米多项式具有递推关系。于是,谐振子的能量本征函数也相应地存在着如下的递推关系:

$$\begin{aligned} x\varphi_n(x) &= \frac{1}{\alpha}\left[\sqrt{\frac{n}{2}}\varphi_{n-1}(x) + \sqrt{\frac{n+1}{2}}\varphi_{n+1}(x)\right] \\ \frac{\mathrm{d}}{\mathrm{d}x}\varphi_n(x) &= \alpha\left[\sqrt{\frac{n}{2}}\varphi_{n-1} - \sqrt{\frac{n+1}{2}}\varphi_{n+1}\right] \end{aligned} \tag{1.4.7}$$

这两个递推关系式在有关谐振子问题的计算中很有用,例如,本书第 6 章的例 6.1 将应用其中的一个递推关系式。

定态函数的一般数学形式很复杂。为了能直观地考查态函数的性质,下面分别写出 $n=0,1,2$ 的函数:

$$\varphi_0(x) = \frac{\sqrt{\alpha}}{\pi^{1/4}}\exp\left(-\frac{1}{2}\alpha^2 x^2\right) \tag{1.4.8}$$

$$\varphi_1(x) = \frac{\sqrt{2\alpha}}{\pi^{1/4}}\alpha x\exp\left(-\frac{1}{2}\alpha^2 x^2\right) \tag{1.4.9}$$

$$\varphi_2(x) = \frac{\sqrt{\alpha/2}}{\pi^{1/4}}(2\alpha^2 x^2 - 1)\exp\left(-\frac{1}{2}\alpha^2 x^2\right) \tag{1.4.10}$$

如果将态函数中 $x \to -x$，则能发现

$$\varphi_n(-x) = (-1)^n \varphi_n(x) \tag{1.4.11}$$

于是，量子数为偶数时，态函数具有偶宇称；量子数为奇数时，态函数具有奇宇称。

下面我们讨论处于基态时的谐振子在什么空间位置出现的概率最大。

$$|\varphi_0(x)|^2 = \frac{\alpha}{\sqrt{\pi}}\exp\left(-\alpha^2 x^2\right) \tag{1.4.12}$$

令

$$\frac{\mathrm{d}}{\mathrm{d}x}|\varphi_0(x)|^2 = 0$$

则有

$$x = 0$$

同时，当 $x = 0$ 时二阶导数为

$$\left.\frac{\mathrm{d}^2}{\mathrm{d}x^2}|\varphi_0(x)|^2\right|_{x=0} = -\frac{2\alpha^3}{\sqrt{\pi}} < 0$$

显然，粒子在其平衡位置 $x = 0$ 处的概率密度最大。在经典物理学中，谐振子在振动过程中在其平衡位置 $x = 0$ 处的速度最大，因而单位时间内在 $x = 0$ 处发现振子的概率最小。显然，经典物理理论不能解释上述微观谐振子在其平衡位置处概率最大的现象。

简谐振动在分子物理、材料物理和凝聚态物理的理论研究中有着广泛的重要的应用。这不仅因为人们对体系的振动性质感兴趣，而且因为每个体系均有其特殊的振动特征，这样的振动特征被称为该体系的指纹，可用于鉴定该体系。例如，单壁碳纳米管具有一种特殊的振动模式：所有的碳原子均沿着垂直于管轴平面的径向做同时向外或同时向内的集体振动。这种振动模式有点像人呼吸时肺部的伸张和收缩，故将这种振动模称为径向呼吸模。理论计算和实验均发现径向呼吸模的频率值与碳纳米管的直径呈线性关系。由于这一原因，实验上可通过测量碳纳米管的径向呼吸模的频率值确定碳纳米管的径向尺度。

【**例 1.6**】 两个耦合的一维谐振子

设有两个一维谐振子，质量均为 μ，本征振动圆频率均为 ω，相互作用势为$\frac{1}{2}k\ (x_1 - x_2)^2$。其中 k 为耦合系数，x_1和 x_2分别为两个谐振子的位置坐标。求解该体系的能量和定态函数。

【**解**】 体系的定态方程为

$$\left[-\frac{\hbar^2}{2\mu}\left(\frac{d^2}{dx_1^2}+\frac{d^2}{dx_2^2}\right)+\frac{1}{2}\mu\omega^2x_1^2+\frac{1}{2}\mu\omega^2x_2^2+\frac{1}{2}k\ (x_1-x_2)^2\right]\psi(x_1,x_2)$$
$$=E\psi(x_1,x_2) \tag{1}$$

方程中含有两个谐振子位置坐标的耦合项，故不能直接进行分离变量。但可采用下述的简正坐标变换进行解耦：

$$\begin{cases}\xi=\dfrac{1}{\sqrt{2}}(x_1+x_2)\\[2ex]\eta=\dfrac{1}{\sqrt{2}}(x_1-x_2)\end{cases} \tag{2}$$

则方程(1)变为

$$\left[-\frac{\hbar^2}{2\mu}\left(\frac{d^2}{d\xi^2}+\frac{d^2}{d\eta^2}\right)+\frac{1}{2}\mu\omega^2\xi^2+\frac{1}{2}\mu\omega^2\eta^2+\frac{1}{2}(\mu\omega^2+2k)\eta^2\right]\psi(\xi,\eta)$$
$$=E\psi(\xi,\eta) \tag{3}$$

方程(3)可进行分离变量。令

$$\begin{cases}\psi(\xi,\eta)=\varphi_1(\xi)\varphi_2(\eta)\\E=E_1+E_2\end{cases} \tag{4}$$

于是有

$$-\frac{\hbar^2}{2\mu}\frac{d^2}{d\xi^2}\varphi_1(\xi)+\frac{1}{2}\mu\omega_1^2\xi^2\varphi_1(\xi)=E_1\varphi_1(\xi) \tag{5}$$

$$-\frac{\hbar^2}{2\mu}\frac{d^2}{d\eta^2}\varphi_2(\eta)+\frac{1}{2}\omega_2\eta^2\varphi_2(\eta)=E_2\varphi_2(\eta) \tag{6}$$

上面的方程中

$$\omega_1=\omega,\quad \omega_2=\omega\sqrt{2+\frac{2k}{\mu\omega^2}} \tag{7}$$

方程(5)和(6)的数学形式是标准的一维线性谐振子的能量本征方程，故直接引用本节的一维线性谐振子的数学解。即

$$\begin{cases} E_1 = \left(\dfrac{1}{2} + m\right)\omega_1 \hbar \\ \varphi_1(\xi) = N_m \mathrm{e}^{-\frac{1}{2}\alpha_1^2\xi^2} H_m(\alpha_1 \xi) \end{cases}, \quad m = 0,1,2,\cdots \tag{8}$$

$$\begin{cases} E_2 = \left(\dfrac{1}{2} + n\right)\omega_2 \hbar \\ \varphi_2(\eta) = N_n \mathrm{e}^{-\frac{1}{2}\alpha_2^2\eta^2} H_n(\alpha_2 \eta) \end{cases}, \quad n = 0,1,2,\cdots \tag{9}$$

其中，

$$\begin{cases} \alpha_1 = \sqrt{\dfrac{\mu\omega_1}{\hbar}}, \quad \alpha_2 \sqrt{\dfrac{\mu\omega_2}{\hbar}} \\ N_m = \left(\dfrac{\alpha_1}{\pi^{\frac{1}{2}} 2^m m!}\right)^{\frac{1}{2}}, \quad N_n \left(\dfrac{\alpha_2}{\pi^{\frac{1}{2}} 2^n n!}\right)^{\frac{1}{2}} \end{cases} \tag{10}$$

于是，体系的能量和相应的定态函数为

$$\begin{cases} E_{m,n} = \left(\dfrac{1}{2} + m\right)\hbar\omega + \left(\dfrac{1}{2} + n\right)\hbar\omega_2 \\ \psi_{m,n}(\xi,\eta) = N_m N_n \mathrm{e}^{-\frac{1}{2}(\alpha_1^2\xi^2 + \alpha_2^2\eta^2)} H_m(\alpha_1\xi) H_n(\alpha_2\eta) \end{cases}, \quad m,n = 0,1,2,\cdots \tag{11}$$

1.5 氢原子

近代物理学的伟大成就之一是成功地揭示出原子是由原子核和核外的电子所组成。在元素周期表列出的各种不同元素中，氢原子的结构是最简单的：原子核由一个质子构成，核外只有一个电子。早在量子理论发展的初期，玻尔(N. Bohr)为了解释氢原子的稳定性和主要的光谱特征，在卢瑟福原子模型的基础上引入了“定态”的概念和能级间量子化跃迁的思想，成功地解释了长期令人困惑不解的里德伯公式。虽然如此，玻尔的氢原子理论却不能提供更多的关于氢原子的物理信息，更无力从更深的物理层次上来理解氢原子的许多物理现象。

在本节的以下篇幅中，我们将看到量子理论中的薛定谔方程能精确地提供氢原子的能谱，所计算出的能谱与实验结果惊人地一致！

1.5.1 氢原子的量子力学解

由于质子与电子分别带有等量的电性相反的电荷，因此，氢原子中的电子与原子核间的相互作用是库仑吸引力。氢原子是一个典型的两体相互作用的体系。通常，物理上是在质心系中研究两体问题，即两体的运动可分解成质心的平动和两体间的相对运动。在量子力学中，两粒子体系的能量本征方程亦可分解成质心平动的本征方程和它们之间相对运动的有效单粒子的能量本征方程。在这样的处理方案中，两粒子间的相互作用体现在粒子间相对运动的行为中。设电子的质量为 m_e，质子的质量为 M，那么它们的约化质量

$$\mu = \frac{m_e M}{m_e + M} = \frac{m_e}{1 + \frac{m_e}{M}} \tag{1.5.1}$$

考虑到质子的质量约为电子质量的1836倍，分母中的 m_e/M 远小于1，故可忽略式(1.5.1)中的 m_e/M，因而

$$\mu \approx m_e \tag{1.5.2}$$

其实，这一近似等效于质子的质量为无穷大。如令电子与质子的间距为 r，则电子在库仑场中的势能为

$$V(r) = -\frac{e^2}{4\pi\varepsilon_0 r} \tag{1.5.3}$$

于是，描述氢原子中电子运动行为的定态方程为

$$\left(-\frac{\hbar^2 \nabla^2}{2m_e} - \frac{e^2}{4\pi\varepsilon_0 r}\right)\psi(\vec{r}) = E\psi(\vec{r}) \tag{1.5.4}$$

这是一个三维坐标空间中的偏微分方程。鉴于势能的球对称性，我们选择球坐标系求解该方程。在球坐标系中，拉普拉斯算符

$$\nabla^2 = \frac{1}{r^2}\frac{\partial}{\partial r}\left(r^2\frac{\partial}{\partial r}\right) + \frac{1}{r^2}\left[\frac{1}{\sin\theta}\frac{\partial}{\partial\theta}\left(\sin\theta\frac{\partial}{\partial\theta}\right) + \frac{1}{\sin^2\theta}\frac{\partial^2}{\partial\varphi^2}\right] \tag{1.5.5}$$

定态方程为

$$\begin{aligned} &-\frac{\hbar^2}{2m_e r^2}\left[\frac{\partial}{\partial r}\left(r^2\frac{\partial}{\partial r}\right) + \frac{1}{\sin\theta}\frac{\partial}{\partial\theta}\left(\sin\theta\frac{\partial}{\partial\theta}\right) + \frac{1}{\sin^2\theta}\frac{\partial^2}{\partial\varphi^2}\right]\psi(r,\theta,\varphi) \\ &\quad -\frac{e^2}{4\pi\varepsilon_0 r}\psi(r,\theta,\varphi) = E\psi(r,\theta,\varphi) \end{aligned} \tag{1.5.6}$$

用分离变量法求解上面的方程。令

$$\psi(r,\theta,\varphi) = R(r)\Theta(\theta)\Phi(\varphi) \tag{1.5.7}$$

将式(1.5.7)代入方程(1.5.6)中,有

$$\frac{1}{R}\frac{\mathrm{d}}{\mathrm{d}r}\left(r^2\frac{\mathrm{d}R}{\mathrm{d}r}\right)+\frac{2m_{\mathrm{e}}r^2}{\hbar^2}\left(E+\frac{e^2}{4\pi\varepsilon_0 r}\right)$$
$$=-\frac{1}{\Theta\Phi\sin\theta}\frac{\partial}{\partial\theta}\left[\sin\theta\frac{\partial(\Theta\Phi)}{\partial\theta}\right]-\frac{1}{\Theta\Phi\sin^2\theta}\frac{\partial^2(\Theta\Phi)}{\partial\varphi^2} \quad (1.5.8)$$

左边只是关于变量 r 的函数,右边只是关于变量 θ 和 φ 的函数,左右两边相等则要求它们均等于一个与 (r,θ,φ) 无关的常数。令该常数为 λ,此时,方程(1.5.8)可改写成以下两个方程:

$$\frac{\mathrm{d}}{\mathrm{d}r}\left(r^2\frac{\mathrm{d}R}{\mathrm{d}r}\right)+\frac{2m_{\mathrm{e}}r^2}{\hbar^2}\left(E+\frac{e^2}{4\pi\varepsilon_0 r}\right)R-\lambda R=0 \quad (1.5.9)$$

$$\frac{\sin\theta}{\Theta\Phi}\frac{\partial}{\partial\theta}\left[\sin\theta\frac{\partial(\Theta\Phi)}{\partial\theta}\right]+\lambda\sin^2\theta=-\frac{1}{\Theta\Phi}\frac{\partial^2(\Theta\Phi)}{\partial\varphi^2} \quad (1.5.10)$$

类似地,方程(1.5.10)可进一步进行分离变量。令左右两边等于一个与 θ 和 φ 无关的常数 m^2,则方程(1.5.10)可分离成

$$\frac{1}{\sin\theta}\frac{\mathrm{d}}{\mathrm{d}\theta}\left(\sin\theta\frac{\mathrm{d}\Theta}{\mathrm{d}\theta}\right)+\left(\lambda-\frac{m^2}{\sin^2\theta}\right)\Theta=0 \quad (1.5.11)$$

$$\frac{\mathrm{d}^2\Phi}{\mathrm{d}\varphi^2}+m^2\Phi=0 \quad (1.5.12)$$

在方程的求解过程中,可获得 $\lambda=l(l+1)$。

至此,定态方程(1.5.6)被分离成只与单个自变量有关的三个方程。其中方程(1.5.9)称为径向方程,方程(1.5.11)和(1.5.12)称为角向方程。它们的解(解的过程见数学物理方程教科书)分别为

$$E=E_n=-\frac{1}{4\pi\varepsilon_0}\cdot\frac{e^2}{2a_0}\frac{1}{n^2} \quad (1.5.13)$$

其中,$a_0=\dfrac{4\pi\varepsilon_0\hbar^2}{m_e e^2}$ 为氢原子的玻尔半径。

$$\begin{aligned}R(r)&=R_{nl}(r)\\&=N_{nl}\mathrm{e}^{-\xi/2}\xi^l F(-n+l+1,2l+2,\xi),\\&\qquad n=1,2,\cdots;l=0,1,\cdots,n-1\end{aligned} \quad (1.5.14)$$

$$\Phi_m(\varphi)=\frac{1}{\sqrt{2\pi}}\mathrm{e}^{\mathrm{i}m\varphi},\quad m=0,\pm1,\pm2,\cdots \quad (1.5.15)$$

$$\Theta_{lm}(\theta)=\mathscr{B}_{lm}P_l^{|m|}(\cos\theta) \quad (1.5.16)$$

其中,F 为合流超几何函数,$\xi=\dfrac{2r}{na_0}$,$N_{nl}=\dfrac{2}{a_0^{3/2}n^2(2l+1)!}\sqrt{\dfrac{(n+l)!}{(n-l-1)!}}$

为径向波函数的归一化常数，$P_l^{|m|}(\cos\theta)$为连带勒让德多项式，$\mathscr{B}_{lm}=\sqrt{\dfrac{(l-|m|)!\ (2l+1)}{(l+|m|)!\ 4\pi}}$为归一化常数。

将两个角向的波函数式(1.5.15)和式(1.5.16)相乘，恰好为数学上的球谐函数 $Y_{lm}(\theta,\varphi)$，即

$$Y_{lm}(\theta,\varphi)=\Theta_{lm}(\theta)\Phi_m(\varphi) \tag{1.5.17}$$

于是，式(1.5.7)写为

$$\psi_{nlm}(r,\theta,\varphi)=R_{nl}(r)Y_{lm}(\theta,\varphi) \tag{1.5.18}$$

并满足

$$\iiint\psi^*_{nlm}\psi_{nlm}\mathrm{d}\tau=1 \tag{1.5.19}$$

其中，量子数的取值为

$$\begin{aligned} n&=1,2,3,\cdots\\ l&=0,1,2,\cdots,n-1\\ m&=0,\pm1,\pm2,\cdots,\pm l \end{aligned} \tag{1.5.20}$$

1.5.2 氢原子的能谱

由式(1.5.13)可知，氢原子的能谱是离散谱，能级由主量子数 n 标识，每一能级值与所对应的主量子数平方成反比。于是，量子数越大，能级值也越大，能级的位置就越高。同时不难发现，相邻能级的间隔随能级的升高而变小。当主量子数趋向于无穷大，离散的能谱便趋向于连续谱。

由原子物理的知识可知原子的光谱是源于原子中的电子从较高的能级 E_n 向低能级 E_m 的跃迁，所发射的光子的频率 ν 遵从

$$h\nu=E_n-E_m,\quad n>m \tag{1.5.21}$$

将能级表达式(1.5.13)代入式(1.5.21)，可得波数(即波长的倒数)

$$\begin{aligned}\tilde{\nu}&=\frac{1}{4\pi\varepsilon_0}\cdot\frac{e^2}{2a_0hc}\left(\frac{1}{m^2}-\frac{1}{n^2}\right)\\ &=R_\infty\left(\frac{1}{m^2}-\frac{1}{n^2}\right)\end{aligned} \tag{1.5.22}$$

此即原子核质量为无穷大时的里德堡公式。式中 $R_\infty=\dfrac{1}{4\pi\varepsilon_0}\cdot\dfrac{e^2}{2a_0hc}$为里德堡常数。至此，我们看到采用定态方程求解氢原子能自然地获得表达氢原子光谱规律的里德堡公式。

特别需要指出的是，氢原子的基态能量 $E_1 = -13.6\ \text{eV}$。这与实验观测的结果也是完全相同的。

我们再来回顾径向方程。由求解径向方程的数学过程可知，方程中的 $\lambda = l(l+1)$。于是，径向方程可写为

$$\frac{1}{r^2}\frac{\mathrm{d}}{\mathrm{d}r}\left(r^2\frac{\mathrm{d}R}{\mathrm{d}r}\right)+\left[\frac{2m}{\hbar^2}\left(E+\frac{e^2}{4\pi\varepsilon_0 r}\right)-\frac{l(l+1)}{r^2}\right]R = 0 \tag{1.5.23}$$

方程中 $-\dfrac{l(l+1)}{r^2}$ 为电子做轨道运动($l\neq 0$)时“附加”的势能。从数值的符号上看，它与电子所受到的原子核的库仑吸引势的效果相反。于是，这一“附加”的势能被称为电子运动时的离心势能。离心势能与 r^2 成反比，即电子与原子核的距离越小，电子的离心势能就呈 r^2 关系增大，从而强烈地排斥电子向原子核坠落！需要指出的是，这一离心势能并非微观粒子量子效应的体现。实际上，经典粒子在做曲线运动时，也会有离心势能。

对氢原子的稳定性，亦可利用不确定关系 $\Delta x\Delta p \geqslant \dfrac{1}{2}\hbar$ 进行理解。读者可从这一关系式出发，估算出塌缩到原子核上电子的能量非常大，达到兆电子伏特。但实际上束缚电子不可能有这么高的能量。因而，原子中的电子不会塌缩到原子核上。

1.5.3 电子在空间上的概率分布

通过电子的能量本征函数，可获得氢原子中的电子在空间中位于(r,θ,φ)附近的体积元 $\mathrm{d}\tau = r^2\sin\theta\mathrm{d}r\mathrm{d}\theta\mathrm{d}\varphi$ 内的概率

$$\begin{aligned}P_{nlm}(r)\mathrm{d}\tau &= |\psi_{nlm}(r,\theta,\varphi)|^2 r^2\sin\theta\mathrm{d}r\mathrm{d}\theta\mathrm{d}\varphi\\ &= |R_{nl}(r)|^2 r^2\mathrm{d}r\cdot|Y_{lm}(\theta,\varphi)|^2\sin\theta\mathrm{d}\theta\mathrm{d}\varphi\\ &= \rho_{nl}(r)\mathrm{d}r\cdot\rho_{lm}(\theta,\varphi)\mathrm{d}\Omega\end{aligned} \tag{1.5.24}$$

其中，径向概率密度和角向概率密度分别为

$$\begin{aligned}\rho_{nl}(r) &= R_{nl}^2(r)r^2\\ \rho_{lm}(\theta,\varphi) &= |Y_{lm}(\theta,\varphi)|^2\end{aligned} \tag{1.5.25}$$

显然，由于氢原子中电子的能量本征函数是径向波函数和角向波函数的直积，其空间的概率分布行为可以很方便地分解成电子在径向和角向的概率分布行为的乘积关系。

1. 电子在径向的概率分布

为了能清晰地看出电子的径向概率分布行为，下面列出能量较低的几个能级的径向波函数：

$$n=1,l=0,\quad R_{10}(r)=\left(\frac{1}{a_0}\right)^{3/2}2e^{-\frac{r}{a_0}} \tag{1.5.26}$$

$$\begin{aligned} n=2,l=0,\quad & R_{20}(r)=\left(\frac{1}{2a_0}\right)^{3/2}\left(2-\frac{r}{a_0}\right)e^{-\frac{r}{2a_0}} \\ l=1,\quad & R_{21}(r)=\left(\frac{1}{2a_0}\right)^{3/2}\frac{r}{a_0\sqrt{3}}e^{-\frac{r}{2a_0}} \end{aligned} \tag{1.5.27}$$

$$\begin{aligned} n=3,l=0,\quad & R_{30}(r)=\left(\frac{1}{3a_0}\right)^{3/2}\left[2-\frac{4r}{3a_0}+\frac{4}{27}\left(\frac{r}{a_0}\right)^2\right]e^{-\frac{r}{3a_0}} \\ l=1,\quad & R_{31}(r)=\left(\frac{2}{a_0}\right)^{3/2}\left(\frac{2}{27\sqrt{3}}-\frac{r}{81\sqrt{3}a_0}\right)\frac{r}{a_0}e^{-\frac{r}{3a_0}} \\ l=2,\quad & R_{32}(r)=\left(\frac{2}{a_0}\right)^{3/2}\frac{1}{81\sqrt{15}a_0}\left(\frac{r}{a_0}\right)^2e^{-\frac{r}{3a_0}} \end{aligned} \tag{1.5.28}$$

将这些径向波函数代入式(1.5.25),可得到对应的径向概率密度分布。

图1.17画出了这些径向波函数和相应的径向概率密度随径向距离的变化曲线。从图中可看出,氢原子处于基态时($n=1$),径向波函数大约在径向距离0.5 nm以内迅速衰减;主量子数越大,波函数的径向衰减距离越长,同时,概率密度的最大值所对应的径向距离也越来越大。

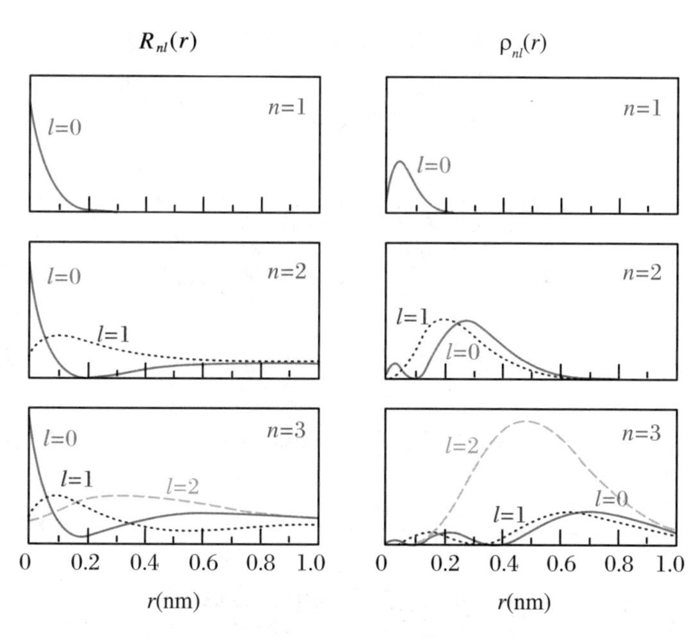

图1.17 氢原子中电子分别处于1s,2s,2p,3s,3p,3d态时的径向波函数和相应的径向概率密度分布

在量子物理中,既然电子在其原子核附近的空间运动没有轨道的行为,那么,原子半径的大小就很难有严格的几何意义。通常是选取径向概率密度最大处的径向距离为原子的半径。按此定义,氢原子处于基态时的原子半径$r_0=a_0=0.0529$ nm,这恰好是经典的玻尔半径。当氢原子处于激发态时,其原

读者可以思考:如果中性原子变成正离子或负离子,半径如何变化?

子半径增大。因此，原子的半径也依赖于原子所处的状态。只不过我们通常所讲的原子半径基本上是指原子处于基态时的半径。

2. 电子在角向的概率分布

类似地，为了清楚地看出氢原子中电子在角向的概率分布行为，我们也写出以下常见的角向波函数：

$$Y_{00}(\theta,\varphi)=\frac{1}{\sqrt{4\pi}}$$

$$Y_{10}(\theta,\varphi)=\sqrt{\frac{3}{4\pi}}\cos\theta$$

$$Y_{11}(\theta,\varphi)=-\sqrt{\frac{3}{8\pi}}\sin\theta e^{i\varphi}$$

$$Y_{1-1}(\theta,\varphi)=\sqrt{\frac{3}{8\pi}}\sin\theta e^{-i\varphi}$$

$$Y_{20}(\theta,\varphi)=\sqrt{\frac{5}{16\pi}}(3\cos^2\theta-1)$$

$$Y_{21}(\theta,\varphi)=-\sqrt{\frac{15}{8\pi}}\sin\theta\cos\theta e^{i\varphi}$$

$$Y_{2-1}(\theta,\varphi)=\sqrt{\frac{15}{8\pi}}\sin\theta\cos\theta e^{-i\varphi}$$

$$Y_{22}(\theta,\varphi)=\sqrt{\frac{15}{32\pi}}\sin^2\theta e^{i2\varphi}$$

$$Y_{2-2}(\theta,\varphi)=\sqrt{\frac{15}{32\pi}}\sin^2\theta e^{-i2\varphi}$$

$$Y_{30}(\theta,\varphi)=\sqrt{\frac{7}{4\pi}}\left(\frac{5}{2}\cos^2\theta-\frac{3}{2}\cos\theta\right)$$

$$Y_{31}(\theta,\varphi)=-\frac{1}{4}\sqrt{\frac{21}{4\pi}}\sin\theta(5\cos^2\theta-1)e^{i\varphi}$$

$$Y_{3-1}(\theta,\varphi)=\frac{1}{4}\sqrt{\frac{21}{4\pi}}\sin\theta(5\cos^2\theta-1)e^{-i\varphi}$$

$$Y_{32}(\theta,\varphi)=\frac{1}{4}\sqrt{\frac{105}{2\pi}}\sin^2\theta\cos\theta e^{i2\varphi}$$

$$Y_{3-2}(\theta,\varphi)=\frac{1}{4}\sqrt{\frac{105}{2\pi}}\sin^2\theta\cos\theta e^{-i2\varphi}$$

$$Y_{33}(\theta,\varphi)=-\frac{1}{4}\sqrt{\frac{35}{4\pi}}\sin^3\theta e^{i3\varphi}$$

$$Y_{3-3}(\theta,\varphi)=\frac{1}{4}\sqrt{\frac{35}{4\pi}}\sin^3\theta e^{-i3\varphi}$$

将这些球谐函数分别代入式(1.5.25),可获得相应的角向概率密度。上述分别列出了原子轨道波函数在径向和角向的分布。在研究或理解许多化学反应或化学键时,常常用原子轨道轮廓图更直观。图1.18画出了1s、2p、3d轨道在直角坐标系中的轮廓图。

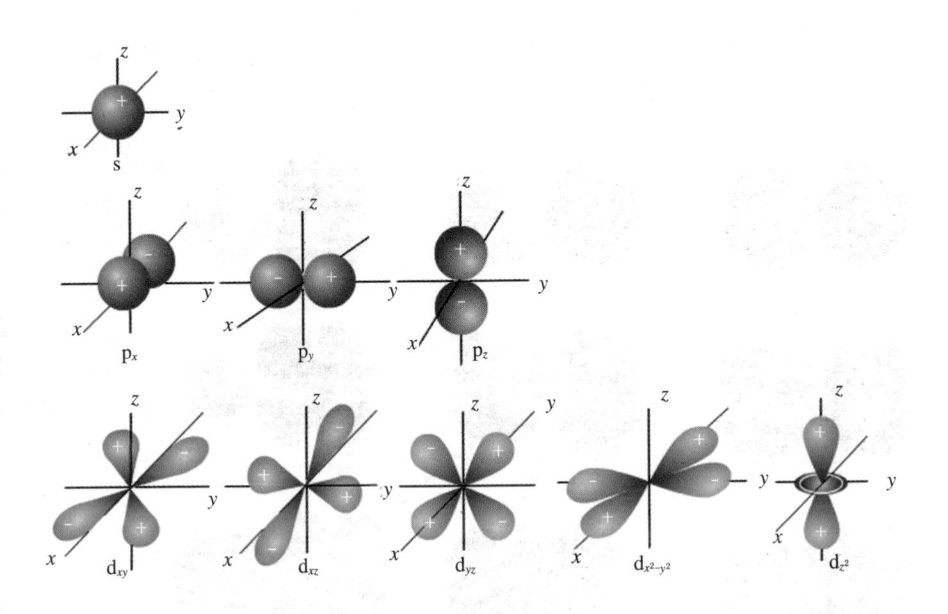

图1.18 s轨道、p轨道和d轨道的轮廓图

1.5.4 化学键的直观图像

从图1.18中可直观地看出,s态的角向分布呈球形,p态各个分量呈哑铃形,而d态各个分量的形状更复杂。显然,s态角向分布是各向均匀的,而其他态的角向分布具有方向性。这种特征是理解原子间化学键具有方向性的理论基础。

在化学上,原子间的相互作用体现在原子间轨道波函数的有效重叠。我们不妨用两个原子的作用为例来予以说明。当两个原子相距较远,它们间的径向波函数几乎没有重叠时,这两个原子间没有相互作用。当它们在空间上靠近,使得彼此之间的轨道波函数有了重叠,此时两原子发生相互作用。对于发生相互作用的两个原子,如有一个电子概率性地分布在两原子轨道波函数的重叠区,则该电子的量子态同时包含着相互重叠的两个原子的轨道波函数的信息。为简单起见,设每个原子只有一个量子态,描述两原子各自量子态的归一化轨道波函数分别为 $\varphi_1(\vec{r})$ 和 $\varphi_2(\vec{r})$。那么,发生相互作用的两原子的总体波函数 $\psi(\vec{r})$ 为

$$\psi(\vec{r}) = c_1\varphi_1(\vec{r}) + c_2\varphi_2(\vec{r}) \tag{1.5.29}$$

对波函数 $\psi(\vec{r})$ 进行归一化,则有

这里假设 $\varphi_1(\vec{r})$ 和 $\varphi_2(\vec{r})$ 已归一化。

$$|c_1|^2+|c_2|^2+c_1^*c_2\int\varphi_1^*(\vec{r})\varphi_2(\vec{r})\mathrm{d}\vec{r}+c_2^*c_1\int\varphi_2^*(\vec{r})\varphi_1(\vec{r})\mathrm{d}\vec{r}=1$$

其中，$\int\varphi_1^*(\vec{r})\varphi_2(\vec{r})\mathrm{d}\vec{r}$ 与 $\int\varphi_2^*(\vec{r})\varphi_1(\vec{r})\mathrm{d}\vec{r}$ 是互为复共轭的，它们均为两个波函数的重叠积分。如果两个波函数没有有效的重叠，则重叠积分值为零；如果两个波函数有效重叠，则重叠积分值不为零，此时，两原子间形成了化学键。图1.19为两原子间常见化学键的几何图像示意图。

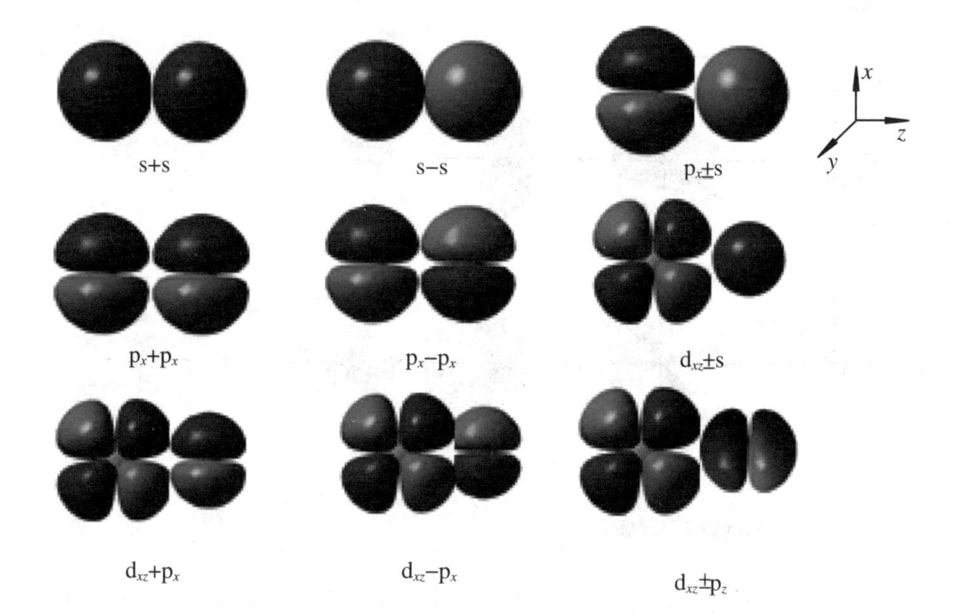

图1.19　两原子间常见化学键的几何图像

图1.19中紫红色部分表示每个原子轨道波函数的正号部分，淡绿色部分表示其负号部分。可以看出，两个原子间轨道波函数会有“同号重叠”“异号重叠”“同、异号同时重叠”这三种重叠的方式。对于“同号重叠”，所反映出的净的重叠积分为正值，对应着这两个原子轨道的重叠形成了成键轨道。对于“异号重叠”，所反映出的净的重叠积分为负值，对应着这两个原子轨道的重叠形成了反键轨道。而对于“同、异号同时重叠”的情形，当两个重叠区域的体积相等时，它们的净重叠积分为零。这种情形下两原子波函数之间没有有效的重叠，称为非键。另外，我们还可以看出，两个s态的波函数无论在哪个方向上靠近，它们之间一定能形成σ键；而两个p态的轨道波函数间却有多种不同的重叠方式，可分别形成σ键、π键和非键；一个s轨道波函数与一个p态的轨道波函数重叠时，亦有不同的重叠方式，并会形成σ键或非键。类似地，s轨道波函数与d轨道波函数，p轨道波函数与d轨道波函数均有很复杂的重叠方式。

仔细观察这些成键、反键和非键轨道波函数重叠的特征，不难发现原子间轨道波函数能否有效重叠成键与它们在空间上的对称性匹配有关。这样的对称性匹配关系是初步判断简单反应物之间能否发生化学反应的三个要素（两轨

道间的电负性匹配、对称性匹配、能量相近)之一。

1.5.5 磁矩

如前所述,在低能近似下,体系的粒子数一定是守恒的。也就是说,如果在某一局部空间区域出现电子的概率密度减少,那么同时在另外的局部区域中出现电子的概率密度就会相应地增大。于是,空间中局部区域之间存在着概率流密度。在量子力学中,定义微观粒子的电荷量与该粒子概率流密度的乘积为微观粒子运动所对应的电流密度。在氢原子中,电子的电荷量为 $-e$,质量为 m_e,则电子运动产生的电流密度为

$$-e\vec{j} = \frac{ie\hbar}{2m_e}(\Psi \nabla\Psi^* - \Psi^* \nabla\Psi) \tag{1.5.30}$$

将梯度算符在球坐标系中的数学形式代入式(1.5.30),则发现电流密度在径向 r 和 θ 角方向上均为零,而在 φ 角的方向上不为零,即

$$(ej)_\varphi = -\frac{e\hbar m}{m_e} \cdot \frac{1}{r\sin\theta} |\Psi_{nlm}|^2 \tag{1.5.31}$$

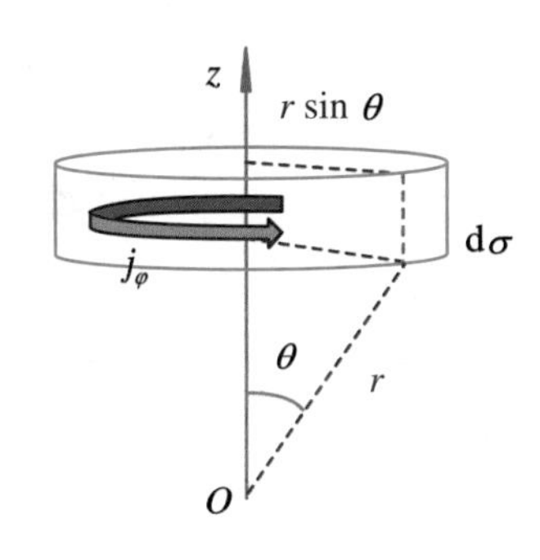

图1.20 电流密度示意图

根据电磁学理论可知,环形的电流会在垂直于封闭环形曲面的方向上产生磁矩。如图1.20所示,设磁矩沿 z 轴方向。在垂直于电流方向的截面 $d\sigma$ 面元内,电流元 $dI = (ej)_\varphi d\sigma$。

于是,磁矩

$$\begin{aligned}
M_z &= \int S dI = \iint \pi (r\sin\theta)^2 (ej)_\varphi d\sigma \\
&= \iint \pi r^2 \sin^2\theta \cdot \frac{e\hbar m}{m_e} \cdot \frac{1}{r\sin\theta} |\Psi_{nlm}|^2 r dr d\theta \\
&= -\frac{e\hbar m}{2m_e}\iint 2\pi r^2 \sin\theta \cdot |\Psi_{nlm}|^2 dr d\theta \\
&= -\frac{e\hbar m}{2m_e}\int_0^{2\pi} d\varphi \iint r^2 \sin\theta \cdot |\Psi_{nlm}|^2 dr d\theta \\
&= -\frac{e\hbar m}{2m_e}\iiint |\Psi_{nlm}|^2 r^2 \sin\theta dr d\theta d\varphi \\
&= -\frac{e\hbar m}{2m_e} = -\mu_B m, \quad m = 0, \pm 1, \pm 2, \cdots, \pm l
\end{aligned}$$

S 为环形电流所围住的圆的面积。

$|\Psi_{nlm}|^2$ 与 φ 角无关。

其中,$\mu_B = \frac{e\hbar}{2m_e}$ 为玻尔磁子。显然,氢原子中电子运动产生的磁矩依赖于量子数 m,这表明磁矩与电子的状态有关。例如,当电子处于基态时,$l=0$,$m=0$,则 $M_z = 0$,即无磁矩。

上述的计算中,z 方向没有特定的意义。如果对原子施加一特定取向的磁场时,上述的 z 方向就可理解为磁场方向。另外,所计算出的磁矩是原子与适

当的外场作用时可以表现出的磁矩。

本章小结

(1) 微观粒子具有波动性和粒子性。这种波完全不同于经典物理学中的波的概念,微观粒子的粒子性也与经典的粒子性质不同。

(2) 微观粒子的状态用波函数描述,这是量子力学的公理之一。波函数的本身没有实际的物理意义,因为它不是实际的物理量的波动。但波函数的模平方是有物理意义的,它是粒子在某一时刻在空间上的分布的概率密度。

(3) 波函数在空间和时间上的演化遵从薛定谔方程。薛定谔方程也是量子力学的公理之一。该方程不能从其他的更基本的理论推导出来,方程的正确性只能用实验验证。

(4) 量子力学中的不确定性关系是源于微观粒子的波动性。

(5) 原子间的化学键源于原子间价轨道彼此有效重叠。

第2章　力学量与算符

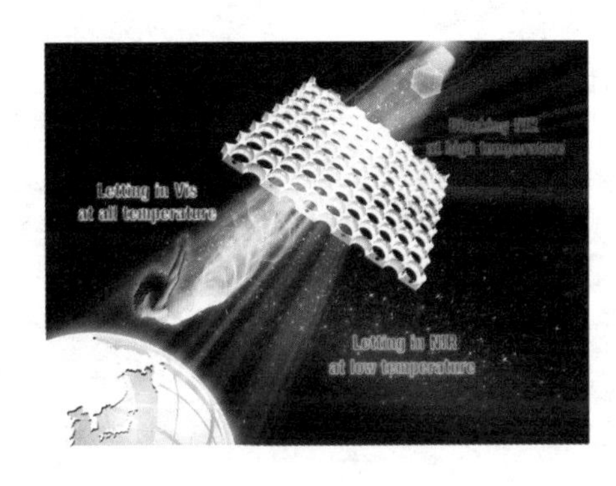

人们对微观体系的直观认识是源于实验观测。例如,左图所示太阳光穿过二氧化钒材料的光谱与材料的温度有关:温度偏低时,能让太阳光中较多的红外光尽量透射;当温度偏高时,却能屏蔽部分红外光。由于二氧化钒的这一功能,它被期望用于智能玻璃窗,利用环境温度自动调节玻璃窗对太阳光的响应。上述温控透射光谱的现象暗含着什么样的物理本质?现代,科技界对微观体系的实验研究获得了大量的数据、谱线和照片。我们该如何理解实验获得的微观体系的各种“表现”呢?

为了能深入地理解实验现象,我们需要能够将理论计算的数据直接与实验观测的数据进行对比,需要探讨在量子理论中如何表述物理量。因此,理论上要求提出计算物理量的方法,使之能与相应的实验测量值进行直接对比。

本章将介绍计算力学量的平均值假设,该假设是理论计算与实验观测直接对比的桥梁。在介绍这一重要的假设之前,先系统地介绍希尔伯特线性空间中的矢量及其内积运算、力学量与算符的关系、算符的功能等相关的数学和物理基础知识。此外,还将严格证明广义的不确定性关系式,进一步从该关系式中算符的对易关系揭示出这两个算符具有共同的本征态,进而引入力学量完全集。这些都是学习量子理论必需的最基本的知识。

2.1　数学基础

2.1.1　复矢量的基本运算规则

设有一个复矢量的集合$\{\psi,\varphi,\chi,\cdots\}$以及复数 a 和 b。这些复矢量满足如下的运算规则：

(1) 加法的交换律和结合律

$$\psi+\varphi=\varphi+\psi \tag{2.1.1}$$
$$\psi+(\varphi+\chi)=(\psi+\varphi)+\chi$$

(2) 数乘的结合律和交换律

$$(\psi a)b=\psi(ab) \tag{2.1.2}$$
$$\psi(a+b)=\psi a+\psi b \tag{2.1.3}$$

(3) 零元素

集合中有唯一的元素 0。对集合中任一元素(如 ψ)都有 $\psi+0=\psi$。

(4) 负元素

集合中任一元素(如 ψ),都有另一元素(如 φ),使得 $\psi+\varphi=0$,此即 $\psi=-\varphi$。集合中任一元素都有其唯一的负元素。

(5) 内积

两矢量 ψ 和 φ 的内积(又称为标量积或点积)

$$(\psi,\varphi)=\int\psi^*\varphi\mathrm{d}\tau=\text{复数} \tag{2.1.4}$$

显然,内积

$$\begin{cases}\text{对右因子是线性的}:(\psi,a\varphi+b\chi)=(\psi,\varphi)a+(\psi,\chi)b\\ \text{对左因子是反线性的}:(a\psi+b\chi,\varphi)=a^*(\psi,\varphi)+b^*(\chi,\varphi)\end{cases} \tag{2.1.5}$$

此即,内积括号中右边的常数 a 和 b 移出括号,仍然是 a 和 b;但将内积括号中左边的常数 a 和 b 移出括号,不再是 a 和 b,而是 a^* 和 b^*。所以,内积中的左因子与右因子的数学地位是不对等的。

内积具有以下的运算规则:

① $(\psi,\varphi)=(\varphi,\psi)^*$ (2.1.6)

证明:$(\psi,\varphi)=\int\psi^*\varphi\mathrm{d}\tau=\int(\psi\varphi^*)^*\mathrm{d}\tau=\left(\int\psi\varphi^*\mathrm{d}\tau\right)^*=(\varphi,\psi)^*$

② $(\psi,\varphi+\chi)=(\psi,\varphi)+(\psi,\chi)$ (2.1.7)

③ $(\psi,\psi)\geqslant0$,当且仅当 $\psi=0$ 时,

$$(\psi,\psi)=0 \tag{2.1.8}$$

矢量 ψ 的长度称为矢量的模,定义为 $\|\psi\|=\sqrt{(\psi,\psi)}$。

④ 矢量间正交

当两矢量满足 $(\psi,\varphi)=0$,则这两矢量相互正交。

2.1.2 希尔伯特空间简介

由复矢量构成的一个集合,如果① 集合中的任意两个矢量相加,得到的矢

量仍然是该集合中的一个元素；② 集合中任意矢量的数乘所得的矢量仍然是该集合中的元素，则该矢量的集合具有封闭性。

如果一个矢量的集合具有**封闭性并且元素(矢量)间的加法运算满足加法的结合律和交换律**，那么，这个矢量集合称为矢量空间，又称为线性空间。如果该矢量空间中定义了如上所述的内积运算，则该线性空间为内积空间。

每个矢量有一个模长。内积空间中的一系列矢量对应着一个模长的数列。

进一步地，如果满足柯西收敛准则的序列$\{\psi,\varphi,\chi,\cdots\}$的极限也在该内积空间中，则该空间是完备的内积空间，即希尔伯特线性空间。希尔伯特空间中的矢量具有单值性、连续性和平方可积性。

柯西收敛准则：给一数列$\{a_1,a_2,\cdots,a_n,\cdots,a_m,\cdots\}$，对任给的$\varepsilon>0$，存在正整数$N$，使得当$n,m>N$时，恒有$|a_n-a_m|<\varepsilon$，则数列收敛。

量子力学中的一个重要的公理是微观体系的状态用波函数描述，而波函数是定义在希尔伯特线性空间中的复矢量。于是，从严格的数学理论看，量子力学中的波函数应该具有单值、连续和平方可积的性质。但在量子理论的发展中引入了少量的不满足数学要求的函数来表述波函数，最典型的是$\delta(x)$函数：

$$\delta(x)=\begin{cases}0, & x\neq 0\\ \infty, & x=0\end{cases}$$

$$\int_{-\infty}^{\infty}\delta(x-a)\mathrm{d}x=1$$

其中，a为任意的实数。在物理上，常常也将这些函数“并入”希尔伯特空间，因而，量子力学中所谈的希尔伯特空间是被物理学“扩展”了的希尔伯特空间。

2.1.3　狄拉克符号

从式(2.1.5)可知，内积中的左因子与右因子的数学地位是不对等的。在一些更复杂的涉及内积计算的问题中，如果采用上述内积的表述形式开展运算，计算的过程中不易清晰地表达出左因子与右因子的不对等性。为了能有效地区别内积中的左右因子的不对等性，我们介绍狄拉克符号。首先，我们使用狄拉克符号(如$|\rangle$和$\langle|$)来重新表述矢量及其内积运算规则。

狄拉克记号中尖括号指向右边的称为右矢，例如$|\psi\rangle$，尖括号指向左边的则称为左矢，例如$\langle\varphi|$。

令$\{|\psi\rangle,|\varphi\rangle,|\chi\rangle,\cdots\}$为右矢空间的矢量集合。我们有

$$|\psi\rangle+|\varphi\rangle=|\varphi\rangle+|\psi\rangle \quad \text{(加法交换律)}$$

$$|\psi\rangle+(|\varphi\rangle+|\chi\rangle)=(|\psi\rangle+|\varphi\rangle)+|\chi\rangle \quad \text{(加法结合律)}$$

$$(|\psi\rangle a)b=|\psi\rangle(ab) \quad \text{(矢量的数乘)}$$

$$|\psi\rangle(a+b)=|\psi\rangle a+|\psi\rangle b$$

$$(|\psi\rangle+|\varphi\rangle)a=|\psi\rangle a+|\varphi\rangle a$$

如果上述的右矢集合中的元素满足加法运算、数乘运算并具有封闭性，则构成右矢线性空间。必须注意的是量子力学态均定义在右矢空间中。

如果对右矢空间中的矢量$\{|\psi\rangle,|\varphi\rangle,|\chi\rangle,\cdots\}$进行厄米共轭操作则可产生相应的左矢。例如

厄米共轭是复共轭加转置。见本书2.2.4节。

$$|\psi\rangle^{\dagger}=\langle\psi|$$

$$|\varphi\rangle^{\dagger}=\langle\varphi|$$
$$|\chi\rangle^{\dagger}=\langle\chi|$$
$$\vdots$$

于是，与$\{|\psi\rangle,|\varphi\rangle,|\chi\rangle,\cdots\}$对应的左矢的集合为$\{\langle\psi|,\langle\varphi|,\langle\chi|,\cdots\}$。这里

$|\psi\rangle$与$\langle\psi|$　互相共轭
$|\varphi\rangle$与$\langle\varphi|$　互相共轭
$|\chi\rangle$与$\langle\chi|$　互相共轭
$\vdots$

不仅如此，如果在右矢空间中有

$$|\psi\rangle=|a\varphi\rangle=a|\varphi\rangle \tag{2.1.9}$$

我们约定$|a\varphi\rangle^{\dagger}=\langle a\varphi|$，这里的狄拉克记号中的$a\varphi$可作为一个整体来处理。但是，一旦$a$在狄拉克记号外，就不能将$a\varphi$作为一个整体来处理。例如$(a|\varphi\rangle)^{\dagger}=\langle\varphi|a^{*}$。

那么通过厄米共轭，则有

$$\langle\psi|=\langle a\varphi|=a^{*}\langle\varphi| \tag{2.1.10}$$

进一步，如果三个右矢量$|\psi\rangle$、$|\varphi\rangle$和$|\chi\rangle$满足

$$|\psi\rangle+|\varphi\rangle=|\chi\rangle$$

与它们相对应的三个共轭矢量$\langle\psi|$、$\langle\varphi|$和$\langle\chi|$也就满足

$$\langle\psi|+\langle\varphi|=\langle\chi|$$

于是，我们也就构造了与右矢空间相对应的左矢空间。由于左矢空间和右矢空间彼此间通过共轭映射来相互构造，故互为对偶空间。

【例 2.1】 证明 Schwartz 不等式

对任意矢量$|\psi\rangle$和$|\varphi\rangle$，有

$$|\langle\psi|\varphi\rangle|\leqslant\sqrt{\langle\psi|\psi\rangle}\cdot\sqrt{\langle\varphi|\varphi\rangle} \tag{1}$$

构造矢量$|\chi\rangle$是这个不等式证明的一个关键的技巧。右边(2)式是按数学上 Schmidt 正交化过程来构造的矢量$|\chi\rangle$。

【证】 对任意给定的矢量$|\psi\rangle$和$|\varphi\rangle$，构造一个矢量

$$|\chi\rangle=|\psi\rangle-\frac{\langle\varphi|\psi\rangle}{\langle\varphi|\varphi\rangle}|\varphi\rangle \tag{2}$$

做如下的内积运算：

$$\langle\chi|\chi\rangle=\langle\psi|\psi\rangle-\langle\psi|\varphi\rangle\frac{\langle\varphi|\psi\rangle}{\langle\varphi|\varphi\rangle}-\frac{\langle\varphi|\psi\rangle^{*}}{\langle\varphi|\varphi\rangle}\langle\varphi|\psi\rangle$$
$$+\frac{\langle\varphi|\psi\rangle^{*}}{\langle\varphi|\varphi\rangle}\frac{\langle\varphi|\psi\rangle}{\langle\varphi|\varphi\rangle}\langle\varphi|\varphi\rangle$$

$$= \langle\psi|\psi\rangle - \langle\varphi|\psi\rangle^* \frac{\langle\varphi|\psi\rangle}{\langle\varphi|\varphi\rangle}$$

$$= \langle\psi|\psi\rangle - \frac{|\langle\psi|\varphi\rangle|^2}{\langle\varphi|\varphi\rangle}$$

注意到式(2.1.8)，有$\langle\chi|\chi\rangle\geqslant 0$，$\langle\psi|\psi\rangle\geqslant 0$，$\langle\varphi|\varphi\rangle\geqslant 0$。于是

$$|\langle\psi|\varphi\rangle| \leqslant \sqrt{\langle\psi|\psi\rangle}\cdot\sqrt{\langle\varphi|\varphi\rangle}$$

这里要应用内积运算规则。

在本章证明不确定性关系时将会用到这个不等式。

2.2 算符

2.2.1 算符的基本功能

我们知道，微观体系的状态用波函数描述，而波函数的本身不是可观测的物理量；另一方面，当施加某一物理作用，微观体系的状态可能会发生改变，这对应着体系态矢的改变，例如

$$|\psi\rangle \to |\varphi\rangle$$

反过来看，态矢的改变意味着需要对态矢$|\psi\rangle$进行“运算”，使之变成态矢$|\varphi\rangle$。如果令$\hat{A}$代表“运算”，则有

$$\hat{A}|\psi\rangle = |\varphi\rangle \tag{2.2.1}$$

通常，物理作用(即算符)对态作用后所产生的$|\varphi\rangle$是不同于$|\psi\rangle$的，但是，当$|\psi\rangle$为算符的本征态时，$|\varphi\rangle=|\psi\rangle$，此时，不产生新的态。2.2.2节将详细介绍这一情况。

$\hat{A}$称为算符。从数学上看，算符$\hat{A}$是将某一复数域中的矢量$|\psi\rangle$映射到另一复数域中的矢量$|\varphi\rangle$。能被算符A作用的全体矢量便是算符$\hat{A}$的定义域，而$|\varphi\rangle$所在的复数域则是算符$\hat{A}$的值域。

如果算符$\hat{A}=\hat{B}$，则指这两个算符有相同的定义域，并对定义域内任意的态矢量$|\psi\rangle$都满足$\hat{A}|\psi\rangle=\hat{B}|\psi\rangle$。

算符又有线性算符和反线性算符之分：

如果$\hat{A}(c_1|\psi\rangle+c_2|\varphi\rangle)=c_1\hat{A}|\psi\rangle+c_2\hat{A}|\varphi\rangle$，则算符$\hat{A}$为线性算符；

如果$\hat{A}(c_1|\psi\rangle+c_2|\varphi\rangle)=c_1^*\hat{A}|\psi\rangle+c_2^*\hat{A}|\varphi\rangle$，则算符$\hat{A}$为反线性算符。

通常的初等量子力学只涉及线性算符，不涉及反线性算符。

在量子理论中，要求表达力学量的算符为线性算符，如此才能满足态叠加原理。

2.2.2 算符的本征方程

如果某一算符 $\hat{A}$ 对态矢 $|\psi\rangle$ 作用后产生的态矢 $|\varphi\rangle$ 与 $|\psi\rangle$ 只相差一个常数(设为 a),即

$$\hat{A}|\psi\rangle = a|\psi\rangle \tag{2.2.2}$$

则该方程称为算符 $\hat{A}$ 的本征方程,$|\psi\rangle$ 为算符 $\hat{A}$ 的本征态,a 为与本征态 $|\psi\rangle$ 相对应的本征值。

2.2.3 算符的基本运算规则

算符具有以下的运算规则:

1. 算符之和

如果两个算符 $\hat{A}$ 和 $\hat{B}$ 分别作用在任意一个态矢 $|\psi\rangle$ 上,其结果等价于 $(\hat{A}+\hat{B})$ 作用在 $|\psi\rangle$ 上,即

$$\hat{A}|\psi\rangle + \hat{B}|\psi\rangle = (\hat{A}+\hat{B})|\psi\rangle \tag{2.2.3}$$

则称 $(\hat{A}+\hat{B})$ 为算符 $\hat{A}$ 和 $\hat{B}$ 之和。

显然,算符之和满足加法交换律和结合律:

$$\hat{A}+\hat{B} = \hat{B}+\hat{A}$$
$$(\hat{A}+\hat{B})+\hat{C} = \hat{A}+(\hat{B}+\hat{C})$$

2. 算符之积

当两个算符 $\hat{A}$ 与 $\hat{B}$ 彼此相乘,可形成 $\hat{A}\hat{B}$,也可以形成 $\hat{B}\hat{A}$。我们来考察这两个算符乘积之间的关系。首先,将算符的乘积 $\hat{A}\hat{B}$ 作用到任一态矢 $|\psi\rangle$ 上,即

$$\hat{A}\hat{B}|\psi\rangle \tag{2.2.4}$$

算符 $\hat{A}$ 作用到被 $\hat{B}$ 作用后产生的态上。

上式可看成算符 $\hat{B}$ 作用到态矢 $|\psi\rangle$,产生态 $|\chi\rangle$,即 $\hat{B}|\psi\rangle = |\chi\rangle$;然后是算符 $\hat{A}$ 作用到 $|\chi\rangle$ 上,亦即

$$\hat{A}\hat{B}|\psi\rangle = \hat{A}(\hat{B}|\psi\rangle) = \hat{A}|\chi\rangle \tag{2.2.5}$$

类似地,如果 $\hat{A}|\psi\rangle = |\varphi\rangle$,那么

$$\hat{B}\hat{A}|\psi\rangle = \hat{B}(\hat{A}|\psi\rangle) = \hat{B}|\varphi\rangle \tag{2.2.6}$$

在一般的情形中，$\hat{A}|\chi\rangle\neq\hat{B}|\varphi\rangle$，即 $\hat{A}\hat{B}|\psi\rangle\neq\hat{B}\hat{A}|\psi\rangle$。由于$|\psi\rangle$是任意一个态矢，则有

$$\hat{A}\hat{B}\neq\hat{B}\hat{A}$$

所以，在一般的情形下，$\hat{A}\hat{B}\neq\hat{B}\hat{A}$。这提醒我们：对于算符的乘积，要注意算符的排列次序！

3. 算符的对易式

定义

$$[\hat{A},\hat{B}]=\hat{A}\hat{B}-\hat{B}\hat{A} \tag{2.2.7}$$

为算符 $\hat{A}$ 和 $\hat{B}$ 的对易式。

算符的对易式有如下的运算关系：

$$[\hat{A},\hat{A}]=0 \tag{2.2.8}$$

$$[\hat{A},a]=0\quad(a\text{ 为任意的复数}) \tag{2.2.9}$$

式(2.2.9)对线性算符成立。

$$[\hat{A},\hat{B}]=-[\hat{B},\hat{A}] \tag{2.2.10}$$

$$\begin{aligned}[\hat{A},a_1\hat{B}+a_2\hat{C}]&=a_1[\hat{A},\hat{B}]+a_2[\hat{A},\hat{C}]\\&=[\hat{A},\hat{B}]a_1+[\hat{A},\hat{C}]a_2\end{aligned} \tag{2.2.11}$$

a_1，a_2 和 a 为任意复数。

$$[\hat{A},\hat{B}\hat{C}]=[\hat{A},\hat{B}]\hat{C}+\hat{B}[\hat{A},\hat{C}] \tag{2.2.12}$$

对式(2.2.11)，由于 a_1 和 a_2 是常数，它们可以在对易式$[\hat{A},\hat{B}]$和$[\hat{A},\hat{C}]$之前，也可以在对易式之后。

【例 2.2】 证明 Jacobi 恒等式

$$[\hat{A},[\hat{B},\hat{C}]]+[\hat{B},[\hat{C},\hat{A}]]+[\hat{C},[\hat{A},\hat{B}]]=0$$

【证】
$$\begin{aligned}[\hat{A},[\hat{B},\hat{C}]]&=[\hat{A},\hat{B}\hat{C}-\hat{C}\hat{B}]\\&=\hat{A}(\hat{B}\hat{C}-\hat{C}\hat{B})-(\hat{B}\hat{C}-\hat{C}\hat{B})\hat{A}\\&=\hat{A}\hat{B}\hat{C}-\hat{A}\hat{C}\hat{B}-\hat{B}\hat{C}\hat{A}+\hat{C}\hat{B}\hat{A}\end{aligned}$$

类似地，我们有

$$[\hat{B},[\hat{C},\hat{A}]]=\hat{B}\hat{C}\hat{A}-\hat{B}\hat{A}\hat{C}-\hat{C}\hat{A}\hat{B}+\hat{A}\hat{C}\hat{B}$$

$$[\hat{C},[\hat{A},\hat{B}]]=\hat{C}\hat{A}\hat{B}-\hat{C}\hat{B}\hat{A}-\hat{A}\hat{B}\hat{C}+\hat{B}\hat{A}\hat{C}$$

于是

$$\begin{aligned}
&[\hat{A},[\hat{B},\hat{C}]]+[\hat{B},[\hat{C},\hat{A}]]+[\hat{C},[\hat{A},\hat{B}]] \\
&=(\hat{A}\hat{B}\hat{C}-\hat{A}\hat{C}\hat{B}-\hat{B}\hat{C}\hat{A}+\hat{C}\hat{B}\hat{A}) \\
&\quad+(\hat{B}\hat{C}\hat{A}-\hat{B}\hat{A}\hat{C}-\hat{C}\hat{A}\hat{B}+\hat{A}\hat{C}\hat{B}) \\
&\quad+(\hat{C}\hat{A}\hat{B}-\hat{C}\hat{B}\hat{A}-\hat{A}\hat{B}\hat{C}+\hat{B}\hat{A}\hat{C}) \\
&=0
\end{aligned}$$

2.2.4 算符的分类

1. 单位算符 $\hat{I}$

$\hat{I}|\psi\rangle=|\psi\rangle$ 单位算符作用在任何态矢上均不改变这一态矢。

2. 零算符 $\hat{0}$

$\hat{0}|\psi\rangle=|0\rangle$ 零算符作用在任何态矢上均获得零态矢。

3. 复共轭算符

算符 $\hat{A}$ 的复共轭算符就是对该算符取复共轭,记为 $\hat{A}^*$。例如

$$\hat{\vec{p}}^*=(-\mathrm{i}\hbar\nabla)^*=\mathrm{i}\hbar\nabla=-\hat{\vec{p}}$$

4. 转置算符

算符 $\hat{A}$ 的转置算符记为$\tilde{\hat{A}}$。转置算符的定义是

$$\langle\psi|\tilde{\hat{A}}|\varphi\rangle=\langle\varphi^*|\hat{A}|\psi^*\rangle \tag{2.2.13}$$

或

$$\int\psi^*\tilde{\hat{A}}\varphi\mathrm{d}\tau=\int\varphi\hat{A}\psi^*\mathrm{d}\tau$$

可以证明,$\tilde{\hat{\vec{p}}}=-\hat{\vec{p}}$。

5. 伴算符

将右矢中的 $\hat{A}$ 拿出来,$\hat{A}$ 不发生任何改变。将左矢中的 $\hat{A}$ 拿出来,$\hat{A}$ 要变成 $\hat{A}$ 的伴算符 $\hat{A}^\dagger$。

定义算符 $\hat{A}$ 的伴算符 $\hat{A}^\dagger=(\tilde{\hat{A}})^*$,即对算符 $\hat{A}$ 进行转置和复共轭。约定

$$|\varphi\rangle=\hat{A}|\psi\rangle\equiv|\hat{A}\psi\rangle \tag{2.2.14}$$

对上式取厄米共轭,则有

$$\langle \varphi | = \langle \hat{A}\psi | \equiv \langle \psi | \hat{A}^{\dagger} \tag{2.2.15}$$

由此可知,算符 $\hat{A}$ 是将右矢空间中的两个态矢量$|\psi\rangle$和$|\varphi\rangle$联系起来;在相应的对偶空间(左矢空间)中,有两个左矢$\langle\psi|$和$\langle\varphi|$分别与右矢空间中$|\psi\rangle$和$|\varphi\rangle$对应,而 $\hat{A}$ 的伴算符$\hat{A}^{\dagger}$是将这两个左矢$\langle\psi|$和$\langle\varphi|$联系起来(见图2.1)。

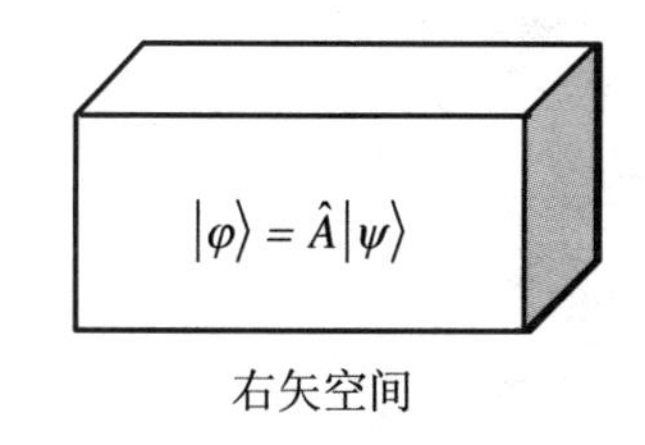

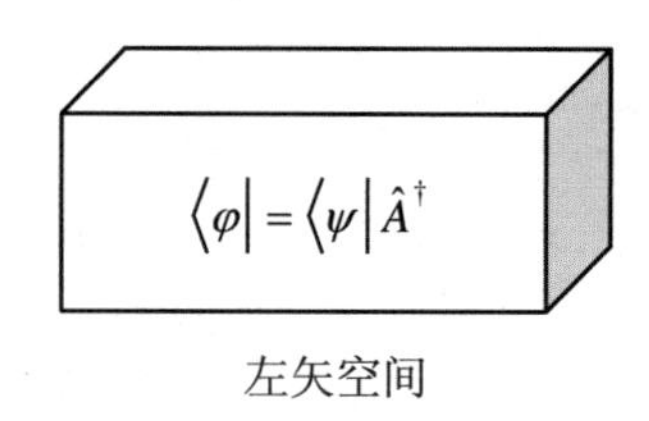

图2.1　左右矢空间中运算的对比

【例2.3】　证明$(\hat{A}^{\dagger})^{\dagger} = \hat{A}$

【证】　设$|\psi\rangle$和$|\varphi\rangle$是算符 $\hat{A}$ 定义域内的任意两个态矢。考察$\langle\varphi|\hat{A}^{\dagger}|\psi\rangle$。一方面,

$$\begin{aligned}\langle \varphi | \hat{A}^{\dagger} | \psi\rangle &= \langle \varphi | (\hat{A}^{\dagger} | \psi\rangle) \\ &= \langle \varphi | \hat{A}^{\dagger}\psi\rangle = \langle \hat{A}^{\dagger}\psi | \varphi\rangle^{*} \\ &= \langle \psi | (\hat{A}^{\dagger})^{\dagger} | \varphi\rangle^{*} \end{aligned} \tag{1}$$

另一方面,

$$\begin{aligned}\langle \varphi | \hat{A}^{\dagger} | \psi\rangle &= (\langle \varphi | \hat{A}^{\dagger}) | \psi\rangle \\ &= \langle \hat{A}\varphi | \psi\rangle \\ &= \langle \psi | \hat{A}\varphi\rangle^{*} \\ &= \langle \psi | \hat{A} | \varphi\rangle^{*} \end{aligned} \tag{2}$$

比较(1)和(2),则有

$$\langle \psi | (\hat{A}^{\dagger})^{\dagger} | \varphi\rangle^{*} = \langle \psi | \hat{A} | \varphi\rangle^{*}$$

亦即

$$\langle \psi | (\hat{A}^{\dagger})^{\dagger} | \varphi\rangle = \langle \psi | \hat{A} | \varphi\rangle \tag{3}$$

因为$|\psi\rangle$和$|\varphi\rangle$是任意的,所以

$$(\hat{A}^{\dagger})^{\dagger} = \hat{A}$$

【例2.4】　证明$(\hat{A}\hat{B})^{\dagger} = \hat{B}^{\dagger}\hat{A}^{\dagger}$

【证】　设$|\psi\rangle$和$|\varphi\rangle$是算符的定义域内的任意两个态矢。

$$\langle \varphi | (\hat{A}\hat{B})^{\dagger} | \psi\rangle = \langle \hat{A}\hat{B}\varphi | \psi\rangle = \langle \hat{B}\varphi | \hat{A}^{\dagger} | \psi\rangle = \langle \varphi | \hat{B}^{\dagger}\hat{A}^{\dagger} | \psi\rangle$$

因为$|\psi\rangle$和$|\varphi\rangle$是任意的两个态矢,所以

$$(\hat{A}\hat{B})^{\dagger} = \hat{B}^{\dagger}\hat{A}^{\dagger}$$

6. 厄米算符(自伴算符)

若算符 $\hat{A}$ 与它的伴算符相等,即 $\hat{A}^{\dagger}=\hat{A}$,则称算符 $\hat{A}$ 为厄米算符,又称为自伴算符。

定理 2.1 $\hat{H}$ 为厄米算符的充分必要条件是对其定义域中任一矢量$|\psi\rangle$满足要求

$$\langle\psi|\hat{H}|\psi\rangle = \text{实数} \tag{2.2.16}$$

【证】 首先证明必要性:已知 $\hat{H}$ 为厄米算符,证明出$\langle\psi|\hat{H}|\psi\rangle=$实数。

既然 $\hat{H}$ 为厄米算符,那么对任意的态矢$|\psi\rangle$有

$$\langle\psi|\hat{H}|\psi\rangle = \langle\psi|\hat{H}\psi\rangle = \langle\hat{H}\psi|\psi\rangle^{*} = \langle\psi|\hat{H}^{\dagger}|\psi\rangle^{*} = \langle\psi|\hat{H}|\psi\rangle^{*}$$

首尾对比,发现

$$\text{复数} = \text{复数的复共轭}$$

这就要求该复数一定是实数。故$\langle\psi|\hat{H}|\psi\rangle=$实数。

其次证明充分性:对定义域中任意的态矢$|\psi\rangle$,如果已知$\langle\psi|\hat{H}|\psi\rangle=$实数,那么 $\hat{H}$ 一定是厄米算符。

我们从已知的条件$\langle\psi|\hat{H}|\psi\rangle=$实数出发,来证明充分性。

$$\langle\psi|\hat{H}|\psi\rangle = \langle\psi|\hat{H}|\psi\rangle^{*} = \langle\psi|\hat{H}\psi\rangle^{*} = \langle\hat{H}\psi|\psi\rangle = \langle\psi|\hat{H}^{\dagger}|\psi\rangle$$

首尾对比,则要求

$$\hat{H} = \hat{H}^{\dagger}$$

即 $\hat{H}$ 为厄米算符。

定理 2.2 厄米算符的本征值是实数。

【证】 设 $\hat{A}$ 为厄米算符,其本征方程为

$$\hat{A}|\psi\rangle = a|\psi\rangle \tag{2.2.17}$$

其中,$|\psi\rangle$为该算符的归一化的本征函数,a 为本征函数$|\psi\rangle$所对应的本征值。

一方面,

$$\langle\psi|\hat{A}|\psi\rangle=\langle\psi|(\hat{A}|\psi\rangle)=\langle\psi|(a|\psi\rangle)=a\langle\psi|\psi\rangle=a \tag{2.2.18}$$

另一方面,

$$\langle\psi|\hat{A}|\psi\rangle=(\langle\psi|\hat{A})|\psi\rangle=(\langle\psi|\hat{A}^{\dagger})|\psi\rangle=a^{*}\langle\psi|\psi\rangle=a^{*} \tag{2.2.19}$$

对比式(2.2.18)与式(2.2.19),可知 $a=a^{*}$,即本征值 a 为实数。

如果 $\hat{A}$ 不是厄米算符,其本征值未必是实数。

注意到物理上可观测的任意一个力学量的测量值均为实数这一事实,我们就能接受:代表力学量的算符应该为厄米算符。根据厄米算符本征方程(2.2.17),力学量算符 $\hat{A}$ 在本征态下所表现出的数值(即本征值)a 为在该量子态下力学量的测量值。

定理 2.3 厄米算符属于不同本征值的本征矢量相互正交。

【证】 设 $\hat{A}$ 为厄米算符,$|\psi_1\rangle$和$|\psi_2\rangle$分别为该算符的两个本征矢,所对应的本征值分别为 a_1 和 a_2,则有如下的本征方程:

$$\hat{A}|\psi_1\rangle=a_1|\psi_1\rangle$$

$$\hat{A}|\psi_2\rangle=a_2|\psi_2\rangle$$

$$\langle\psi_2|\hat{A}|\psi_1\rangle=a_1\langle\psi_2|\psi_1\rangle$$

$$\langle\psi_2|\hat{A}|\psi_1\rangle=a_2^{*}\langle\psi_2|\psi_1\rangle=a_2\langle\psi_2|\psi_1\rangle$$

于是

$$(a_1-a_2)\langle\psi_2|\psi_1\rangle=0$$

因为 $a_1\neq a_2$,则要求$\langle\psi_2|\psi_1\rangle=0$。此即属于不同本征值的本征矢相互正交。

7. 投影算符

如果将一个左矢和一个右矢组成并矢$|\psi\rangle\langle\psi|$,并矢$|\psi\rangle\langle\psi|$是什么呢?

我们不妨将$|\psi\rangle\langle\psi|$作用到另一个态矢$|\chi\rangle$上,即

$$(|\psi\rangle\langle\psi|)|\chi\rangle=|\psi\rangle(\langle\psi|\chi\rangle)\xlongequal{令\langle\psi|\chi\rangle=c}c|\psi\rangle$$

这表明$|\psi\rangle\langle\psi|$将态矢$|\chi\rangle$变成了$|\psi\rangle$! 于是,$|\psi\rangle\langle\psi|$具有算符的功能。

如果将一线性空间中的任一归一化的基矢$|\nu_i\rangle$和它对应的左矢$\langle\nu_i|$构成形如上式的算符,记为 $\hat{p}_i=|\nu_i\rangle\langle\nu_i|$,那么

$$\hat{p}_i|\psi\rangle=|\nu_i\rangle\langle\nu_i|\psi\rangle=c_i|\nu_i\rangle \tag{2.2.20}$$

其中

$$c_i = \langle \nu_i \mid \psi \rangle \tag{2.2.21}$$

式(2.2.20)的意义是算符 $\hat{p}_i$ 将态矢 $|\psi\rangle$ 投影到空间中的第 i 个基矢 $|\nu_i\rangle$ 上，c_i 就是态矢 $|\psi\rangle$ 在第 i 个基矢上的投影值。所以，$\hat{p}_i$ 称为投向子空间的投影算符。如果认为这种投影还是很抽象，不易理解，那就回顾中学物理中力的正交分解。如图 2.2 所示，在一个三维的笛卡儿直角坐标系中，有一个力 $\vec{F}$。我们将这个力同时分解到 x 轴、y 轴和 z 轴上，即 $\vec{F} = F_x\hat{e}_x + F_y\hat{e}_y + F_z\hat{e}_z$。那么力 $\vec{F}$ 在 x 轴上的投影值为 F_x，在 y 轴上的投影值为 F_y，在 z 轴上的投影值为 F_z。态矢的“投影”可类比于这个力的“分解”。

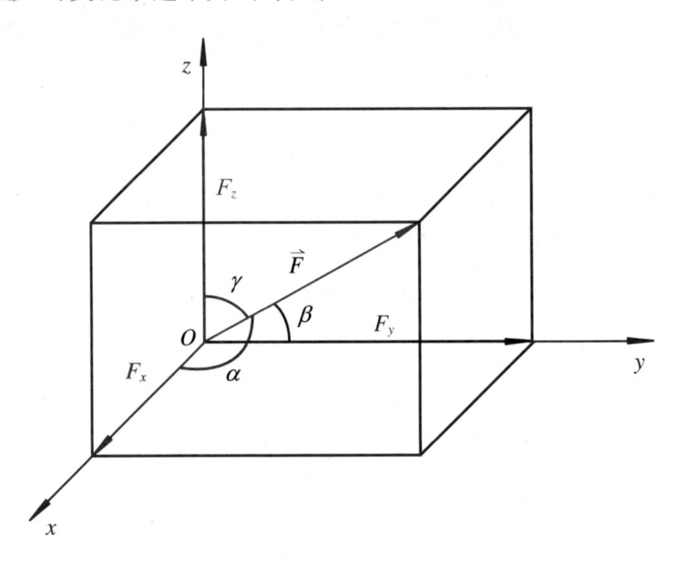

图 2.2　力的分解，或者说是力在三个一维子空间的投影

投影算符的性质：

(1) 线性算符

(2) 厄米算符

$$\langle \psi \mid \hat{p}_i \mid \psi \rangle = \langle \psi \mid \nu_i \rangle \langle \nu_i \mid \psi \rangle = \langle \nu_i \mid \psi \rangle^* \langle \nu_i \mid \psi \rangle = |\langle \nu_i \mid \psi \rangle|^2 = \text{实数}$$

按定理 2.1 可知 $\hat{p}_i$ 是厄米算符。

(3) 具有等幂性

$$\begin{aligned}\hat{p}_i^2 &= (|\nu_i\rangle\langle\nu_i|)(|\nu_i\rangle\langle\nu_i|) = |\nu_i\rangle(\langle\nu_i \mid \nu_i\rangle)\langle\nu_i| \\ &= |\nu_i\rangle\langle\nu_i| = \hat{p}_i\end{aligned}$$

根据这一关系式可知，任意幂次的投影算符 $\hat{p}_i^n(n\geqslant 2)$ 都与 $\hat{p}_i$ 等效。故称投影算符具有等幂性。

(4) 完备性关系

记全空间的投影算符 $\hat{p} = \sum_i |\nu_i\rangle\langle\nu_i|$，那么

$$\hat{p} \mid \psi\rangle = \sum_i \mid \nu_i\rangle\langle \nu_i \mid \psi\rangle \tag{2.2.22}$$

式中$\langle \nu_i|\psi\rangle$是在第 i 个子空间上的投影值,$|\nu_i\rangle$是第 i 个子空间的基矢。上式的意义是将一个态矢在全空间的各个子空间进行投影,用各个分量来表达这个态矢。如果这种表达是完全的,那么,全体分量表示的结果应该等价于$|\psi\rangle$,即

$$\sum_i \mid \nu_i\rangle\langle \nu_i \mid \psi\rangle = \mid \psi\rangle \tag{2.2.23}$$

上面提到**“这种表达是完全的”**,为什么要强调“完全”呢?对线性空间理论较熟悉的读者是很容易理解这种“完全”的要求。如果某位读者对线性空间理论不熟悉,那就让我们再回顾图 2.2 中力矢量分解的例子。图中的力 $\vec{F}$ 是一个物体在三维空间中所受的力。我们假定力既不沿着某个坐标轴,也不在某个坐标平面内,它的分量表达式 $\vec{F}=F_x\hat{e}_x+F_y\hat{e}_y+F_z\hat{e}_z$,其中三个分量($F_x$,$F_y$,$F_z$)均不为零。这就是在直角坐标系中用三个分量来“完全”表达这个力。如果将其中任意一个坐标轴除掉,用剩余的两个坐标轴所构成的二维坐标系表达这个力,其结果都是无法正确地表达这个力!这表明:用二维空间来表达原本应该在三维空间中的力是不完全的。或者说,对于图 2.2 中的力,用三维空间描述是完备的,用二维空间描述是不完备的,尽管二维空间本身是完备的。

由式(2.2.23)可看出

$$\sum_i \mid \nu_i\rangle\langle \nu_i \mid = \hat{I} \tag{2.2.24}$$

式(2.2.24)是矢量$\{|\nu_i\rangle\}$的完备性关系。这个关系式也常常写成

$$\sum_i \mid \nu_i\rangle\langle \nu_i \mid = 1$$

完备性关系式在后面将要介绍的表象理论中具有重要的应用。

8. 幺正算符

(1) 幺正算符的定义和性质

如果算符 $\hat{U}$ 满足如下的关系:

$$\hat{U}\hat{U}^{\dagger} = \hat{U}^{\dagger}\hat{U} = \hat{I} \tag{2.2.25}$$

或

$$\hat{U}^{-1} = \hat{U}^{\dagger} \tag{2.2.26}$$

则该算符称为幺正算符。幺正算符在线性空间变换中有着重要的应用。这可从下面的两个定理中看出来。

定理 2.4 在态矢空间中,若$\{|\nu_i\rangle\}$是一组基矢,则$\{\hat{U}|\nu_i\rangle\}$也是一组

完备的线性空间要求线性空间中的基矢具有完备性关系，但基矢间的正交性关系不是必须的。基矢间具有正交性的关系，可以方便计算。

基矢。

【证】 如果一组态矢是一个线性空间的基矢，则要求这些态矢的集合具有完备性关系，同时态矢之间具有正交性。亦即

$$\sum_i |\nu_i\rangle\langle\nu_i| = 1 \quad \text{（完备性关系）}$$

$$\langle\nu_i|\nu_j\rangle = \delta_{ij} \quad \text{（正交归一性）}$$

不难看出

插入完备性关系式。

$$\begin{aligned}\langle\psi|\varphi\rangle &= \langle\psi|\hat{U}\hat{U}^\dagger|\varphi\rangle \\ &= \langle\psi|\hat{U}\hat{I}\hat{U}^\dagger|\varphi\rangle \\ &= \langle\psi|\hat{U}(\sum_i|\nu_i\rangle\langle\nu_i|)\hat{U}^\dagger|\varphi\rangle \\ &= \langle\psi|\sum_i|\hat{U}\nu_i\rangle\langle\hat{U}\nu_i|\varphi\rangle\end{aligned}$$

首尾对比，并注意到$|\psi\rangle$和$|\varphi\rangle$是任意的态矢，则有

$$\sum_i|\hat{U}\nu_i\rangle\langle\hat{U}\nu_i| = 1$$

上式也是基矢的完备性关系式，只不过它的基矢是$\{\hat{U}|\nu_i\rangle\}$。

对基矢$\{\hat{U}|\nu_i\rangle\}$进行下面的内积运算：

$$\langle\hat{U}\nu_i|\hat{U}\nu_j\rangle = \langle\hat{U}\nu_i|(\hat{U}|\nu_j\rangle) = \langle\hat{U}^\dagger\hat{U}\nu_i|\nu_j\rangle = \langle\nu_i|\nu_j\rangle = \delta_{ij}$$

显然，基矢$\{\hat{U}|\nu_i\rangle\}$也具有正交归一性。

从上面的证明过程可知，用幺正算符作用到每一基矢上可以构成一组新的基矢$\{\hat{U}|\nu_i\rangle\}$，这组新的基矢也具有完备性关系和正交归一性。

定理 2.5 如果$\{|\nu_i\rangle\}$和$\{|\mu_i\rangle\}$是同一线性空间的两组基矢，则这两组基矢必然由一个幺正算符联系起来，即

$$|\mu_i\rangle = \hat{U}|\nu_i\rangle \tag{2.2.27}$$

定理 2.4 和定理 2.5 是下一章表象理论中进行表象变换的理论基础。在运用量子理论进行一些具体的应用性研究中也会使用到这两个定理。

(2) 态矢的幺正变换

如上所述，幺正算符可以对矢量操作，产生新的矢量。在量子力学中，这被称为态矢的幺正变换。幺正变换不改变态矢的模、内积和正交性关系。从几何上看，幺正变换是使矢量发生转动。

【例 2.5】 证明幺正变换不改变态矢的内积

【证】 如果 $\hat{U}$ 为幺正算符,并且$|\varphi\rangle=\hat{U}|\psi\rangle$,那么

$$\langle\varphi\mid\varphi\rangle=\langle\psi\mid\hat{U}^{\dagger}\hat{U}\mid\psi\rangle=\langle\psi\mid\psi\rangle$$

显然,幺正变换前后态矢的内积不改变。

(3) 算符的幺正变换

幺正算符不仅可以对态矢进行幺正变换,也能对算符进行幺正变换。设

$$\hat{A}\mid\psi\rangle=\mid\varphi\rangle \tag{2.2.28}$$

用幺正算符 $\hat{U}$ 分别作用到态矢$|\psi\rangle$和$|\varphi\rangle$上,记

$$\mid\psi'\rangle=\hat{U}\mid\psi\rangle \tag{2.2.29}$$

$$\mid\varphi'\rangle=\hat{U}\mid\varphi\rangle \tag{2.2.30}$$

对新的态矢$|\psi'\rangle$和$|\varphi'\rangle$,假设存在算符 $\hat{A}'$,使得

$$\hat{A}'\mid\psi'\rangle=\mid\varphi'\rangle \tag{2.2.31}$$

将式(2.2.28)代入式(2.2.30),则有

$$\mid\varphi'\rangle=\hat{U}\hat{A}\mid\psi\rangle=\hat{U}\hat{A}\hat{U}^{-1}\mid\psi'\rangle \tag{2.2.32}$$

将式(2.2.32)与式(2.2.31)对比,我们得到

$$\hat{A}'=\hat{U}\hat{A}\hat{U}^{-1}=\hat{U}\hat{A}\hat{U}^{\dagger} \tag{2.2.33}$$

这就是幺正算符 $\hat{U}$ 对算符 $\hat{A}$ 进行幺正变换,变换后的算符为 $\hat{A}'$。

【例 2.6】 证明幺正变换不改变算符的本征值

【证】 设算符 $\hat{A}$ 的本征方程为

$$\hat{A}\mid\varphi\rangle=a\mid\varphi\rangle \tag{1}$$

方程中 a 为本征值,$|\varphi\rangle$为属于该本征值的本征态。

对式(1),两边左乘幺正算符 $\hat{U}$,并在左边的 $\hat{A}$ 与$|\varphi\rangle$之间插入 $\hat{U}^{-1}\hat{U}$,于是,我们有

$$\hat{U}\hat{A}(\hat{U}^{-1}\hat{U})\mid\varphi\rangle=\hat{U}a\mid\varphi\rangle \tag{2}$$

上式改写成

$$(\hat{U}\hat{A}\hat{U}^{-1})(\hat{U}\mid\varphi\rangle)=a(\hat{U}\mid\varphi\rangle) \tag{3}$$

注意到式(2.2.33)的变换关系和式(2.2.30),则有

$$\hat{A}'\mid\varphi'\rangle=a\mid\varphi'\rangle \tag{4}$$

方程(4)中的本征值与方程(1)中的本征值相同,所以,经过幺正变换后,虽然算符及其本征态矢发生了相应的改变,但算符的本征值却不变。

我们知道,如果一个微观物理体系处于某一力学量算符的本征态,对该体系的本征态进行测量,所测量到的物理结果是与该本征态相应的本征值。上述的幺正变换不改变算符的本征值的事实表明:幺正变换不改变体系的物理性质!对某些微观物理体系进行研究时,其计算的过程或许非常复杂,如果对这类体系进行适当的幺正变换,或许计算的过程会变得简单多了。如此看来,幺正变换至少会给物理问题的计算带来很大的方便。

2.2.5 算符函数

在量子力学中,我们会有形如 $e^{\hat{A}}$ 的算符。在这样的算符里,算符 $\hat{A}$ 充当了 $e^{\hat{A}}$ 的"自变量",而 $e^{\hat{A}}$ 就是 $\hat{A}$ 的函数。我们称 $e^{\hat{A}}$ 为算符函数。更一般地,定义 $f(\hat{A})$为算符函数。如果 $f(\hat{A})$关于 $\hat{A}$ 的各阶导数存在,那么,$f(\hat{A})$可展开成如下的级数:

$$f(\hat{A})=\sum_{n=0}^{\infty}\frac{f^{(n)}(0)}{n!}\hat{A}^{n} \tag{2.2.34}$$

例如,

$$e^{a\hat{A}}=\sum_{n=0}^{\infty}\frac{a^{n}}{n!}\hat{A}^{n}\quad(a\neq0) \tag{2.2.35}$$

2.3 几种常见的算符及其本征值和本征态

下面我们将系统介绍量子力学中最重要的几种算符的功能、本征值和对应的本征态。

2.3.1 位置算符

在笛卡儿坐标系中，微观粒子在空间中的位置坐标记为$\vec{r}=(x,y,z)$。其中，x、y、z 为其坐标分量。在量子力学中，我们用位置算符表达粒子的位置，即

$$\vec{r}\to\hat{\vec{r}},\quad x\to\hat{x},\quad y\to\hat{y},\quad z\to\hat{z} \tag{2.3.1}$$

坐标的正则量子化。

位置算符的本征方程为

$$\hat{\vec{r}}\delta(\vec{r}-\vec{r}_0)=\vec{r}_0\delta(\vec{r}-\vec{r}_0) \tag{2.3.2}$$

上面的方程中，$\vec{r}_0$ 为本征值，$\delta(\vec{r}-\vec{r}_0)$为属于本征值$\vec{r}_0$ 的本征态。式(2.3.2)的意义是粒子只出现在$\vec{r}_0$ 处，不会出现在其他的空间位置。所对应的位置算符的本征值(可观测值)为$\vec{r}_0$，该本征值可连续取值，故称为连续谱。

【例 2.7】 粒子位置算符的本征值谱是连续谱

证明粒子的位置算符的本征值谱是连续谱。

【证明】 粒子位置算符的本征方程为

$$\hat{x}\delta(x-x_0)=x_0\delta(x-x_0)$$

取线性幺正算符 $\hat{U}(\xi)=\mathrm{e}^{-\frac{\mathrm{i}\xi}{\hbar}\hat{p}}$，其中，$\xi$ 是在$(-\infty,\infty)$中连续变化的实参数，$\hat{p}$ 为动量算符，并且$[\hat{x},\hat{p}]=\mathrm{i}\hbar$。

按 2.2.5 节的算符函数，上面的线性幺正算符可展开成如下的级数：

$$\hat{U}(\xi)=\mathrm{e}^{-\frac{\mathrm{i}\xi}{\hbar}\hat{p}}=\sum_{n=0}^{\infty}\frac{\left(-\frac{\mathrm{i}\xi}{\hbar}\right)^n}{n!}\hat{p}^n$$

那么，

$$\begin{aligned}[\hat{x},\hat{U}]&=\left[\hat{x},\sum_{n=0}^{\infty}\frac{\left(-\frac{\mathrm{i}\xi}{\hbar}\right)^n}{n!}\hat{p}^n\right]\\&=\sum_{n=1}^{\infty}\frac{\left(-\frac{\mathrm{i}\xi}{\hbar}\right)^n}{n!}[\hat{x},\hat{p}^n]\\&=\sum_{n=1}^{\infty}\frac{\left(-\frac{\mathrm{i}\xi}{\hbar}\right)^n}{n!}(n\mathrm{i}\hbar\hat{p}^{n-1})\end{aligned}$$

请读者自证：$[\hat{x},\hat{p}^n]=n\mathrm{i}\hbar\hat{p}^{n-1}$

$$= \mathrm{i}\hbar\left(-\frac{\mathrm{i}\xi}{\hbar}\right)\sum_{n=0}^{\infty}\frac{\left(-\frac{\mathrm{i}\xi}{\hbar}\right)^n}{n!}\hat{p}^n$$

$$= \xi\hat{U}$$

即

$$\hat{x}\hat{U} - \hat{U}\hat{x} = \xi\hat{U}$$

将上面的恒等式左右两边同时作用到位置算符的本征函数,即

$$\hat{x}\hat{U}\delta(x - x_0) - \hat{U}\hat{x}\delta(x - x_0) = \xi\hat{U}\delta(x - x_0)$$

利用位置算符的本征方程,有

$$\hat{x}\hat{U}\delta(x - x_0) - \hat{U}x_0\delta(x - x_0) = \xi\hat{U}\delta(x - x_0)$$

上式改写为

$$\hat{x}\hat{U}\delta(x - x_0) = (\xi + x_0)\hat{U}\delta(x - x_0)$$

这表明,$\hat{U}\delta(x - x_0)$也是位置算符的本征函数,其本征值为$(\xi + x_0)$。由于本征值中含有连续变化的实参数 ξ,故本征值谱是连续的。

由于$\hat{\vec{r}} = \hat{x}\hat{e}_x + \hat{y}\hat{e}_y + \hat{z}\hat{e}_z$,其中的三个位置分量算符彼此独立,可对方程(2.3.2)进行分离变量。令

$$\delta(\vec{r} - \vec{r}_0) = \delta(x - x_0)\delta(y - y_0)\delta(z - z_0) \tag{2.3.3}$$

$$\vec{r}_0 = x_0\hat{e}_x + y_0\hat{e}_y + z_0\hat{e}_z \tag{2.3.4}$$

并代入方程(2.3.2)中,可获得各个位置分量算符的本征方程

$$\begin{aligned}\hat{x}\delta(x - x_0) &= x_0\delta(x - x_0)\\ \hat{y}\delta(y - y_0) &= y_0\delta(y - y_0)\\ \hat{z}\delta(z - z_0) &= z_0\delta(z - z_0)\end{aligned} \tag{2.3.5}$$

位置算符本征函数归一化成 δ 函数,即

$$\int_{-\infty}^{\infty}\delta^*(x - x_0)\delta(x - x_0')\mathrm{d}x = \int_{-\infty}^{\infty}\delta(x - x_0)\delta(x - x_0')\mathrm{d}x = \delta(x_0 - x_0')$$

2.3.2 动量算符

1. 算符

微观粒子的动量为 $\vec{p}=(p_x,p_y,p_z)$，其中，p_x、p_y、p_z 为其分量。在量子力学中，我们对粒子的动量进行量子化，用动量算符表达粒子的动量，即

$$\vec{p} \to \hat{\vec{p}} \tag{2.3.6}$$

这等效于动量分量的量子化：

$$p_x \to \hat{p}_x,\quad p_y \to \hat{p}_y,\quad p_z \to \hat{p}_z \tag{2.3.7}$$

而动量的分量算符为

$$\hat{p}_x = -\mathrm{i}\hbar\frac{\partial}{\partial x},\quad \hat{p}_y = -\mathrm{i}\hbar\frac{\partial}{\partial y},\quad \hat{p}_z = -\mathrm{i}\hbar\frac{\partial}{\partial z} \tag{2.3.8}$$

则动量的矢量算符为

$$\hat{\vec{p}} = -\mathrm{i}\hbar\left(\frac{\partial}{\partial x}\hat{e}_x + \frac{\partial}{\partial y}\hat{e}_y + \frac{\partial}{\partial z}\hat{e}_z\right) \tag{2.3.9}$$

2. 算符的本征方程

对于动量算符$\hat{\vec{p}}$，其本征方程为

$$\hat{\vec{p}}\psi(\vec{r}) = \vec{p}\psi(\vec{r}) \tag{2.3.10}$$

类似于对位置算符本征方程的分离变量处理，我们对动量算符的本征方程也进行分离变量。令本征值为

$$\vec{p} = p_x\hat{e}_x + p_y\hat{e}_y + p_z\hat{e}_z \tag{2.3.11}$$

属于该本征值的本征态为

$$\psi(\vec{r}) = \psi_{p_x}(x)\psi_{p_y}(y)\psi_{p_z}(z) \tag{2.3.12}$$

将式(2.3.9)、式(2.3.11)和式(2.3.12)代入式(2.3.10)，我们获得动量的各分量算符的本征方程

$$\begin{aligned}
\hat{p}_x\psi_{p_x}(x) &= p_x\psi_{p_x}(x)\\
\hat{p}_y\psi_{p_y}(y) &= p_y\psi_{p_y}(y)\\
\hat{p}_z\psi_{p_z}(z) &= p_z\psi_{p_z}(z)
\end{aligned} \tag{2.3.13}$$

注意到式(2.3.8)中动量分量算符的数学形式,式(2.3.13)又可改写成

$$
\begin{aligned}
-\mathrm{i}\hbar\frac{\partial\psi_{p_x}(x)}{\partial x} &= p_x\psi_{p_x}(x)\\
-\mathrm{i}\hbar\frac{\partial\psi_{p_y}(y)}{\partial y} &= p_y\psi_{p_y}(y)\\
-\mathrm{i}\hbar\frac{\partial\psi_{p_z}(z)}{\partial z} &= p_z\psi_{p_z}(z)
\end{aligned}
\tag{2.3.14}
$$

对式(2.3.14)中的每个分量方程进行积分运算,可得动量算符的三个分量算符的本征态

$$
\begin{aligned}
\psi_{p_x}(x) &= c_{p_x}\mathrm{e}^{\mathrm{i}p_x x/\hbar}\\
\psi_{p_y}(y) &= c_{p_y}\mathrm{e}^{\mathrm{i}p_y y/\hbar}\\
\psi_{p_z}(z) &= c_{p_z}\mathrm{e}^{\mathrm{i}p_z z/\hbar}
\end{aligned}
\tag{2.3.15}
$$

式中,c_{p_x}、c_{p_y}和c_{p_z}为待定的积分常量。于是,动量算符$\hat{\vec{p}}$的本征态为

$$
\begin{aligned}
\psi(\vec{r}) &= \psi_{p_x}(x)\psi_{p_y}(y)\psi_{p_z}(z)\\
&= c_{p_x}c_{p_y}c_{p_z}\mathrm{e}^{\mathrm{i}p_x x/\hbar}\mathrm{e}^{\mathrm{i}p_y y/\hbar}\mathrm{e}^{\mathrm{i}p_z z/\hbar}\\
&= c\mathrm{e}^{\mathrm{i}(\vec{p}\cdot\vec{r})/\hbar}
\end{aligned}
\tag{2.3.16}
$$

式中,$c=c_{p_x}c_{p_y}c_{p_z}$为归一化常数。显然,动量算符的本征态是平面波,本征值连续取值,构成连续谱。

3. 动量本征波函数的"归一化"

按第1章中波函数的归一化思想,我们对$\psi_{p_x}(x)$作内积运算

式(2.3.17)的发散结果并不意味着波函数是发散的!

$$
\begin{aligned}
(\psi_{p_x}(x),\psi_{p_x}(x)) &= |c_{p_x}|^2\int_{-\infty}^{\infty}\mathrm{e}^{-\mathrm{i}p_x x/\hbar}\mathrm{e}^{\mathrm{i}p_x x/\hbar}\mathrm{d}x\\
&= |c_{p_x}|^2\int_{-\infty}^{\infty}\mathrm{d}x\rightarrow\infty
\end{aligned}
\tag{2.3.17}
$$

内积的结果是动量本征波函数不能被归一化。上述的积分在通常的意义下是发散的,这一情况在量子理论中对连续谱的情形具有普遍性:连续谱的本征态不是平方可积的。

实际上,在通常意义下连续谱的本征态不能归一化到1,而是归一化成δ函数。这是因为连续谱的本征函数满足以下的积分:

$$
\int\psi_{p_x'}^{*}(x)\psi_{p_x}(x)\mathrm{d}x = \delta(p_x'-p_x)
\tag{2.3.18}
$$

通过稍复杂的数学处理(见附录C),可知

$$c_{p_x} = \frac{1}{\sqrt{2\pi\hbar}}$$

于是

$$\psi_{p_x}(x) = \frac{1}{\sqrt{2\pi\hbar}}e^{ip_x x/\hbar}$$

4. 坐标算符与动量算符的对易式

在 2.2.3 节中我们介绍了任意两个算符的对易式。现在我们将坐标算符和动量算符代入算符的对易式中：

$$[\hat{x},\hat{p}_x] = \hat{x}\hat{p}_x - \hat{p}_x\hat{x} \tag{2.3.19}$$

然后，将式(2.3.19)作用到一个任意的态 $\psi(x)$上：

$$\begin{aligned}[\hat{x},\hat{p}_x]\psi &= (\hat{x}\hat{p}_x - \hat{p}_x\hat{x})\psi \\ &= \hat{x}\left(-i\hbar\frac{\partial}{\partial x}\right)\psi - \left(-i\hbar\frac{\partial}{\partial x}\right)\hat{x}\psi \\ &= -i\hbar\hat{x}\frac{\partial}{\partial x}\psi + i\hbar\frac{\partial}{\partial x}(\hat{x}\psi) \\ &= i\hbar\psi\end{aligned}$$

由于 ψ 是任意的态，故恒有

$$[\hat{x},\hat{p}_x] = i\hbar \tag{2.3.20}$$

类似地，我们还可以得到

$$\begin{aligned} &[\hat{y},\hat{p}_y] = i\hbar, \qquad &[\hat{z},\hat{p}_z] = i\hbar, \\ &[\hat{x},\hat{p}_y] = 0, \qquad &[\hat{x},\hat{p}_z] = 0, \\ &[\hat{y},\hat{p}_x] = 0, \qquad &[\hat{y},\hat{p}_z] = 0, \\ &[\hat{z},\hat{p}_x] = 0, \qquad &[\hat{z},\hat{p}_y] = 0 \end{aligned}$$

上面的对易式可统一写成

$$[\hat{x}_\alpha,\hat{p}_\beta] = i\hbar\delta_{\alpha\beta}, \quad \alpha,\beta = x,y,z \tag{2.3.21}$$

其中

$$\delta_{\alpha\beta} = \begin{cases}1, & \alpha = \beta \\ 0, & \alpha \neq \beta\end{cases} \tag{2.3.22}$$

必须指出，在量子理论中许多力学量的算符都是由坐标算符和动量算符组合而成。于是,许多不同的力学量算符之间的对易关系也都涉及$[\hat{x},\hat{p}_x]=\mathrm{i}\hbar$这一对易式。所以,微观粒子的坐标算符与动量算符的对易式是量子理论中最基本和最重要的对易式。

2.3.3 角动量算符

1. 算符

经典力学中角动量的定义为

$$\vec{L} = \vec{r} \times \vec{p} \tag{2.3.23}$$

即角动量由位置矢量和动量的叉乘所构成。在量子力学中,将式(2.3.23)中的位置矢量和动量进行正则量子化,使它们成为坐标算符和动量算符。那么,式(2.3.23)左边的角动量便变成了角动量算符,即

$$\hat{\vec{L}} = \hat{\vec{r}} \times \hat{\vec{p}} = -\mathrm{i}\hbar(\hat{\vec{r}} \times \nabla) \tag{2.3.24}$$

在直角坐标系中,我们已知位置算符和动量算符的分量算符,将它们代入式(2.3.24)中,可得到角动量在直角坐标系中的各个分量算符

直角坐标系中的定义。

$$\hat{L}_x = \hat{y}\hat{p}_z - \hat{z}\hat{p}_y = -\mathrm{i}\hbar\left(\hat{y}\frac{\partial}{\partial z} - \hat{z}\frac{\partial}{\partial y}\right) \tag{2.3.25}$$

$$\hat{L}_y = \hat{z}\hat{p}_x - \hat{x}\hat{p}_z = -\mathrm{i}\hbar\left(\hat{z}\frac{\partial}{\partial x} - \hat{x}\frac{\partial}{\partial z}\right) \tag{2.3.26}$$

$$\hat{L}_z = \hat{x}\hat{p}_y - \hat{y}\hat{p}_x = -\mathrm{i}\hbar\left(\hat{x}\frac{\partial}{\partial y} - \hat{y}\frac{\partial}{\partial x}\right) \tag{2.3.27}$$

在经典力学中,许多体系的角动量常常涉及物理体系的转动。而处理转动时,选择球坐标系会给计算带来很大的方便(图2.3)。鉴于此,进行坐标变换:$(x,y,z)\to(r,\theta,\varphi)$,可得到角动量的各个分量算符在球坐标系中的表述形式

球坐标系中的定义。

$$\hat{L}_x = \mathrm{i}\hbar\left(\sin\varphi\frac{\partial}{\partial\theta} + \cot\theta\cos\varphi\frac{\partial}{\partial\varphi}\right) \tag{2.3.28}$$

$$\hat{L}_y = \mathrm{i}\hbar\left(-\cos\varphi\frac{\partial}{\partial\theta} + \cot\theta\sin\varphi\frac{\partial}{\partial\varphi}\right) \tag{2.3.29}$$

$$\hat{L}_z = -\mathrm{i}\hbar\frac{\partial}{\partial\varphi} \tag{2.3.30}$$

在角动量算符的基础上,我们还要介绍一个很有用的算符:角动量平方算符。该算符的定义是

$$\hat{L}^2 = \hat{L}_x^2 + \hat{L}_y^2 + \hat{L}_z^2 \tag{2.3.31}$$

$$= -\hbar^2\left[\frac{1}{\sin\theta}\frac{\partial}{\partial\theta}\left(\sin\theta\frac{\partial}{\partial\theta}\right)+\frac{1}{\sin^2\theta}\frac{\partial^2}{\partial\varphi^2}\right] \tag{2.3.32}$$

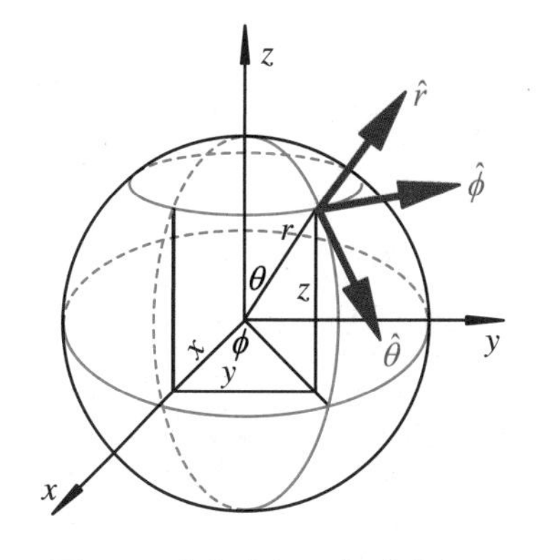

图 2.3 直角坐标系与球坐标系

令

$$\nabla^2_{(\theta,\varphi)} = \frac{1}{\sin\theta}\frac{\partial}{\partial\theta}\left(\sin\theta\frac{\partial}{\partial\theta}\right)+\frac{1}{\sin^2\theta}\frac{\partial^2}{\partial\varphi^2} \tag{2.3.33}$$

则式(2.3.32)可简写为

$$\hat{L}^2 = -\hbar^2\nabla^2_{(\theta,\varphi)} \tag{2.3.34}$$

在处理与角动量有关的问题时,这个算符常常被使用。

2. 对易关系

角动量分量算符之间具有如下的对易关系:

$$\begin{aligned}[\hat{L}_x,\hat{L}_y] &= \mathrm{i}\hbar\hat{L}_z\\ [\hat{L}_y,\hat{L}_z] &= \mathrm{i}\hbar\hat{L}_x\\ [\hat{L}_z,\hat{L}_x] &= \mathrm{i}\hbar\hat{L}_y\end{aligned} \tag{2.3.35}$$

通常,这三个式子可缩写成

$$\begin{cases}\hat{L}\times\hat{L} = \mathrm{i}\hbar\hat{L}\\ \text{或}\\ [\hat{L}_i,\hat{L}_j] = \mathrm{i}\hbar\sum_k \varepsilon_{ijk}\hat{L}_k\end{cases} \tag{2.3.36}$$

在张量代数中,左式中的 $\sum_k$ 可略去不写。

其中,$i,j=x,y,z$;并且

$$\varepsilon_{ijk} = \begin{cases}+1, & \text{若 } i,j,k \text{ 是 } x,y,z \text{ 的偶置换;}\\ -1, & \text{若 } i,j,k \text{ 是 } x,y,z \text{ 的奇置换;}\\ 0, & \text{若 } i,j,k \text{ 中有两个或更多的指标相等}\end{cases}$$

【例 2.8】 证明角动量恒等式

证明$[\hat{L}_x,\hat{L}_y] = \mathrm{i}\hbar\hat{L}_z$。

【证明】 对任给的波函数 ψ,

$$
\begin{aligned}
[\hat{L}_x,\hat{L}_y]\psi &= [y\hat{p}_z - z\hat{p}_y, z\hat{p}_x - x\hat{p}_z]\psi \\
&= [y\hat{p}_z, z\hat{p}_x]\psi - [y\hat{p}_z, x\hat{p}_z]\psi - [z\hat{p}_y, z\hat{p}_x]\psi + [z\hat{p}_y, x\hat{p}_z]\psi \\
&= y[\hat{p}_z, z\hat{p}_x]\psi + [y, z\hat{p}_x]\hat{p}_z\psi - y[\hat{p}_z, x\hat{p}_z]\psi - [y, x\hat{p}_z]\hat{p}_z\psi \\
&\quad - z[\hat{p}_y, z\hat{p}_x]\psi - [z, z\hat{p}_x]\hat{p}_y\psi + z[\hat{p}_y, x\hat{p}_z]\psi + [z, x\hat{p}_z]\hat{p}_y\psi \\
&= yz[\hat{p}_z, \hat{p}_x]\psi + y[\hat{p}_z, z]\hat{p}_x\psi + z[y, \hat{p}_x]\hat{p}_z\psi + [y, z]\hat{p}_x\hat{p}_z\psi \\
&\quad - yx[\hat{p}_z, \hat{p}_z]\psi - y[\hat{p}_z, x]\hat{p}_z\psi - x[y, \hat{p}_z]\hat{p}_z\psi - [y, x]\hat{p}_z\hat{p}_z\psi \\
&\quad - zz[\hat{p}_y, \hat{p}_x]\psi - z[\hat{p}_y, z]\hat{p}_x\psi - z[z, \hat{p}_x]\hat{p}_y\psi - [z, z]\hat{p}_x\hat{p}_y\psi \\
&\quad + zx[\hat{p}_y, \hat{p}_z]\psi + z[\hat{p}_y, x]\hat{p}_z\psi + x[z, \hat{p}_z]\hat{p}_y\psi + [z, x]\hat{p}_z\hat{p}_y\psi \\
&= 0 + (-\mathrm{i}\hbar)y\hat{p}_x\psi + 0 + 0 - 0 - 0 - 0 - 0 - 0 \\
&\quad - 0 - 0 - 0 + 0 + 0 + x(\mathrm{i}\hbar)\hat{p}_y\psi + 0 \\
&= \mathrm{i}\hbar(x\hat{p}_y - y\hat{p}_x)\psi \\
&= \mathrm{i}\hbar\hat{L}_z\psi
\end{aligned}
$$

因为 ψ 是任意的,所以有

$$
[\hat{L}_x,\hat{L}_y] = \mathrm{i}\hbar\hat{L}_z
$$

读者可以证明角动量平方算符与角动量各分量算符是对易的,即

$$
\begin{aligned}
[\hat{L}^2,\hat{L}_x] &= 0 \\
[\hat{L}^2,\hat{L}_y] &= 0 \\
[\hat{L}^2,\hat{L}_z] &= 0
\end{aligned}
\tag{2.3.37}
$$

3. $\hat{L}^2$ 和 $\hat{L}_z$ 的本征方程

在本书的后续章节中,有许多地方要涉及角动量平方算符和角动量的分量算符。既然这些算符很有用,我们就来介绍 $\hat{L}^2$ 和 $\hat{L}_z$ 的本征方程,为后续的相关内容做些准备。

首先考虑角动量平方算符的本征方程

$$
\hat{L}^2\Psi = \lambda\Psi \tag{2.3.38}
$$

方程中 λ 是本征值,Ψ 是属于该本征值的本征态。我们需要求解方程(2.3.38),获得本征值和本征态。为了方便,可在球坐标系中解方程。将式(2.3.32)代入式(2.3.38),本征方程写为

$$-\hbar^2\left[\frac{1}{\sin\theta}\frac{\partial}{\partial\theta}\left(\sin\theta\frac{\partial}{\partial\theta}\right)+\frac{1}{\sin^2\theta}\frac{\partial^2}{\partial\varphi^2}\right]\Psi=\lambda\Psi \tag{2.3.39}$$

通过分离变量法,令 $Y(\theta,\varphi)=\Theta(\theta)\Phi(\varphi)$,可解出方程(2.3.39)的本征态恰好是球谐函数

$$Y_{lm}(\theta,\varphi)=\sqrt{\frac{(2l+1)(l-m)!}{4\pi(l+m)!}}P_l^m(\cos\theta)\mathrm{e}^{\mathrm{i}m\varphi} \tag{2.3.40}$$

而其本征值为

$$\lambda=l(l+1)\hbar^2 \tag{2.3.41}$$

这里的量子数

$$l=0,1,2,\cdots;$$
$$m=-l,-l+1,-l+2,\cdots,l-1,l$$

于是,方程(2.3.38)可改写成下面的形式:

$$\hat{L}^2Y_{lm}(\theta,\varphi)=l(l+1)\hbar^2Y_{lm}(\theta,\varphi) \tag{2.3.42}$$

在角动量平方算符的本征态下观测角动量的数值,其大小是 $\sqrt{l(l+1)}\hbar$,这只与量子数 l 有关,而与量子数 m 无关。

其次,我们来讨论角动量分量算符 $\hat{L}_z$ 的本征方程

$$\hat{L}_z\Phi(\varphi)=l_z\Phi(\varphi) \tag{2.3.43}$$

方程(2.3.43)中 l_z 是本征值,$\Phi(\varphi)$是相应的本征态。在坐标表示中,将式(2.3.30)中的 $\hat{L}_z$ 代入上面的方程,有

$$-\mathrm{i}\hbar\frac{\partial}{\partial\varphi}\Phi(\varphi)=l_z\Phi(\varphi) \tag{2.3.44}$$

进行积分,并利用周期性边界条件

$$\Phi(\varphi)=\Phi(\varphi+2\pi)$$

得到

$$\begin{cases}\Phi(\varphi)=\sqrt{\dfrac{1}{2\pi}}\mathrm{e}^{\mathrm{i}m\varphi}, & m=0,\pm1,\pm2,\cdots\\ l_z=m\hbar\end{cases} \tag{2.3.45}$$

从式(2.3.40)可知,球谐函数 $Y_{lm}(\theta,\varphi)$中包含着 $\mathrm{e}^{\mathrm{i}m\varphi}$。所以,$Y_{lm}(\theta,\varphi)$也是 $\hat{L}_z$ 的本征态。既然如此,也可以将 $\hat{L}_z$ 的本征方程改写成

$$\hat{L}_z Y_{lm}(\theta,\varphi) = m\hbar Y_{lm}(\theta,\varphi) \tag{2.3.46}$$

该方程显示，在 $\hat{L}_z$ 本征态下测量 L_z，测量值是 $m\hbar$。

2.3.4 动能算符

经典物理中质量为 m 的粒子的动能为 $T=\frac{\vec{p}^2}{2m}$。对动能表达式中的动量进行正则量子化，则可获得动能算符

$$\hat{T} = \frac{\hat{\vec{p}}^2}{2m} \tag{2.3.47}$$

将动量算符在直角坐标系中的表达式[见式(2.3.9)]代入式(2.3.47)，很容易获得动能算符在直角坐标系中的表达式

$$\hat{T} = -\frac{\hbar^2}{2m}\left(\frac{\partial^2}{\partial x^2}+\frac{\partial^2}{\partial y^2}+\frac{\partial^2}{\partial z^2}\right) \tag{2.3.48}$$

在原子物理中，常常采用球坐标系进行计算。此时，原子中电子的哈密顿算符应该在球坐标系中表达出来，这当然包括电子的动能算符在球坐标系中表达。利用直角坐标系与球坐标系之间的变换关系，可将式(2.3.48)变换成粒子动能算符在球坐标系中的表达式

$\nabla^2_{(\theta,\varphi)}$ 的定义见式(2.3.33)。

$$\begin{aligned}\hat{T} &= -\frac{\hbar^2}{2m}\frac{1}{r^2}\frac{\partial}{\partial r}\left(r^2\frac{\partial}{\partial r}\right)-\frac{\hbar^2}{2mr^2}\nabla^2_{(\theta,\varphi)}\\ &= \hat{T}_r+\frac{\hat{\vec{L}}^2}{2mr^2}\end{aligned} \tag{2.3.49}$$

式中，第一项只与粒子的径向坐标有关，故称为径向动能算符 $\hat{T}_r$；第二项与角动量的平方算符有关，反映着粒子的转动行为，故称为转动动能算符。第1章中氢原子内电子的离心势能就是源于转动算符的作用效果。

2.3.5 哈密顿算符

1. 算符

在势场 V 中质量为 m 的粒子的哈密顿算符为

$$\hat{H} = \hat{T}+V = \frac{\hat{\vec{p}}^2}{2m}+V \tag{2.3.50}$$

如果作用于粒子的势场不含时，那么粒子不与外界发生能量交换，粒子的

能量是守恒的。对于这一情形,粒子的哈密顿算符就是粒子的能量算符。

2. 能量本征方程

对定态体系,粒子的能量本征方程为

$$\left(\frac{\hat{p}^2}{2m} + V\right) | \psi\rangle = E | \psi\rangle \tag{2.3.51}$$

当粒子被势场 V 束缚,粒子的能谱是分立的。此时,能量本征值和所对应的本征函数均用量子数标识,例如 E_n 和$|\psi_n\rangle$。当粒子被势场 V 所散射,粒子的能谱是连续的。

2.4 平均值假设

2.4.1 力学量的平均值

人类对微观体系的感知是源于对这些微观体系的实验观测。固然实验测量出的数据或提供的图表是微观体系某种或多种物理行为的反映,然而,我们常常不能从这些数据或实验提供的图表上直接看出它们是微观体系的何种物理性质的内在表现。要想深刻地揭示出实验观测现象的物理本质,就需要从量子理论的角度予以分析。这就要求量子理论能够计算微观体系的物理量,并且能够与实验观测的数据进行直接对比。

我们已经知道,在量子理论中,微观粒子的状态用波函数描述。微观粒子的波函数本身没有任何物理意义,它是表达具有统计意义的粒子的概率波。既然如此,微观粒子物理性质的表现应具有统计性。基于此,量子理论应该采用统计的方法计算微观粒子的力学量,即力学量的计算值应为统计平均值。我们知道,统计计算一个力学量的平均值需要统计分布函数,而波函数模平方是概率密度,这恰好能用于统计计算平均值。另外,力学量用算符表达,而算符的功能是对态函数进行运算。基于上述的考虑,量子力学的一个公理便是可观测力学量的平均值 $\bar{F}$ 采用下述的方法进行计算:

微观粒子的状态波函数包含了该粒子处于该状态时所有的物理性质的信息。

$$\bar{F} = \frac{\langle\psi | \hat{F} | \psi\rangle}{\langle\psi | \psi\rangle} \tag{2.4.1}$$

其中,$\hat{F}$ 是力学量 F 对应的算符。

态矢与波函数的关系将在下一章讲解。

当体系处于某一给定的量子态,体系不同力学量的平均值均能通过态矢按式(2.4.1)进行计算。这恰好反映出体系的态矢包含着体系各种物理信息，因而，用体系的态矢(或波函数)描述微观体系的状态是完备的。

在量子力学中，也常常将式(2.4.1)称为平均值假设。该假设使得实验测量与理论计算可以直接对比。对一给定的微观体系，如果某一力学量的理论计算平均值与实验测量的值一致(指在理论计算误差和实验误差范围内一致)，理论上可通过分析计算中所采用的体系波函数的特征、波函数模平方的分布等，对实验观测的结果给予深刻的解释。反过来，通过理论计算值与实验测量值的直接对比，也可以检验理论上的基本假设是否正确、计算过程中的某些近似(如果采用了近似)是否合理等。

我们在2.2节介绍了幺正变换不改变物理体系的物理性质。在那里，这是通过幺正变换前后力学量算符的本征值不变体现的。既然实验上可观测的力学量就是理论上计算的力学量平均值，那么理论计算的平均值是否与幺正变换也无关呢？为了考察这一问题，我们对式(2.4.1)进行幺正变换。设幺正变换后的力学量 F 的平均值为 $\bar{F}'$，那么

同时对态矢量和算符进行幺正变换。

$$
\begin{aligned}
\bar{F}' &= \frac{\langle \hat{U}\psi \mid \hat{U}\hat{F}\hat{U}^{\dagger} \mid \hat{U}\psi\rangle}{\langle \hat{U}\psi \mid \hat{U}\psi\rangle} \\
&= \frac{\langle \psi \mid \hat{U}^{\dagger}\hat{U}\hat{F}\hat{U}^{\dagger}\hat{U} \mid \psi\rangle}{\langle \psi \mid \hat{U}^{\dagger}\hat{U} \mid \psi\rangle} \\
&= \frac{\langle \psi \mid \hat{F} \mid \psi\rangle}{\langle \psi \mid \psi\rangle} \\
&= \bar{F}
\end{aligned}
$$

显然，力学量的平均值也是幺正不变的。

【例 2.9】 概率流密度的平均值

【解】 在第1章，我们介绍过概率流密度 $\vec{j}$，根据概率流密度又可定义电子的漂移所产生的电流密度 $(-e\vec{j})$，进而讨论了氢原子中电子运动所产生的磁矩。显然，概率流密度是个很重要的量。实际上，概率流密度是概率流密度算符在量子态下的平均结果。下面，我们按平均值假设进行计算。

概率流密度算符为

$$
\hat{\vec{j}} = \frac{1}{2}\left[\delta(\vec{r}-\vec{r}')\frac{\hat{\vec{p}}}{m} + \frac{\hat{\vec{p}}}{m}\delta(\vec{r}-\vec{r}')\right] \tag{1}
$$

给定一个量子态 $|\psi\rangle$，对算符 $\hat{\vec{j}}$ 做平均，即

$$
\begin{aligned}
&\langle \psi \mid \hat{\vec{j}} \mid \psi \rangle \\
&= \frac{1}{2}\left\langle \psi \left| \left[\delta(\vec{r}-\vec{r}')\frac{\hat{\vec{p}}}{m} + \frac{\hat{\vec{p}}}{m}\delta(\vec{r}-\vec{r}') \right] \right| \psi \right\rangle \\
&= -\frac{\mathrm{i}\hbar}{2m}\int \psi^*(\vec{r})\delta(\vec{r}-\vec{r}')\nabla_{\vec{r}}\psi(\vec{r})\mathrm{d}\vec{r} \\
&\quad -\frac{\mathrm{i}\hbar}{2m}\int \psi^*(\vec{r})\nabla_{\vec{r}}[\delta(\vec{r}-\vec{r}')\psi(\vec{r})]\mathrm{d}\vec{r} \\
&= -\frac{\mathrm{i}\hbar}{2m}\psi^*(\vec{r}')\nabla_{\vec{r}'}\psi(\vec{r}') \\
&\quad -\frac{\mathrm{i}\hbar}{2m}\left\{\int \psi^*(\vec{r})[\nabla_{\vec{r}}\delta(\vec{r}-\vec{r}')]\psi(\vec{r})\mathrm{d}\vec{r} \right. \\
&\quad \left. +\int \psi^*(\vec{r})\delta(\vec{r}-\vec{r}')[\nabla_{\vec{r}}\psi(\vec{r})]\mathrm{d}\vec{r}\right\} \\
&= -\frac{\mathrm{i}\hbar}{2m}\psi^*(\vec{r}')\nabla_{\vec{r}'}\psi(\vec{r}') \\
&\quad -\frac{\mathrm{i}\hbar}{2m}[-\nabla_{\vec{r}'}(\psi^*\psi) + \psi^*(\vec{r}')\nabla_{\vec{r}'}\psi(\vec{r}')] \\
&= -\frac{\mathrm{i}\hbar}{2m}[\psi^*(\vec{r}')\nabla_{\vec{r}'}\psi(\vec{r}') - \psi(\vec{r}')\nabla_{\vec{r}'}\psi^*(\vec{r}')] \qquad (2)
\end{aligned}
$$

计算中使用了关系式

$$\int\left[\frac{\partial}{\partial \vec{r}}\delta(\vec{r}-\vec{r}')\right]f(\vec{r})\mathrm{d}\vec{r} = -\frac{\mathrm{d}f}{\mathrm{d}\vec{r}'}。$$

将式(2)与式(1.1.16)对比,可知

$$\vec{j} = \langle \psi \mid \hat{\vec{j}} \mid \psi \rangle \qquad (3)$$

【例 2.10】 计算粒子动量的平均值

在量子态 $\psi(x,t)$下求粒子的动量平均值。

【解】 若已知粒子在 t 时刻的动量波函数为$\varphi(p_x,t)$,那么粒子在 t 时刻的动量平均值为

$$\bar{p}_x = \frac{\int_{-\infty}^{+\infty} p_x \mid \varphi(p_x,t) \mid^2 \mathrm{d}p_x}{\int_{-\infty}^{+\infty} \mid \varphi(p_x,t) \mid^2 \mathrm{d}p_x} \qquad (1)$$

我们知道动量空间中的函数与坐标空间中的函数可通过傅里叶变换联系起来,即

$$\varphi(p_x,t) = \frac{1}{\sqrt{2\pi\hbar}}\int_{-\infty}^{+\infty}\psi(x,t)\mathrm{e}^{-\mathrm{i}p_x x/\hbar}\mathrm{d}x \qquad (2)$$

将(2)式代入(1)式。

首先计算(1)式的分母：

$$
\begin{aligned}
\int_{-\infty}^{+\infty}|\varphi(p_x,t)|^2\mathrm{d}p_x &= \int_{-\infty}^{+\infty}\varphi^*(p_x,t)\varphi(p_x,t)\mathrm{d}p_x \\
&= \int_{-\infty}^{+\infty}\left[\frac{1}{\sqrt{2\pi\hbar}}\int_{-\infty}^{+\infty}\psi(x',t)\mathrm{e}^{-\mathrm{i}p_x x'/\hbar}\mathrm{d}x'\right]^* \\
&\quad\cdot\left[\frac{1}{\sqrt{2\pi\hbar}}\int_{-\infty}^{+\infty}\psi(x,t)\mathrm{e}^{-\mathrm{i}p_x x/\hbar}\mathrm{d}x\right]\mathrm{d}p_x \\
&= \int_{-\infty}^{+\infty}\int_{-\infty}^{+\infty}\left[\frac{1}{2\pi\hbar}\int_{-\infty}^{+\infty}\mathrm{e}^{\mathrm{i}p_x(x'-x)/\hbar}\mathrm{d}p_x\right]\psi^*(x',t)\psi(x,t)\mathrm{d}x'\mathrm{d}x \\
&= \int_{-\infty}^{+\infty}\int_{-\infty}^{+\infty}\delta(x'-x)\psi^*(x',t)\psi(x,t)\mathrm{d}x'\mathrm{d}x \\
&= \int_{-\infty}^{+\infty}\psi^*(x,t)\psi(x,t)\mathrm{d}x \\
&= \int_{-\infty}^{+\infty}|\psi(x,t)|^2\mathrm{d}x
\end{aligned}
$$

$$\frac{1}{2\pi\hbar}\int_{-\infty}^{+\infty}\mathrm{e}^{\mathrm{i}p_x(x'-x)/\hbar}\mathrm{d}p_x = \delta(x'-x)$$

如果将任意时刻的 $\psi(x,t)$ 归一化，使得$\int_{-\infty}^{+\infty}|\psi(x,t)|^2\mathrm{d}x = 1$，则$\int_{-\infty}^{+\infty}|\varphi(p_x,t)|^2\mathrm{d}p_x = \int_{-\infty}^{+\infty}|\psi(x,t)|^2\mathrm{d}x = 1$说明粒子在动量空间中找到的概率等于在位置空间中找到的概率。这暗含着：对一给定的微观粒子，其状态可用位置空间中的波函数描述，也可以用动量空间中的波函数描述，这两种描述状态的结果在物理上是等价的。

下面计算(1)式中的分子：

$$
\begin{aligned}
\int_{-\infty}^{+\infty}p_x|\varphi(p_x,t)|^2\mathrm{d}p_x &= \int_{-\infty}^{+\infty}\varphi^*(p_x,t)p_x\varphi(p_x,t)\mathrm{d}p_x \\
&= \int_{-\infty}^{+\infty}\left[\frac{1}{\sqrt{2\pi\hbar}}\int_{-\infty}^{+\infty}\psi(x',t)\mathrm{e}^{-\mathrm{i}p_x x'/\hbar}\mathrm{d}x'\right]^* \\
&\quad\cdot p_x\left[\frac{1}{\sqrt{2\pi\hbar}}\int_{-\infty}^{+\infty}\psi(x,t)\mathrm{e}^{-\mathrm{i}p_x x/\hbar}\mathrm{d}x\right]\mathrm{d}p_x \\
&= \int_{-\infty}^{+\infty}\left[\frac{1}{\sqrt{2\pi\hbar}}\int_{-\infty}^{+\infty}\psi^*(x',t)\mathrm{e}^{\mathrm{i}p_x x'/\hbar}\mathrm{d}x'\right] \\
&\quad\cdot\left[\frac{1}{\sqrt{2\pi\hbar}}\int_{-\infty}^{+\infty}\psi(x,t)\left(-\frac{\hbar}{\mathrm{i}}\right)\frac{\partial}{\partial x}\mathrm{e}^{-\mathrm{i}p_x x/\hbar}\mathrm{d}x\right]\mathrm{d}p_x \\
&= \int_{-\infty}^{+\infty}\left[\frac{1}{\sqrt{2\pi\hbar}}\int_{-\infty}^{+\infty}\psi^*(x',t)\mathrm{e}^{\mathrm{i}p_x x'/\hbar}\mathrm{d}x'\right] \\
&\quad\left[\frac{1}{\sqrt{2\pi\hbar}}\int_{-\infty}^{+\infty}\mathrm{e}^{-\mathrm{i}p_x x/\hbar}\left(-\mathrm{i}\hbar\frac{\partial}{\partial x}\right)\psi(x,t)\mathrm{d}x\right]\mathrm{d}p_x
\end{aligned}
$$

运算中要运用如下的分部积分和波函数的自然边界条件：

$$
\begin{aligned}
&\int_{-\infty}^{+\infty}\psi\left(-\frac{\hbar}{\mathrm{i}}\right)\frac{\partial}{\partial x}\mathrm{e}^{-\mathrm{i}p_x x/\hbar}\mathrm{d}x \\
&= \left(-\frac{\hbar}{\mathrm{i}}\right)\int_{-\infty}^{+\infty}\psi\mathrm{d}\left(\mathrm{e}^{-\mathrm{i}p_x x/\hbar}\right) \\
&= \left(-\frac{\hbar}{\mathrm{i}}\right)\psi\,\mathrm{e}^{-\mathrm{i}p_x x/\hbar}\Big|_{-\infty}^{+\infty} \\
&\quad-\left(-\frac{\hbar}{\mathrm{i}}\right)\int_{-\infty}^{+\infty}\mathrm{e}^{-\mathrm{i}p_x x/\hbar}\frac{\partial}{\partial x}\psi\mathrm{d}x \\
&= 0+\int_{-\infty}^{+\infty}\mathrm{e}^{-\mathrm{i}p_x x/\hbar}\left(-\mathrm{i}\hbar\frac{\partial}{\partial x}\right)\psi\mathrm{d}x
\end{aligned}
$$

$$= \int_{-\infty}^{+\infty}\int_{-\infty}^{+\infty}\psi^*(x',t)\left[\frac{1}{2\pi\hbar}\int_{-\infty}^{+\infty}e^{ip_xx'/\hbar}e^{-ip_xx/\hbar}dp_x\right]$$

$$\cdot\left(-i\hbar\frac{\partial}{\partial x}\right)\psi(x,t)dx'dx$$

$$= \int_{-\infty}^{+\infty}\int_{-\infty}^{+\infty}\psi^*(x',t)\delta(x'-x)\left(-i\hbar\frac{\partial}{\partial x}\right)\psi(x,t)dx'dx$$

$$= \int_{-\infty}^{+\infty}\psi^*(x,t)\left(-i\hbar\frac{\partial}{\partial x}\right)\psi(x,t)dx$$

令

$$\hat{p}_x = -i\hbar\frac{\partial}{\partial x} \tag{3}$$

则有

$$\int_{-\infty}^{+\infty}p_x\varphi^*(p_x,t)\varphi(p_x,t)dp_x = \int_{-\infty}^{+\infty}\psi^*(x,t)\hat{p}_x\psi(x,t)dx \tag{4}$$

(3)式就是在位置空间中直角坐标系下动量的 x 分量的算符。

根据上述的计算,在位置空间中计算粒子的动量平均值的表达式可写成

$$\bar{p}_x = \frac{\int_{-\infty}^{+\infty}\psi^*(x,t)\hat{p}_x\psi(x,t)dx}{\int_{-\infty}^{+\infty}\psi^*(x,t)\psi(x,t)dx}$$

上面是推导动量算符在位置空间中表达式的常用方法。类似地,也可用该方法推导出动量空间中粒子的坐标算符的表达式。

2.4.2 守恒量

在经典物理中,一个物理体系处于特定的条件下时,体系的某些物理量是守恒量。例如,一个孤立的体系,其总能量是守恒的,在保守力场的作用下,物理体系的机械能是守恒的。对于一个微观体系,我们如何来定义其物理量是守恒量呢?

在量子力学中,微观体系的可观测物理量(设为 F)可通过平均值的计算来获得。如果该物理量是守恒量,应该表现为该物理量不随时间而变化。从数学上看,就要求该物理量的平均值关于时间的导数应该为零,即

$$\frac{d}{dt}\bar{F} = 0 \tag{2.4.2}$$

将式(2.4.1)代入上式,并令$\langle\psi|\psi\rangle = 1$,则有

$$\begin{aligned}\frac{\mathrm{d}}{\mathrm{d}t}\bar{F} &= \frac{\mathrm{d}}{\mathrm{d}t}\langle\psi \mid \hat{F} \mid \psi\rangle \\ &= \left(\frac{\partial}{\partial t}\langle\psi \mid\right)\hat{F} \mid \psi\rangle + \langle\psi \mid \left(\frac{\partial}{\partial t}\hat{F}\right) \mid \psi\rangle \\ &\quad + \langle\psi \mid \hat{F}\left(\frac{\partial}{\partial t} \mid \psi\rangle\right) \\ &= -\frac{1}{\mathrm{i}\hbar}\langle\psi \mid \hat{H}\hat{F} \mid \psi\rangle + \langle\psi \mid \hat{F}\left(\frac{1}{\mathrm{i}\hbar}\hat{H} \mid \psi\rangle\right) + \langle\psi \mid \frac{\partial\hat{F}}{\partial t} \mid \psi\rangle \\ &= \frac{1}{\mathrm{i}\hbar}\langle\psi \mid \hat{F}\hat{H} - \hat{H}\hat{F} \mid \psi\rangle + \langle\psi \mid \frac{\partial\hat{F}}{\partial t} \mid \psi\rangle\end{aligned}$$

上式写为

$$\frac{\mathrm{d}}{\mathrm{d}t}\bar{F} = \overline{\frac{\partial\hat{F}}{\partial t}} + \frac{1}{\mathrm{i}\hbar}\overline{[\hat{F},\hat{H}]} \tag{2.4.3}$$

如果

$$[\hat{F},\hat{H}] = 0 \tag{2.4.4}$$

并且力学量 F 不显含时间,那么

$$\frac{\mathrm{d}}{\mathrm{d}t}\bar{F} = 0 \tag{2.4.5}$$

此即体系的力学量 F 的测量值不随时间改变,因而该力学量是守恒量。从式(2.4.3)～(2.4.5)可以看出,判断微观体系的不显含时间的力学量 F 是否为守恒量,只要检查该力学量算符是否与体系的哈密顿算符对易。所以,对易式(2.4.4)是力学量 F 为守恒量的重要判据。

例如,对一个自由粒子,$V=0$,$\hat{H}=\dfrac{\hat{\vec{p}}^2}{2m}$。此时

$$[\hat{H},\hat{\vec{p}}] = \left[\frac{\hat{\vec{p}}^2}{2m},\hat{\vec{p}}\right] = 0$$

$$[\hat{H},\hat{T}] = \left[\frac{\hat{\vec{p}}^2}{2m},\frac{\hat{\vec{p}}^2}{2m}\right] = 0$$

自由粒子的动量算符和动能算符分别与其能量算符对易,因而,自由粒子的动量和动能都是守恒量。

2.4.3 量子态的测量

测量是感知微观客体的唯一途径。通过测量,我们可以获得微观体系所处

状态的物理性质的表现。在量子力学中,对微观体系物理性质的测量有可预见性测量和非预见性测量之分。

1. 可预见性测量

如果体系所处的状态恰好是所测量物理量(设为 F)的本征态(设为$|\psi_n\rangle$),此时$|\psi_n\rangle$应满足本征方程

$$\hat{F}|\psi_n\rangle = F_n|\psi_n\rangle \tag{2.4.6}$$

将该本征方程代入平均值公式中,物理量 F 的平均值

$$\overline{F} = \frac{\langle\psi_n|\hat{F}|\psi_n\rangle}{\langle\psi_n|\psi_n\rangle} = \frac{\langle\psi_n|\psi_n\rangle F_n}{\langle\psi_n|\psi_n\rangle} = F_n \tag{2.4.7}$$

于是,在 F 的本征态测量出的 $\overline{F}$ 一定是本征值 F_n。显然,只要体系处于某一物理量的本征态,我们就可以精确地获得该物理量的测量结果。换句话说,即便在未测量之前,如果我们已经知道某一微观体系处于某个可观察的物理量的本征态,那么,我们也能准确地预知测量的结果了。这就是所谓的可预见性测量。

2. 非预见性测量

微观体系的状态未必都是处于某物理量的本征态。在测量时它也有可能处于叠加态,比如是$|\varphi_1\rangle$和$|\varphi_2\rangle$的线性叠加:

$$|\psi\rangle = c_1|\varphi_1\rangle + c_2|\varphi_2\rangle \tag{2.4.8}$$

其中,c_1 和 c_2 为叠加系数。此时,我们假定$|\varphi_1\rangle$和$|\varphi_2\rangle$均为所要测量的某物理量 F 的两个不同的本征态,所对应的本征值分别为 F_1 和 F_2,它们满足如下的本征方程:

$$\hat{F}|\varphi_1\rangle = F_1|\varphi_1\rangle \tag{2.4.9}$$

$$\hat{F}|\varphi_2\rangle = F_2|\varphi_2\rangle \tag{2.4.10}$$

对处于叠加态$|\psi\rangle$的体系,其物理量 F 的期望值为

$$\begin{aligned}\overline{F} &= \frac{\langle\psi|\hat{F}|\psi\rangle}{\langle\psi|\psi\rangle} \\ &= \frac{(\langle\varphi_1|c_1^* + \langle\varphi_2|c_2^*)\hat{F}(c_1|\varphi_1\rangle + c_2|\varphi_2\rangle)}{(\langle\varphi_1|c_1^* + \langle\varphi_2|c_2^*)(c_1|\varphi_1\rangle + c_2|\varphi_2\rangle)} \\ &= \frac{|c_1|^2}{|c_1|^2 + |c_2|^2}F_1 + \frac{|c_2|^2}{|c_1|^2 + |c_2|^2}F_2\end{aligned} \tag{2.4.11}$$

使用了本征态间相互正交$\langle\varphi_1|\varphi_2\rangle=0$和本征态的归一化的条件。

显然,物理量 F 的期望值不是本征值 F_1 或 F_2,而是对 F_1 和 F_2 进行权重为

$\frac{|c_1|^2}{|c_1|^2+|c_2|^2}$和$\frac{|c_2|^2}{|c_1|^2+|c_2|^2}$的求和。这两个权重就是分别取 F_1 和 F_2 的概率。因此,在非本征态中测量力学量,不能可预测性地获得测量值,只能得到概率性的平均值。

由式(2.4.11)可知,对叠加态$|\psi\rangle$测量 F 后,体系将处于新的状态,要么处于$|\varphi_1\rangle$态,要么处于$|\varphi_2\rangle$态。这种状态的改变称为量子态的塌缩,也就是从态$|\psi\rangle$塌缩到态$|\varphi_1\rangle$或$|\varphi_2\rangle$。量子态的塌缩是随机的、无法进行精确预测的过程。这一随机性与经典物理中谈到的随机性有着本质的区别。在经典物理中,粒子的运动具有轨迹的特征。在对经典粒子测量时,测量所遇到的随机性主要由测量的精度不够高所导致。只要测量的精度足够高,就能在时间和空间上精确地探测出经典粒子的运动状态。然而,对处于叠加态的微观粒子的测量,这一微观粒子以$\frac{|c_1|^2}{|c_1|^2+|c_2|^2}$的概率变成$|\varphi_1\rangle$态,以$\frac{|c_2|^2}{|c_1|^2+|c_2|^2}$的概率变成$|\varphi_2\rangle$态。这种概率的分布不因测量而改变。换言之,测量所导致的量子态的随机塌缩的行为是不能通过改变测量的手段而改变的。

测量导致了量子态的塌缩后,体系将在新的量子态上演化。更重要的是塌缩前的量子态因测量而完全消失,不可以从塌缩后的态回归到塌缩前的态,除非重新制备初态。这一特点被形象地称为量子态不可克隆。量子态不可克隆有利于量子通信的保密性。在量子通信中,要传递的信息是以量子态(通常是叠加态)作为载体传输的。如果携带信息的量子态在传输过程中被他人或间谍试图探测,一次探测就导致了量子态的塌缩。在一般的情形中,间谍不可能一次探测出量子态的信息,而是要反复探测,寻求某种规律,以便破解信息。然而,塌缩后的量子态不能再回归到塌缩前的量子态。因此,间谍没有多次探测同一个量子态的机会(除非每次发送的初态一成不变),从而避免通过多次探测来破解信息的可能。

2.5 不确定性关系

在第1章中,我们介绍了与坐标和动量相关的不确定性关系式,但并未对这一关系式给出严格的证明。另一方面,除了坐标和动量,微观粒子还有许多其他的力学量。不同的力学量的不确定度之间是否也满足不确定性关系?下面,我们来讨论这一问题。

力学量不确定度的定义见式(2.5.7)。

设有力学量 A 和 B,对应的算符分别为 $\hat{A}$ 和 $\hat{B}$。令这两个力学量的不确定度分别为 ΔA 和 ΔB,则有如下的不确定性关系:

$$\Delta A \Delta B \geqslant \frac{1}{2}\left|\overline{[\hat{A},\hat{B}]}\right| \tag{2.5.1}$$

其中，$\hat{A}$ 和 $\hat{B}$ 对易子的平均值 $\overline{[\hat{A},\hat{B}]}$ 应为纯虚数。

2.5.1 不确定性关系式的严格证明

对任意的厄米算符 $\hat{A}$、$\hat{B}$ 和任意一个归一化的矢量 $|\psi\rangle$，构造矢量

$$|\varphi\rangle = (\hat{A} + \mathrm{i}\xi\hat{B})|\psi\rangle$$

其中，ξ 为实数。计算如下的内积和内积的平方：

$$\langle\psi|\varphi\rangle = \langle\psi|(\hat{A} + \mathrm{i}\xi\hat{B})|\psi\rangle = \bar{A} + \mathrm{i}\xi\bar{B} \tag{2.5.2}$$

$$|\langle\psi|\varphi\rangle|^2 = (\bar{A} + \mathrm{i}\xi\bar{B})^*(\bar{A} + \mathrm{i}\xi\bar{B}) = (\bar{A})^2 + \xi^2(\bar{B})^2 \tag{2.5.3}$$

$$\begin{aligned}\langle\varphi|\varphi\rangle &= \langle\psi|(\hat{A} - \mathrm{i}\xi\hat{B})(\hat{A} + \mathrm{i}\xi\hat{B})|\psi\rangle \\ &= \overline{A^2} + \xi^2\overline{B^2} + \mathrm{i}\xi\overline{[\hat{A},\hat{B}]}\end{aligned} \tag{2.5.4}$$

代入例2.1中的Schwartz不等式，并注意到 $\langle\psi|\psi\rangle = 1$，有

$$\overline{A^2} + \xi^2\overline{B^2} + \mathrm{i}\xi\overline{[\hat{A},\hat{B}]} \geqslant (\bar{A})^2 + \xi^2(\bar{B})^2 \tag{2.5.5}$$

即

$$\xi^2[\overline{B^2} - (\bar{B})^2] + \mathrm{i}\xi\overline{[\hat{A},\hat{B}]} + [\overline{A^2} - (\bar{A})^2] \geqslant 0 \tag{2.5.6}$$

定义力学量 A 和 B 的不确定度为

$$\begin{aligned}\Delta A &= \sqrt{\overline{A^2} - (\bar{A})^2} \\ \Delta B &= \sqrt{\overline{B^2} - (\bar{B})^2}\end{aligned} \tag{2.5.7}$$

则

$$\xi^2(\Delta B)^2 + \mathrm{i}\xi\overline{[\hat{A},\hat{B}]} + (\Delta A)^2 \geqslant 0 \tag{2.5.8}$$

在这个不等式中，左边的第一项和第三项一定是实数，但第二项未必。由于第二项的 ξ 是实数（见命题中的条件），那么，只有当 $\overline{[\hat{A},\hat{B}]}$ 为纯虚数时，第二项才是实数。我们要求 $\overline{[\hat{A},\hat{B}]}$ 为纯虚数，式(2.5.8)就是定义于实数域中的不等式，该不等式有实数解的条件是

$$(\mathrm{i}\overline{[\hat{A},\hat{B}]})^2 - 4(\Delta A)^2(\Delta B)^2 \leqslant 0 \tag{2.5.9}$$

即

$$\Delta A\Delta B \geqslant \frac{1}{2}\left|\overline{[\hat{A},\hat{B}]}\right|$$

至此,获得了不确定性关系式。

既然式(2.5.1)是不确定性关系式,那么,前面所引入的坐标和动量间的不确定性关系应该是式(2.5.1)的一个特例。实际上,只要令 $\hat{A}=x$,$\hat{B}=\hat{p}_x$,并注意到$[x,\hat{p}_x]=\mathrm{i}\hbar$,就有

$$\Delta x\Delta p_x \geqslant \frac{1}{2}\hbar$$

2.5.2 共同本征态

在式(2.5.1)中,如果$[\hat{A},\hat{B}]=0$,则 $\Delta A\Delta B\geqslant 0$,这会带来什么物理内涵呢?为了揭示式(2.5.1)中$[\hat{A},\hat{B}]=0$ 的意义,分别计算 $\hat{A}$ 和 $\hat{B}$ 算符的本征态。

令 $\hat{A}|\psi_n\rangle = a_n|\psi_n\rangle$,并设 a_n 无简并。利用 $\hat{A}$ 和 $\hat{B}$ 对易关系,我们有

$$\begin{aligned}\hat{A}(\hat{B}\mid\psi_n\rangle) &= \hat{B}\hat{A}\mid\psi_n\rangle = \hat{B}(\hat{A}\mid\psi_n\rangle)\\ &= \hat{B}(a_n\mid\psi_n\rangle) = a_n(\hat{B}\mid\psi_n\rangle)\end{aligned} \tag{2.5.10}$$

首尾对比可知,$(\hat{B}|\psi_n\rangle)$也是 $\hat{A}$ 的本征态,属于本征值 a_n。

因为 a_n 无简并,故$(\hat{B}|\psi_n\rangle)$与$|\psi_n\rangle$为同一个态,但可相差一个常数因子,设常数为 b_n,则有

$$\hat{B}\mid\psi_n\rangle = b_n\mid\psi_n\rangle \tag{2.5.11}$$

于是,$|\psi_n\rangle$是算符 $\hat{A}$ 和 $\hat{B}$ 的共同本征态,本征值分别为 a_n 和 b_n。

如果 a_n 简并,上述的结论不变,但证明其具有共同本征态的数学过程较复杂,此处略去。

上述的分析显示:在$[\hat{A},\hat{B}]=0$ 时算符 $\hat{A}$ 和 $\hat{B}$ 具有共同的本征态,并且在该本征态下测量 $\hat{A}$ 算符和 $\hat{B}$ 算符时均能获得确定的值 a_n 和 b_n。换言之,在该量子态下测量力学量 A 和 B 时,其不确定度 $\Delta A=0$,$\Delta B=0$。当状态为$|\psi_n\rangle$的叠加态时,$\Delta A\neq 0$,$\Delta B\neq 0$,故有 $\Delta A\cdot\Delta B>0$。

如前所述,在量子力学的理论框架中,微观粒子的状态波函数包含了微观粒子与状态相关的所有信息。原则上只要知道了微观粒子的波函数,就能获得这个微观粒子处于这一状态的所有物理性质。然而,如上一节所述,当我们对微观粒子的物理性质进行测量时,如果该粒子恰好处于它的某一物理性质(物

理量)所对应的本征态时,实验上能精确地获得该物理量的大小(即本征方程中的本征值)。如果微观粒子的两个力学量算符对易,则实验上只要制备其中一个力学量算符的非简并的本征态,通过对该态的检测,也能精确地测量粒子处于该状态时的另一力学量。

例如,$[\hat{L}^2,\hat{L}_z]=0$,这两个算符具有共同的本征态,即 $Y_{lm}(\theta,\varphi)$。在这个态下,我们可以精确地测量出角动量的值,也能精确地测量出角动量 z 分量的值。

2.5.3 力学量完全集

基于两个对易的算符具有共同本征态这一性质,可将一个微观粒子能彼此对易的力学量算符的数目推广到更一般的情形:一组(包含两个或更多)彼此独立而又相互对易的厄米算符,它们也具有共同的本征函数。如果这个共同本征函数恰好能完全表达出体系的状态,我们称这组厄米算符为体系的一组力学量完全集。一般来说,不考虑自旋的情况下,力学量完全集中力学量的数目与体系的自由度数目相等。例如,三维空间的粒子体系的一组力学量完全集需要三个力学量。

在微观体系的各种力学量算符中,能量算符是非常重要的算符。一方面,理论上可通过解能量算符的本征方程获得体系的能谱和对应的能量状态;另一方面,实验上可测量微观体系的能谱。于是,实验观测与理论计算结果的对比既能检验理论的可靠性,又能从量子理论上理解实验观测现象的物理本质。同时,由式(2.4.3)~(2.4.5)可知,如果微观体系的某一力学量算符与该体系的能量算符对易,则该力学量是体系的一个守恒量。如果所考虑的力学量完全集中包含着体系的能量算符,那么,该完全集中所有算符表达的力学量均为守恒量。对于这样的一组算符组成的完全集,我们称之为守恒量完全集。

上面的理论化的描述十分抽象,不容易理解。下面我们来进行一个更具体的描述,以便获得直观的理解。

不妨设三个厄米算符 $\hat{A}$、$\hat{B}$、$\hat{C}$ 彼此独立也彼此对易,它们应该有共同的本征函数(设为$|\psi_{n_a n_b n_c}\rangle$)。于是,我们有如下的本征方程:

$$\begin{aligned}\hat{A}\,|\,\psi_{n_a n_b n_c}\rangle &= a_{n_a}\,|\,\psi_{n_a n_b n_c}\rangle\\ \hat{B}\,|\,\psi_{n_a n_b n_c}\rangle &= b_{n_b}\,|\,\psi_{n_a n_b n_c}\rangle\\ \hat{C}\,|\,\psi_{n_a n_b n_c}\rangle &= c_{n_c}\,|\,\psi_{n_a n_b n_c}\rangle\end{aligned}\tag{2.5.12}$$

在上面的三个方程中,$\hat{A}$、$\hat{B}$、$\hat{C}$ 这三个算符各自的态分别用量子数 n_a、n_b 和 n_c 标识。如果用这三个量子数(不多也不少!)标识的态函数恰好完全描述体系的可能状态,那么,这三个算符就构成了体系的力学量完全集。如果这三个量子数还不足以标识体系的可能状态，那就需要寻找其他的厄米算符，加入到彼此独立且对易的力学量算符组中，提供新的标识量子态的量子数，以便能完全描述体系的状态。

【例 2.11】 氢原子中电子状态的标识

为了描述电子的能量状态，我们需要求解能量本征方程。由于氢原子中的电子受原子核库仑吸引作用，电子处于束缚态。于是，在下面的能量本征方程

$$\hat{H} \mid \psi_{nlm} \rangle = E_n \mid \psi_{nlm} \rangle \tag{1}$$

中本征能量呈离散谱，可用量子数 n 来标识。由原子物理知识和第 1 章中氢原子的量子力学解可知，仅用上述的一个量子数来标识电子的能量状态是不完全的。

实际上，在不考虑电子自旋时，氢原子中的电子在球坐标系下的哈密顿算符为

$$\begin{aligned} \hat{H} &= -\frac{\hbar^2}{2m_e r^2}\left[\frac{\partial}{\partial r}\left(r^2\frac{\partial}{\partial r}\right)+\frac{1}{\sin\theta}\frac{\partial}{\partial\theta}\left(\sin\theta\frac{\partial}{\partial\theta}\right)+\frac{1}{\sin^2\theta}\frac{\partial^2}{\partial\varphi^2}\right]-\frac{e^2}{4\pi\varepsilon_0 r} \\ &= -\frac{\hbar^2}{2m_e}\frac{1}{r^2}\frac{\partial}{\partial r}\left(r^2\frac{\partial}{\partial r}\right)-\frac{\hbar^2}{2m_e r^2}\Delta_{(\theta,\varphi)}-\frac{e^2}{4\pi\varepsilon_0 r} \\ &= \hat{T}_r+\frac{\hat{\boldsymbol{L}}^2}{2m_e r^2}-\frac{e^2}{4\pi\varepsilon_0 r} \end{aligned} \tag{2}$$

将式(2)代入方程(1)，有

$$\left(\hat{T}_r+\frac{\hat{\boldsymbol{L}}^2}{2m_e r^2}-\frac{e^2}{4\pi\varepsilon_0 r}\right)\mid \psi_{nlm} \rangle = E_n \mid \psi_{nlm} \rangle \tag{3}$$

对方程(3)的分离变量处理，可回顾第 1 章中氢原子的量子力学解。

其中 $\hat{T}_r$ 为径向算符。此时，$[\hat{\boldsymbol{L}}^2,\hat{H}]=0$，$[\hat{L}_\alpha,\hat{H}]=0$，并且 $[\hat{\boldsymbol{L}}^2,\hat{L}_\alpha]=0$ $(\alpha=x,y,z)$。于是，$(\hat{H},\hat{\boldsymbol{L}}^2,\hat{L}_z)$具有共同本征态。方程(3)可分解成径向方程和角向方程，所对应的本征函数分别为 R_{nl} 和 Y_{lm}。显然，共同本征态用三个独立的量子数来标识，即$|\psi_{nlm}\rangle$。而$(\hat{H},\hat{\boldsymbol{L}}^2,\hat{L}_z)$构成了体系的守恒量完全集。

如果要考虑电子的自旋，那么，$|\psi_{nlm}\rangle$对有自旋体系的量子态的描述是不完全的，相应地，$(\hat{H},\hat{\boldsymbol{L}}^2,\hat{L}_z)$不再是体系的守恒量完全集。此时，需要引入独立的与自旋相关的算符，使之与$(\hat{H},\hat{\boldsymbol{L}}^2,\hat{L}_z)$一起构成守恒量完全集。

本章小结

(1) 微观粒子的态函数是希尔伯特空间中的矢量。

(2) 内积的运算规则、狄拉克记号、算符的分类是学习量子理论的基础。

(3) 在量子力学中,力学量用算符表达。这是量子力学的基本假设之一。表达力学量的算符必须是线性的厄米算符。

(4) 厄米算符的本征值和平均值均为实数。厄米算符的属于不同本征值的本征态彼此正交。

(5) 力学量的平均值公理是将理论计算与实验结果直接关联的桥梁,是量子力学的基本假设之一。

(6) 算符间的对易导致它们具有共同的本征态。一组数目合适的彼此独立并对易的力学量算符可构成力学量完全集。用力学量完全集的共同本征函数能够完全标识体系的状态。

第3章　量子态与力学量的表象

通过前两章的学习,我们对算符和量子态波函数有了初步的认识。同时,也深刻地体会到力学量算符和量子态也是十分地“抽象”和“数学化”。如此抽象的概念能否有实际的应用?答案是肯定的。在量子通信备受关注的今天,有希望采用量子态作为载体来传输信息,也同时期待着制造出性能极其强大的量子计算机。无论是量子通信还是量子计算——可以统称为量子态工程,都必须面对量子态的制备与检测,这当然需要合适的“算符”对态的作用,这就是算符的一种具体的应用。

在量子态工程上,人们是利用一个一个的具有“特定功能”的仪器来对量子行为进行探测的。这里的“特定功能”是指仪器能够将体系的态向被检测的某个物理量的本征态投影,检测出该本征态的性质。换言之,是在某个特定的本征态“环境”中“认识”体系的量子态行为。这种“认识”的过程和所探究的量子行为的表现也就具体化了。

本章将介绍如何在特定的态环境中表述微观体系的物理行为。所谓的“特定”的态环境就是表象。我们将会看到,一般性的态矢和力学量算符在具体的表象里就变成了矩阵,因而,力学量算符的本征方程、薛定谔方程都转化成了矩阵方程,从而形成了矩阵力学。

在数学上,量子力学的表象就是希尔伯特线性空间中的坐标系。不同的表象就是不同的坐标系。于是,表象理论的数学基础便是线性空间理论。下面,我们从线性空间的最基本的知识出发,引导出表象理论。

3.1 表象理论初步

在线性空间理论中,一个完备的线性空间具有一组完备的基矢。设基组为$\{\hat{e}_i\}$,则基组的完备性表述为

在上一章介绍投影算符时,我们就引入了完备性关系式。

$$\sum_i |\hat{e}_i\rangle\langle\hat{e}_i| = 1 \tag{3.1.1}$$

通常,基组中的每个基矢都具有归一性,基矢间相互正交,即

基矢间的正交性不是一个完备的线性空间所必需的要求。换言之,基矢间可以不正交。但在大多数量子力学教科书中,都使用正交的基组,这是为了方便计算。

$$\langle\hat{e}_i|\hat{e}_j\rangle = \delta_{ij} \tag{3.1.2}$$

在一个完备的线性空间中,任何定义于该线性空间中的矢量均能按这个线性空间中的基矢进行线性展开。我们已经知道,描述量子态的态矢是定义在希尔伯特线性空间中的矢量。于是,描述微观粒子状态的态矢$|\psi\rangle$也当然能够按希尔伯特空间中的一组基矢(设为$\{|\hat{e}_i\rangle\}$)展开,即

我们要强调“定义于该线性空间中的矢量”。如果一个矢量不是定义在这个线性空间中,那就不能用这个线性空间的基矢展开这个矢量。

$$|\psi\rangle = \sum_i c_i |\hat{e}_i\rangle \tag{3.1.3}$$

其中,$\{c_i\}$为展开系数。从式(3.1.3)可知,只要给定了一个完备基组$\{|\hat{e}_i\rangle\}$,态矢$|\psi\rangle$可用相应的一组分量值$\{c_i\}$表示。于是,在一个特定的基组所张开的空间中,对波函数的数学描述便转变成用基矢上的分量来描述。

在量子力学的理论中,微观粒子的状态用波函数表述,因此,在运用量子理论进行数学运算的过程中,波函数是最基本的数学量。既然波函数在线性空间中可以按式(3.1.3)的方式表达,那么,与波函数相关的量(如概率密度)以及对波函数进行运算的算符也都需要在希尔伯特空间中表达出来。按照这样的数学表述方式,我们前面介绍的量子理论中的一些数学表述形式(如含时薛定谔方程、本征方程、力学量平均值等)也都将转化成线性空间中的线性代数形式。实际上,在量子力学中的波动力学被提出之前,海森伯(W. Heisenberg)等就建立了这种表述量子理论的方式。这种依据线性代数理论表述的量子理论称为矩阵力学。显然,矩阵力学的数学基础是线性空间理论。在矩阵力学中,将希尔伯特空间中一个给定基组$\{|\hat{e}_i\rangle, i=1,2,\cdots,N\}$的坐标系称为表象,该表象的维度为$N$。

在数学上,基组的选取不是唯一的。不同的基组$\{|\hat{e}_i\rangle\}$或$\{|\hat{g}_i\rangle\}$对应着矩阵力学中不同的表象。所以,在矩阵力学中,选择表象实际上就是选择基组。

3.1.1 F 表象

下面，对量子力学中的表象进行一般性的介绍。假设有一个力学量算符 $\hat{F}$，该算符具有本征方程

$$\hat{F} \mid f_i\rangle = f_i \mid f_i\rangle \tag{3.1.4}$$

方程中$|f_i\rangle$为属于本征值 f_i 的本征态。由第2章的知识可知，力学量算符为厄米算符，而厄米算符的属于不同本征值的本征态是彼此正交的。通常，每一个本征态都能被归一化，全体本征态的集合也具有完备性。于是，类似于式(3.1.1)和式(3.1.2)，算符 $\hat{F}$ 的本征态的这些性质可表达成如下的数学形式：

$$\sum_i \mid f_i\rangle\langle f_i \mid = 1 \tag{3.1.5}$$

完备性。

$$\langle f_i \mid f_j\rangle = \delta_{ij} \tag{3.1.6}$$

正交归一性。

所以，算符 $\hat{F}$ 的本征态的集合$\{|f_i\rangle\}$可作为线性空间的基组，与此基组相对应，便有了一个表象，我们称之为 F 表象。简而言之，力学量算符 $\hat{F}$ 的本征态矢簇作为基组的表象就称为F 表象。

下面讨论态矢、内积和算符在 F 表象中的表达形式。

1. 态矢在 F 表象中的表示

设$|\psi\rangle$为算符 $\hat{F}$ 定义域中的任意一个态矢。该态矢可在 F 表象中线性展开为

如果态矢$|\psi\rangle$不是定义在 F 表象中，就不能在 F 表象中表示。

$$\mid \psi\rangle = \sum_j c_j \mid f_j\rangle \tag{3.1.7}$$

$\{c_j\}$为展开系数。进一步地，用$\langle f_i|$左乘式(3.1.7)，则有

$$c_i = \langle f_i \mid \psi\rangle \tag{3.1.8}$$

式(3.1.8)中 c_i 为态矢$|\psi\rangle$在 F 表象中的第i 个基矢上的投影，也就是$|\psi\rangle$在 F 表象中的第 i 个分量，可记为

$$\psi_i \equiv c_i = \langle f_i \mid \psi\rangle \tag{3.1.9}$$

此时，由于基矢是确定的，对态矢$|\psi\rangle$的描述可等价地使用全体分量的集合$\{c_i\}$或$\{\psi_i\}$来描述。因而，在一个给定的表象中，展开系数$\{c_i\}$或$\{\psi_i\}$就是态矢$|\psi\rangle$的表示，即

$$\mid \psi\rangle \Rightarrow \{\psi_i\} \tag{3.1.10}$$

2. 内积在 F 表象中的表示

设有两个态矢 $|\psi\rangle$ 和 $|\chi\rangle$，它们的内积为

插入基的完备性关系 $\sum_j |f_j\rangle\langle f_j| = 1$。

$$
\begin{aligned}
\langle\chi|\psi\rangle &= \langle\chi|\left(\sum_i |f_i\rangle\langle f_i|\right)|\psi\rangle = \sum_i \langle\chi|f_i\rangle\langle f_i|\psi\rangle \\
&= \sum_i (\langle f_i|\chi\rangle)^* \langle f_i|\psi\rangle \\
&= \sum_i \chi_i^* \psi_i \qquad (3.1.11)
\end{aligned}
$$

式中，$\psi_i = \langle f_i|\psi\rangle$ 和 $\chi_i = \langle f_i|\chi\rangle$ 分别为态矢 $|\psi\rangle$ 和 $|\chi\rangle$ 在 F 表象中的第 i 个分量。所以，在给定的 F 表象中，用态矢分量的乘积形式表示了两个态矢的内积。在式(3.1.11)的计算过程中，使用了基组的完备性关系式(3.1.5)。这是常用的一种技巧，在后续的章节中，会常常使用这一技巧。读者也可类似于式(3.1.7)，将 $|\chi\rangle$ 在 F 表象中展开，取复共轭，将复共轭后的展开式和式(3.1.7)代入内积 $\langle\chi|\psi\rangle$ 中，同样可获得 $\langle\chi|\psi\rangle = \sum_i \chi_i^* \psi_i$。

3. 算符在 F 表象中的表示

设算符 $\hat{A}$ 对态矢 $|\psi\rangle$ 作用，使之成为态矢 $|\chi\rangle$，即

$$|\chi\rangle = \hat{A}|\psi\rangle$$

对上式作如下的内积运算：

插入基的完备性关系 $\sum_i |f_i\rangle\langle f_i| = 1$。

$$
\begin{aligned}
\langle f_i|\chi\rangle &= \langle f_i|\hat{A}|\psi\rangle \\
&= \langle f_i|\hat{A}\left(\sum_j |f_j\rangle\langle f_j|\right)|\psi\rangle \\
&= \sum_j \langle f_i|\hat{A}|f_j\rangle\langle f_j|\psi\rangle \\
&= \sum_j A_{ij}\psi_j \qquad (3.1.12)
\end{aligned}
$$

即

$$\chi_i = \sum_j A_{ij}\psi_j \qquad (3.1.13)$$

其中，$A_{ij} = \langle f_i|\hat{A}|f_j\rangle$ 为算符 $\hat{A}$ 在 F 表象中的表示式。

3.1.2 态矢、内积和算符的矩阵形式

设上面的 F 表象中基矢的数目为 N，则式(3.1.7)的右边可改写成如下的矩阵乘积：

$$|\psi\rangle=(|f_1\rangle\ |f_1\rangle\cdots|f_N\rangle)\begin{pmatrix}\psi_1\\ \psi_2\\ \vdots\\ \psi_N\end{pmatrix} \tag{3.1.14}$$

对给定的 F 表象,其基矢是固定的,于是,在 F 表象中矢量 $|\psi\rangle$ 的表示 $\{c_i\}$ 就用一个列矩阵表示,即

$$\{c_i\}=\begin{pmatrix}\psi_1\\ \psi_2\\ \vdots\\ \psi_N\end{pmatrix}$$

上面讨论的是右矢空间中矢量的矩阵形式。在量子力学的计算中要大量地涉及到内积,这必然需要左矢空间中的矢量。在 F 表象中,左矢 $\langle\psi|$ 的表示是

$$\{c_i^*\}=(\psi_1^*\quad \psi_2^*\quad \cdots\quad \psi_N^*)$$

于是,式(3.1.11)可写成

$$\langle\chi|\psi\rangle=(\chi_1^*\ \chi_2^*\cdots\chi_N^*)\begin{pmatrix}\psi_1\\ \psi_2\\ \vdots\\ \psi_N\end{pmatrix} \tag{3.1.15}$$

式(3.1.13)可写成

$$\begin{pmatrix}\chi_1\\ \chi_2\\ \vdots\\ \chi_N\end{pmatrix}=\underbrace{\begin{pmatrix}A_{11} & A_{12} & \cdots & A_{1N}\\ A_{21} & A_{22} & \cdots & A_{2N}\\ \vdots & \vdots & \cdots & \vdots\\ A_{N1} & A_{N2} & \cdots & A_{NN}\end{pmatrix}}_{\text{算符}\hat{A}\text{的矩阵表示}}\begin{pmatrix}\psi_1\\ \psi_2\\ \vdots\\ \psi_N\end{pmatrix} \tag{3.1.16}$$

显然,算符 $\hat{A}$ 在 F 表象中表示成 N 阶方阵。

此外,在 F 表象中两个算符的乘积可表示成两个对应的矩阵的乘积。例如

$$\hat{C}=\hat{A}\hat{B} \tag{3.1.17}$$

式(3.1.17)两边的左侧同乘以 $\langle f_i|$,右侧同乘以 $|f_j\rangle$

$$\begin{aligned}\langle f_i|\hat{C}|f_j\rangle&=\langle f_i|\hat{A}\hat{B}|f_j\rangle\\ &=\langle f_i|\hat{A}\Big(\sum_k|f_k\rangle\langle f_k|\Big)\hat{B}|f_j\rangle\end{aligned}$$

插入了基的完备性关系式 $\sum_k|f_k\rangle\langle f_k|=1$。

$$= \sum_k \langle f_i \mid \hat{A} \mid f_k \rangle \langle f_k \mid \hat{B} \mid f_j \rangle$$
$$= \sum_k A_{ik} B_{kj} \tag{3.1.18}$$

记 $C_{ij} = \langle f_i | \hat{C} | f_j \rangle$，则

$$C_{ij} = \sum_k A_{ik} B_{kj}$$

这里矩阵元 C_{ij}、A_{ik} 和 B_{kj} 中的行与列的指标均从 1 变到 N。于是，式(3.1.17)的矩阵形式便是

$$\begin{pmatrix} C_{11} & C_{12} & \cdots & C_{1N} \\ C_{21} & C_{22} & \cdots & C_{2N} \\ \vdots & \vdots & \cdots & \vdots \\ C_{N1} & C_{N2} & \cdots & C_{NN} \end{pmatrix} = \begin{pmatrix} A_{11} & A_{12} & \cdots & A_{1N} \\ A_{21} & A_{22} & \cdots & A_{2N} \\ \vdots & \vdots & \cdots & \vdots \\ A_{N1} & A_{N2} & \cdots & A_{NN} \end{pmatrix} \begin{pmatrix} B_{11} & B_{12} & \cdots & B_{1N} \\ B_{21} & B_{22} & \cdots & B_{2N} \\ \vdots & \vdots & \cdots & \vdots \\ B_{N1} & B_{N2} & \cdots & B_{NN} \end{pmatrix} \tag{3.1.19}$$

此外，我们已指出并矢 $|\chi\rangle\langle\psi|$ 具有算符功能。既然如此，并矢在 F 表象中也应该表示成矩阵形式，其矩阵元为

$$\langle f_i \mid \chi \rangle \langle \psi \mid f_j \rangle = \chi_i \psi_j^*$$

对应的矩阵为

$$\begin{pmatrix} \chi_1 \\ \chi_2 \\ \vdots \\ \chi_N \end{pmatrix} (\psi_1^* \ \psi_2^* \cdots \psi_N^*) = \begin{pmatrix} \chi_1 \psi_1^* & \chi_1 \psi_2^* & \cdots & \chi_1 \psi_N^* \\ \chi_2 \psi_1^* & \chi_2 \psi_2^* & \cdots & \chi_2 \psi_N^* \\ \vdots & \vdots & \cdots & \vdots \\ \chi_N \psi_1^* & \chi_2 \psi_2^* & \cdots & \chi_N \psi_N^* \end{pmatrix} \tag{3.1.20}$$

【例 3.1】 算符在自身表象中的表示

设有一个算符 $\hat{F}$，该算符的本征态矢 $\{|f_i\rangle\}$ 构成 F 表象的基组。我们讨论 $\hat{F}$ 在其自身表象中的矩阵表示。首先写出算符的本征方程

$$\hat{F} \mid f_i \rangle = f_i \mid f_i \rangle, \quad i = 1,2,\cdots,N$$

用 $\langle f_j|$ 从左边作用到上面方程的两边：

$$\langle f_j \mid \hat{F} \mid f_i \rangle = f_i \langle f_j \mid f_i \rangle = f_i \delta_{ji}$$

记 F 的矩阵元为

$$F_{ji} = \langle f_j \mid \hat{F} \mid f_i \rangle$$

显然

$$F_{ji}=\begin{cases}f_i, & j=i\\ 0, & j\neq i\end{cases},\quad i,j=1,2,\cdots,N$$

那么，F 的矩阵为

$$\begin{pmatrix} f_1 & 0 & \cdots & 0\\ 0 & f_2 & \cdots & 0\\ \vdots & \vdots & \cdots & \vdots\\ 0 & 0 & \cdots & f_N \end{pmatrix}$$

所以，F 在其自身的表象中是对角矩阵，并且对角矩阵元为算符的本征值$\{f_i\}$。

任何一个算符在它的自身表象中都表示成一个对角矩阵，其对角元为算符的本征值。所以，构造一个算符在它的自身表象中的矩阵时，只要算出这个算符的本征值，再将本征值排列到矩阵的对角线上即可。

3.2 几种常见的表象

上一节讨论了一般表象（F 表象）中态矢、内积和算符的表示形式。在量子理论的具体应用中，我们会常常涉及具体的表象。最基本和最常用的表象是坐标（或位置）表象、动量表象和能量表象。下面分别介绍这三种表象。

3.2.1 坐标表象（以一维为例）

位置算符的本征方程为

$$\hat{x}\mid x'\rangle = x'\mid x'\rangle \tag{3.2.1}$$

其中，属于不同本征值的本征态彼此正交，并且每个本征态“归一化”为 δ 函数，即

$$\langle x'\mid x''\rangle = \delta(x'-x'') \tag{3.2.2}$$

更重要的是，所有的本征态矢构成的集合具有完备性。由于坐标算符的本征值构成连续谱，相应的本征态完备性的数学形式不再是分立的求和，而是积分式

$$\int_{-\infty}^{\infty}\mathrm{d}x\mid x\rangle\langle x\mid = 1 \tag{3.2.3}$$

鉴于上述的完备性，位置算符的本征态矢集合可作为基矢，由该组基矢所定义的表象为坐标表象。任何定义在坐标算符定义域中的态矢量$|\psi\rangle$在该表象

中的表示为

$$
\begin{aligned}
\langle x \mid \psi\rangle &= \langle x \mid \left(\int \mathrm{d}x' \mid x'\rangle\langle x' \mid\right) \mid \psi\rangle \\
&= \int \mathrm{d}x' \langle x \mid x'\rangle\langle x' \mid \psi\rangle \\
&= \int \mathrm{d}x' \delta(x - x')\psi(x') \\
&= \psi(x)
\end{aligned}
\tag{3.2.4}
$$

式(3.2.4)中的 $\psi(x)$ 就是前面常见的波函数。换言之，前面所使用的波函数 $\psi(x)$ 就是微观体系的态矢量在坐标表象中的表示，只不过在那时还没有引入坐标表象的概念。必须注意的是，上面的态矢量 $|\psi\rangle$ 是无表象的态矢。当将这个态矢放到一个具体的表象中表示出来，就变成了在这个具体表象中的波函数了。

【例 3.2】 内积在坐标表象中的表示

设有两个态矢量构成内积 $\langle\varphi|\psi\rangle$，则该内积在坐标表象中的表示为

$$
\begin{aligned}
\langle \varphi \mid \psi\rangle &= \langle \varphi \mid \left(\int \mathrm{d}x \mid x\rangle\langle x \mid\right) \mid \psi\rangle \\
&= \int \mathrm{d}x \langle \varphi \mid x\rangle\langle x \mid \psi\rangle \\
&= \int \mathrm{d}x \varphi^*(x)\psi(x)
\end{aligned}
$$

如例 3.1 所示，算符在其自身的表象中表示成矩阵时，应为对角矩阵。对于坐标算符，它在坐标表象中也当然是对角矩阵。实际上，用 $\langle x''|$ 左乘式(3.2.1)，有

$$
x_{x''x'} = \langle x'' \mid \hat{x} \mid x'\rangle = \langle x'' \mid x' \mid x'\rangle = x'\langle x'' \mid x'\rangle = x'\delta(x'' - x')
$$

上面的右边式子中有 $\delta(x''-x')$，这就规定了非对角矩阵元一定为零，因而坐标算符在自身表象中是对角矩阵。

我们进一步来考察坐标算符在坐标表象中的数学形式。为此，我们来计算坐标算符在态 $|\chi\rangle$ 下的平均值

$$
\begin{aligned}
\bar{x} &= \langle \chi \mid \hat{x} \mid \chi\rangle \\
&= \iint \langle \chi \mid x'\rangle\langle x' \mid \hat{x} \mid x\rangle\langle x \mid \chi\rangle \mathrm{d}x' \mathrm{d}x \\
&= \iint \langle \chi \mid x'\rangle x\delta(x' - x)\langle x \mid \chi\rangle \mathrm{d}x' \mathrm{d}x
\end{aligned}
$$

$$= \int x \langle \chi | x \rangle \langle x | \chi \rangle \mathrm{d}x$$

$$= \int x | \chi(x) |^2 \mathrm{d}x \tag{3.2.5}$$

这表明,坐标算符在自己的表象里具有如下的形式:

$$\hat{x} = x \tag{3.2.6}$$

3.2.2 动量表象

动量算符(以 $\hat{p}_x$ 为例)的本征方程

$$\hat{p}_x | p_x \rangle = p_x | p_x \rangle \tag{3.2.7}$$

其本征值 p_x 是连续的实数。动量本征态也具有正交归一性

$$\langle p'_x | p_x \rangle = \delta(p'_x - p_x) \tag{3.2.8}$$

和完备性

$$\int_{-\infty}^{\infty} \mathrm{d}p_x | p_x \rangle \langle p_x | = 1 \tag{3.2.9}$$

于是,动量本征态矢的集合$\{| p_x \rangle\}$也可以作为基组,这组基矢定义了动量表象。一些态矢和算符可以在动量表象中表达。

【例 3.3】 位置本征态在动量表象中的表示

$$\langle p_x | x \rangle = \varphi_x(p_x) = \frac{1}{\sqrt{2\pi\hbar}} \mathrm{e}^{-\mathrm{i}p_x x/\hbar}$$

动量本征态在位置表象中的表示为

$$\langle x | p_x \rangle = \langle p_x | x \rangle^* = \frac{1}{\sqrt{2\pi\hbar}} \mathrm{e}^{\mathrm{i}p_x x/\hbar}$$

该式是动量的本征函数。

类似地,一个一般的态矢$| \psi \rangle$在动量表象中的表示为

$$\begin{aligned} \langle p_x | \psi \rangle &= \langle p_x | \left(\int \mathrm{d}p'_x | p'_x \rangle \langle p'_x |\right) | \psi \rangle \\ &= \int \mathrm{d}p'_x \langle p_x | p'_x \rangle \langle p'_x | \psi \rangle \\ &= \int \mathrm{d}p'_x \delta(p_x - p'_x) \psi(p'_x) \\ &= \psi(p_x) \end{aligned} \tag{3.2.10}$$

此即动量波函数。

如果式(3.2.4)和式(3.2.10)中的态矢$| \psi \rangle$为同一个态矢,那么,式(3.2.4)和式(3.2.10)则告诉我们,同一个态矢既能在坐标表象中表示$[\psi(x)]$也能在动量表象中表示$[\psi(p_x)]$,只是具有不同的数学表示的形式而已。在数学上,这

两种不同的表示存在着如下的联系：

$$\psi(p_x) = \frac{1}{\sqrt{2\pi\hbar}}\int \mathrm{d}x \mathrm{e}^{-\mathrm{i}p_x x/\hbar}\psi(x) \tag{3.2.11}$$

这是因为

$$\begin{aligned}\psi(p_x) &= \langle p_x \mid \psi\rangle \\ &= \langle p_x \mid (\int \mathrm{d}x \mid x\rangle\langle x \mid) \mid \psi\rangle \\ &= \int \mathrm{d}x \langle p_x \mid x\rangle\langle x \mid \psi\rangle \\ &= \int \mathrm{d}x \langle p_x \mid x\rangle\psi(x) \\ &= \int \mathrm{d}x \frac{1}{\sqrt{2\pi\hbar}}\mathrm{e}^{-\mathrm{i}p_x x/\hbar}\psi(x) \\ &= \frac{1}{\sqrt{2\pi\hbar}}\int \mathrm{d}x \mathrm{e}^{-\mathrm{i}p_x x/\hbar}\psi(x)\end{aligned}$$

反过来，我们有

$$\psi(x) = \langle x \mid \psi\rangle = \frac{1}{\sqrt{2\pi\hbar}}\int \mathrm{d}p_x \mathrm{e}^{\mathrm{i}p_x x/\hbar}\psi(p_x) \tag{3.2.12}$$

显然，式(3.2.11)和式(3.2.12)恰好分别是数学上坐标空间与动量空间之间的傅里叶逆变换和傅里叶变换。

从物理上看，式(3.2.11)中的 $\psi(p_x)$和式(3.2.12)中的 $\psi(x)$是同一个态矢$|\psi\rangle$分别在动量表象和坐标表象中的表示，该态矢所包含的物理内容不因态矢在不同表象中的表达方式不同而改变。例如，采用 $\psi(x)$和 $\psi(p_x)$这两种不同的表示，我们既能在一维坐标全空间中找到该粒子，即

$$\int_{-\infty}^{\infty} \mathrm{d}x \psi^*(x)\psi(x) = 1$$

也能在一维动量全空间中发现该粒子，即

$$\int_{-\infty}^{\infty} \mathrm{d}p_x \psi^*(p_x)\psi(p_x) = 1$$

更一般地，任意一个力学量算符 $\hat{F}$ 在其自身的表象中时，该算符就是该力学量自身，不必加上示意算符的符号，即 $\hat{F} = F$。

类似于式(3.2.5)的处理方式，可以获得动量算符在动量自身的表象中为

$$\hat{p}_x = p_x$$

进一步地，可获得(见附录 D)动量表象中的坐标算符的数学形式，它们是

$$\hat{x} = \mathrm{i}\hbar\frac{\partial}{\partial p_x}, \quad \hat{y} = \mathrm{i}\hbar\frac{\partial}{\partial p_y}, \quad \hat{z} = \mathrm{i}\hbar\frac{\partial}{\partial p_z}$$

将这三个分量合起来，位置矢量算符在动量表象中为

$$\hat{\vec{r}} = \mathrm{i}\hbar\left(\frac{\partial}{\partial p_x}\hat{e}_x + \frac{\partial}{\partial p_y}\hat{e}_y + \frac{\partial}{\partial p_z}\hat{e}_z\right) = \mathrm{i}\hbar\,\nabla_{\vec{p}}$$

我们将坐标算符和动量算符分别在坐标表象和动量表象中的数学形式列在表3.1中。

表3.1 坐标算符和动量算符在表象中的表示

表象	坐标算符 $\hat{\vec{r}}$	动量算符 $\hat{\vec{p}}$
坐标表象	$\vec{r}$	$-\mathrm{i}\hbar\,\nabla_{\vec{r}}$
动量表象	$\mathrm{i}\hbar\,\nabla_{\vec{p}}$	$\vec{p}$

【例3.4】 内积在动量表象中的表示

设有两个态矢构成内积$\langle\varphi|\psi\rangle$，则该内积在动量表象中的表示为

$$\begin{aligned}\langle\varphi|\psi\rangle &= \langle\varphi|\left(\int \mathrm{d}p_x\,|p_x\rangle\langle p_x|\right)|\psi\rangle \\ &= \int \mathrm{d}p_x\langle\varphi|p_x\rangle\langle p_x|\psi\rangle \\ &= \int \mathrm{d}p_x\varphi^*(p_x)\psi(p_x)\end{aligned}$$

3.2.3 能量表象

设体系的能量本征方程为

$$\hat{H}|k\rangle = E_k|k\rangle \tag{3.2.13}$$

方程中E_k为第k个能量本征值，对应的本征态矢为$|k\rangle$。这些本征态满足正交归一性

$$\langle k|k'\rangle = \delta_{kk'} \tag{3.2.14}$$

和完备性

$$\sum_k |k\rangle\langle k| = 1 \tag{3.2.15}$$

于是，$\{|k\rangle\}$可作为完备的基组，该基组所定义的表象为能量表象。

在原子分子物理和材料物理的理论计算中，常常会在能量表象中求解体系的物理问题。例如，体系的一个力学量算符$\hat{F}$，其本征方程为

$$\hat{F}|\psi_n\rangle = f_n|\psi_n\rangle \tag{3.2.16}$$

有时，直接求解这个方程会很困难，也许在能量表象中求解会比较方便。对此，将本征态$|\psi_n\rangle$在能量表象中展开：

$$|\psi_n\rangle = \sum_k a_{nk}|k\rangle \tag{3.2.17}$$

代入 $\hat{F}$ 的本征方程

$$\begin{aligned}\hat{F}\sum_k a_{nk}|k\rangle &= f_n\sum_k a_{nk}|k\rangle \\ \sum_k a_{nk}\hat{F}|k\rangle &= f_n\sum_k a_{nk}|k\rangle\end{aligned} \tag{3.2.18}$$

用$\langle k'|$左乘上式，得

$$\langle k'|\sum_k a_{nk}\hat{F}|k\rangle = \langle k'|f_n\sum_k a_{nk}|k\rangle$$

即

$$\sum_k a_{nk}\langle k'|\hat{F}|k\rangle = f_n\sum_k a_{nk}\langle k'|k\rangle$$

利用关系式(3.2.14)，并令 $F_{k'k}=\langle k'|\hat{F}|k\rangle$，有

$$\sum_k a_{nk}(F_{k'k} - f_n\delta_{k'k}) = 0 \tag{3.2.19}$$

式(3.2.19)为线性方程组。在矩阵理论中，式(3.2.19)可写为矩阵方程，该方程有非平庸解的条件是

$$\det|F_{k'k} - f_n\delta_{k'k}| = 0 \tag{3.2.20}$$

由方程(3.2.20)可解出矩阵方程(3.2.19)中的本征值$\{f_n\}$，再将每个 f_n 值代入式(3.2.19)可解出相应的$\{a_{nk}\}$。将$\{a_{nk}\}$代入式(3.2.17)就可获得$|\psi_n\rangle$。

必须指出的是，上述的数学过程中我们已经假定了基矢间是相互正交的。如前所述，基矢间的正交性不是必须的；在处理许多实际的物理体系（如分子、固体等）时，有时所选择的基矢彼此之间并不正交，此时，式(3.2.14)不再保留，而代之为

$$\langle k|k'\rangle = S_{kk'} \tag{3.2.21}$$

相应地，方程(3.2.19)改为广义矩阵本征方程

$$\sum_k a_{nk}(F_{k'k} - f_nS_{k'k}) = 0 \tag{3.2.22}$$

通过对该方程的求解，可获得体系的本征值和本征态。

使用计算机程序，可将方程(3.2.19)或方程(3.2.22)在计算机上进行数值

求解。数值求解的过程已经程序化了，使用起来很方便。这在量子化学计算研究、材料物理计算研究和计算生物学中都有着极其广泛的应用。

【例 3.5】 一维无限深势阱中粒子坐标算符在能量表象中的矩阵形式

质量为 μ 的粒子在一维无限深势阱

$$V(x)=\begin{cases}0, & 0<x<a\\ \infty, & x<0,x>a\end{cases}$$

中运动。求坐标算符在该体系能量表象中的矩阵。

【解】 粒子在一维无限深势阱中处于束缚定态，并满足

$$\hat{H}\mid n\rangle = E_n\mid n\rangle \tag{1}$$

这里，能量本征态矢簇 $\{|n\rangle\}$ 具有完备性，即

$$\sum_n \mid n\rangle\langle n\mid = 1 \tag{2}$$

它们可以作为能量表象的基组。同时这些本征态相互正交并归一化，即

$$\langle n\mid m\rangle = \delta_{nm} \tag{3}$$

粒子在这个一维无限深势阱中的能谱是

$$E_n = \frac{n^2\pi^2\hbar^2}{2\mu a^2},\quad n=1,2,\cdots \tag{4}$$

对应的本征波函数是本征态矢在坐标表象中的表示，即

$$\langle x\mid n\rangle = \psi_n(x) = \begin{cases}\sqrt{\dfrac{2}{a}}\sin\dfrac{n\pi x}{a}, & 0\leqslant x\leqslant a\\ 0, & x<0,x>a\end{cases} \tag{5}$$

在这个能量表象中，坐标算符的矩阵元为

$$\begin{aligned} x_{mn} &= \langle m\mid \hat{x}\mid n\rangle \\ &= \iint\langle m\mid x\rangle\langle x\mid \hat{x}\mid x'\rangle\langle x'\mid n\rangle \mathrm{d}x'\mathrm{d}x \\ &= \iint\langle m\mid x\rangle x'\delta(x-x')\langle x'\mid n\rangle \mathrm{d}x'\mathrm{d}x \\ &= \int\langle m\mid x\rangle x\langle x\mid n\rangle \mathrm{d}x \end{aligned}$$

$$
\begin{aligned}
&= \int \psi_m^*(x) x \psi_n(x) \mathrm{d}x \\
&= \int \left(\sqrt{\frac{2}{a}} \sin \frac{m\pi x}{a}\right)^* x \left(\sqrt{\frac{2}{a}} \sin \frac{n\pi x}{a}\right) \mathrm{d}x \\
&= \frac{2}{a} \int x \sin \frac{m\pi x}{a} \sin \frac{n\pi x}{a} \mathrm{d}x \\
&= \begin{cases} \dfrac{4mna}{\pi^2 (m^2 - n^2)^2}[(-1)^{m-n} - 1], & m \neq n \\ \dfrac{a}{2}, & m = n \end{cases}
\end{aligned}
$$

下面进一步讨论薛定谔方程在能量表象中的数学形式。对一个微观体系，设其哈密顿量为 $\hat{H}$。体系的态矢按薛定谔方程演化，即

$$
\mathrm{i}\hbar \frac{\partial |\psi\rangle}{\partial t} = \hat{H} |\psi\rangle \tag{3.2.23}
$$

将$|\psi\rangle$在能量表象中展开：

$$
|\psi\rangle = \sum_k a_k |k\rangle \tag{3.2.24}
$$

并代入含时薛定谔方程。注意到方程(3.2.13)，有

$$
\mathrm{i}\hbar \sum_k \frac{\partial a_k(t)}{\partial t} |k\rangle = \sum_k a_k(t) E_k |k\rangle \tag{3.2.25}
$$

用$\langle k'|$左乘方程(3.2.25)的两边，得

$$
\mathrm{i}\hbar \sum_k \frac{\partial a_k(t)}{\partial t} \langle k' | k\rangle = \sum_k a_k(t) E_k \langle k' | k\rangle \tag{3.2.26}
$$

设基矢间相互正交，那么方程(3.2.26)化为

$$
\mathrm{i}\hbar \frac{\partial a_{k'}(t)}{\partial t} = E_{k'} a_{k'}(t) \tag{3.2.27}
$$

对上式积分，得

$$
a_{k'}(t) = a_{k'}(0) \mathrm{e}^{-\mathrm{i}E_{k'}t/\hbar} \tag{3.2.28}
$$

在上面的演算过程中，使用了能量表象，也就是利用能量本征方程(3.2.13)。这实际上就意味着体系的哈密顿是不含时的，处于定态，因而体系的波函数可按空间和时间的自由度分离。所以，最后解出的波函数在能量表象中的表示式(3.2.28)中含有分离的时间因子 $\mathrm{e}^{-\mathrm{i}E_{k'}t/\hbar}$。如果不在能量表象中处

理含时的薛定谔方程，而是在一个其他的表象（如 F 表象）来讨论，就会出现一个含时的矩阵方程。

3.3 表象间的变换

我们已有这样的经验：对某些物理体系进行理论计算时，在某一坐标系中很容易开展计算，但在其他坐标系中的计算却显得很复杂，甚至无法完成计算。例如，中心力场中的单电子能量本征方程在直角坐标系中非常难解，但在球坐标系中通过分离变量却能较容易地获得物理解。类似地，对一给定的微观体系，在某一表象中能够很容易地求解出某些物理量，但在其他的表象中却不是件容易的事。于是，当我们对微观体系进行理论计算时，应该选择合适的表象。另一方面，对同一物理问题的理论求解，不同的人所选择的表象未必完全相同。于是，一些理论结果的表述形式也未必相同，这会导致某些理论结果在数学形式上缺乏直观的可比性。

解决这一问题的方法就是将一个表象中表述的物理结果变换到我们所期待的另一个表象中去，这就是量子力学不同表象之间的转换。通俗地讲，这种表象变换就是数学上不同坐标系之间的转换。

在量子力学中，最基本的数学运算量是态矢和算符。所以表象间的变换就反映到态矢和算符在表象间的变换。

3.3.1 表象变换矩阵

设在同一个 N 维的线性空间中有 F 表象和 G 表象，这两个表象的基矢组 $\{|f_i\rangle\}$ 和 $\{|g_\alpha\rangle\}$ 分别是算符 $\hat{F}$ 和 $\hat{G}$ 的本征态矢簇，即

$$\hat{F}|f_i\rangle = f_i|f_i\rangle, \quad i = 1,2,\cdots,N \tag{3.3.1}$$

$$\hat{G}|g_\alpha\rangle = g_\alpha|g_\alpha\rangle, \quad \alpha = 1,2,\cdots,N \tag{3.3.2}$$

其中，同一个表象中的基矢是归一化的、彼此正交的，并且具有完备性：

$$\begin{cases}\langle f_i|f_j\rangle = \delta_{ij}\\ \sum\limits_i |f_i\rangle\langle f_i| = 1\end{cases} \tag{3.3.3}$$

$$\begin{cases}\langle g_\alpha|g_\beta\rangle = \delta_{\alpha\beta}\\ \sum\limits_\alpha |g_\alpha\rangle\langle g_\alpha| = 1\end{cases} \tag{3.3.4}$$

如果这两个表象之间可以相互变换，则在一个表象中表述的矢量也应该能

在另外一个表象中表述。每个表象中的一组基矢是该表象中的一组矢量，该组矢量当然也可以在另一个表象中表示。我们不妨将 G 表象中的基矢在 F 表象中表示出来，即

$$|g_\alpha\rangle = \sum_{i=1}^{N} |f_i\rangle S_{i\alpha} \tag{3.3.5}$$

$S_{i\alpha}$ 为展开系数。用 $\langle f_j|$ 左乘式(3.3.5)，可得

$$S_{j\alpha} = \langle f_j | g_\alpha\rangle \tag{3.3.6}$$

式(3.3.6)的意义是 G 表象中的第 α 个基矢在 F 表象中的第 j 个表示。

在线性空间理论中，将线性空间中的单个矢量记为列矢量。于是，有下列的矩阵形式：

$$(|g_1\rangle, |g_2\rangle, \cdots) = (|f_1\rangle, |f_2\rangle, \cdots)\begin{pmatrix} S_{11} & S_{12} & \cdots \\ S_{21} & S_{22} & \cdots \\ \vdots & \vdots & \ddots \end{pmatrix} \tag{3.3.7}$$

式(3.3.7)中 S 矩阵是由矩阵元 $S_{i\alpha}$ 按列排列而组成。在数学上，S 矩阵被称为将 F 表象的基矢组转变成 G 表象基矢组的过渡矩阵，量子理论中将该矩阵称为将 F 表象变换成 G 表象的变换矩阵。

下面证明变换矩阵 S 是幺正的。

对式(3.3.5)，取其对偶空间中相应关系式：

$$\langle g_\alpha | = \sum_{i=1}^{N} S_{i\alpha}^* \langle f_i | = \sum_{i=1}^{N} S_{\alpha i}^\dagger \langle f_i | \tag{3.3.8}$$

$$S_{\alpha i}^\dagger = \langle g_\alpha | f_i\rangle \tag{3.3.9}$$

考查下列内积：

$$\langle g_\alpha | g_\beta\rangle = \sum_{i,j=1}^{N} S_{\alpha i}^\dagger \langle f_i | f_j\rangle S_{j\beta} = \sum_{i=1}^{N} S_{\alpha i}^\dagger S_{i\beta} \tag{3.3.10}$$

注意到

$$\langle g_\alpha | g_\beta\rangle = \delta_{\alpha\beta}$$

则

$$S^\dagger S = 1 \tag{3.3.11}$$

另一方面，

$$(SS^\dagger)_{\alpha\beta} = \sum_{i=1}^{N} S_{\alpha i} S_{i\beta}^\dagger = \sum_{i=1}^{N} \langle g_\alpha | f_i\rangle \langle g_\beta | f_i\rangle^* = \sum_{i=1}^{N} \langle g_\alpha | f_i\rangle\langle f_i | g_\beta\rangle$$

$$= \langle g_\alpha \Big| \Big(\sum_{i=1}^{N} | f_i \rangle \langle f_i | \Big) \Big| g_\beta \rangle = \langle g_\alpha | g_\beta \rangle = \delta_{\alpha\beta} \tag{3.3.12}$$

即

$$SS^\dagger = 1 \tag{3.3.13}$$

综合式(3.3.11)和式(3.3.13),S 矩阵是幺正矩阵。

3.3.2 波函数的表象变换

将一个态矢$|\psi\rangle$分别在 F 表象和 G 表象中展开:

$$|\psi\rangle = \sum_{i=1}^{N} a_i^F | f_i \rangle \tag{3.3.14}$$

$$|\psi\rangle = \sum_{\alpha=1}^{N} b_\alpha^G | g_\alpha \rangle \tag{3.3.15}$$

式(3.3.14)右边当然与式(3.3.15)右边相等,所以有

$$\sum_{i=1}^{N} a_i^F | f_i \rangle = \sum_{\alpha=1}^{N} b_\alpha^G | g_\alpha \rangle \tag{3.3.16}$$

$$\sum_{i=1}^{N} a_i^F | f_i \rangle = \sum_{\alpha=1}^{N} b_\alpha^G \Big(\sum_{i=1}^{N} S_{i\alpha} | f_i \rangle \Big) = \sum_{i=1}^{N} \Big(\sum_{\alpha=1}^{N} b_\alpha^G S_{i\alpha} \Big) | f_i \rangle \tag{3.3.17}$$

对比式(3.3.17)的首尾,有

$$a_i^F = \sum_{\alpha=1}^{N} S_{i\alpha} b_\alpha^G \tag{3.3.18}$$

记

$$a^F = \begin{pmatrix} a_1^F \\ \vdots \\ a_N^F \end{pmatrix}, \quad b^G = \begin{pmatrix} b_1^G \\ \vdots \\ b_N^G \end{pmatrix}$$

根据式(3.3.18)有

$$a^F = S b^G \tag{3.3.19}$$

或

$$S^\dagger a^F = b^G \tag{3.3.20}$$

值得注意的是,a^F是态矢在 F 表象中展开项的系数,该系数就是态矢在 F 表象中的表示,也就是态矢在 F 表象中的波函数;类似地,b^G是该态矢在 G 表象中的波函数。式(3.3.20)表明,$S^\dagger$ 矩阵将态矢在 F 表象中的波函数变换成

请读者对比式(3.3.20)与式(3.3.7),注意区别变换表象间基矢的矩阵与变换同一个矢量在不同表象中波函数的矩阵是不同的。前者为 S,后者为 $S^\dagger$。有些教科书将这里的 $S^\dagger$ 定义为变换矩阵 S,当然也能进行表象间的变换,只是表述的方式与本书中的不同。

G 表象中的波函数。

3.3.3 力学量的表象变换

记力学量 L 在 F 表象中的矩阵元为

$$L_{ij}^F = \langle f_i \mid \hat{L} \mid f_j \rangle \tag{3.3.21}$$

在 G 表象中的矩阵元为

$$L_{\alpha\beta}^G = \langle g_\alpha \mid \hat{L} \mid g_\beta \rangle \tag{3.3.22}$$

在上式中插入 F 表象的完备性关系式：

此处使用了式(3.3.9)。

$$\begin{aligned} L_{\alpha\beta}^G &= \langle g_\alpha \mid \hat{L} \mid g_\beta \rangle \\ &= \left\langle g_\alpha \middle| \left(\sum_{i=1}^N \mid f_i \rangle\langle f_i \mid \right) \hat{L} \left(\sum_{j=1}^N \mid f_j \rangle\langle f_j \mid \right) \middle| g_\beta \right\rangle \\ &= \sum_{i,j=1}^N \langle g_\alpha \mid f_i \rangle\langle f_i \mid \hat{L} \mid f_j \rangle\langle f_j \mid g_\beta \rangle \\ &= \sum_{i,j=1}^N S_{\alpha i}^\dagger L_{ij}^F S_{j\beta} \end{aligned} \tag{3.3.23}$$

即

$$L^G = S^\dagger L^F S \tag{3.3.24}$$

【例 3.6】 表象理论计算的简单例子

本征态无简并的厄米算符 $\hat{A}$ 和 $\hat{B}$ 满足 $\hat{A}^2 = \hat{B}^2 = 1, \hat{A}\hat{B} + \hat{B}\hat{A} = 0$。

(1) 在 A 表象中求出 B 的矩阵表达式。

(2) 求从 A 表象到 B 表象的变换矩阵。

【解】 (1) 既然要解与 A 表象和 B 表象有关的问题，我们应该首先解出 A 和 B 各自的本征态矢。

对 A，其本征方程为

$$\hat{A} \mid a_n \rangle = a_n \mid a_n \rangle \tag{1}$$

将方程的两边用 $\hat{A}$ 算符从左侧作用，有

$$\hat{A}^2 \mid a_n \rangle = a_n \hat{A} \mid a_n \rangle = a_n^2 \mid a_n \rangle \tag{2}$$

因为 $\hat{A}^2 = 1$，所以

$$a_n^2 = 1$$

那么

$$a_n = \pm 1 \tag{3}$$

如果没有任何其他的条件限制，本征值是 -1 和 1 的任意可能组合。但注意到题目中有本征态不简并的条件，这就要求其本征值均不相同。所以，本征值只能取 -1 和 1 这两个数。因而，算符 $\hat{A}$ 的矩阵也只能是 2×2 的矩阵。

在算符的自身表象中，算符的矩阵为对角阵，其对角线上的元素就是矩阵的本征值。于是，我们就可写出 $\hat{A}$ 在 A 表象中的矩阵表示

$$A^A = \begin{bmatrix} 1 & 0 \\ 0 & -1 \end{bmatrix} \tag{4}$$

A 的右上侧的"A"表示 A 表象。

本征值为 1 时，本征矢为

$$| a_1 \rangle = \begin{bmatrix} 1 \\ 0 \end{bmatrix} \tag{5}$$

本征值为 -1 时，本征矢为

$$| a_2 \rangle = \begin{bmatrix} 0 \\ 1 \end{bmatrix} \tag{6}$$

设 $\hat{B}$ 在 A 表象中的矩阵表示为

$$B^A = \begin{bmatrix} a & b \\ c & d \end{bmatrix} \tag{7}$$

B 的右上侧的"A"表示 A 表象。

利用条件 $\hat{A}\hat{B} + \hat{B}\hat{A} = 0$，则有

$$\begin{bmatrix} 1 & 0 \\ 0 & -1 \end{bmatrix}\begin{bmatrix} a & b \\ c & d \end{bmatrix} + \begin{bmatrix} a & b \\ c & d \end{bmatrix}\begin{bmatrix} 1 & 0 \\ 0 & -1 \end{bmatrix} = \begin{bmatrix} 0 & 0 \\ 0 & 0 \end{bmatrix} \tag{8}$$

利用条件 $\hat{B}^2 = 1$，有

$$\begin{bmatrix} a & b \\ c & \mathrm{d} \end{bmatrix}\begin{bmatrix} a & b \\ c & \mathrm{d} \end{bmatrix} = \begin{bmatrix} 1 & 0 \\ 0 & 1 \end{bmatrix} \tag{9}$$

利用条件 $\hat{B} = \hat{B}^\dagger$，有

$$\begin{bmatrix} a & b \\ c & \mathrm{d} \end{bmatrix} = \begin{bmatrix} a^* & c^* \\ b^* & \mathrm{d}^* \end{bmatrix} \tag{10}$$

得到

$$
\begin{aligned}
a &= 0 \\
b &= e^{i\delta} \\
c &= e^{-i\delta} \\
d &= 0
\end{aligned}
\tag{11}
$$

δ 为任意的实数。所以 $\hat{B}$ 在 A 表象中的矩阵为

$$
B^A = \begin{bmatrix} 0 & e^{i\delta} \\ e^{-i\delta} & 0 \end{bmatrix} \tag{12}
$$

(2) 对 B 矩阵,建立如下的本征方程

$$
\begin{bmatrix} 0 & e^{i\delta} \\ e^{-i\delta} & 0 \end{bmatrix}\begin{bmatrix} u_1 \\ u_2 \end{bmatrix} = \lambda \begin{bmatrix} u_1 \\ u_2 \end{bmatrix} \tag{13}
$$

解得

$$
\begin{aligned}
\lambda = 1, \quad | b_1 \rangle &= \frac{1}{\sqrt{2}}\begin{bmatrix} 1 \\ e^{-i\delta} \end{bmatrix} \\
\lambda = -1, \quad | b_2 \rangle &= \frac{1}{\sqrt{2}}\begin{bmatrix} 1 \\ -e^{-i\delta} \end{bmatrix}
\end{aligned}
\tag{14}
$$

根据式(3.3.11),我们有

$$
S_{11} = \langle a_1 | b_1 \rangle = \frac{1}{\sqrt{2}}(1 \quad 0)\begin{pmatrix} 1 \\ e^{-i\delta} \end{pmatrix} = \frac{1}{\sqrt{2}}
$$

$$
S_{12} = \langle a_1 | b_2 \rangle = \frac{1}{\sqrt{2}}(1 \quad 0)\begin{pmatrix} 1 \\ -e^{-i\delta} \end{pmatrix} = \frac{1}{\sqrt{2}}
$$

$$
S_{21} = \langle a_2 | b_1 \rangle = \frac{1}{\sqrt{2}}(0 \quad 1)\begin{pmatrix} 1 \\ e^{-i\delta} \end{pmatrix} = \frac{1}{\sqrt{2}}e^{-i\delta}
$$

$$
S_{22} = \langle a_2 | b_2 \rangle = \frac{1}{\sqrt{2}}(0 \quad 1)\begin{pmatrix} 1 \\ -e^{-i\delta} \end{pmatrix} = -\frac{1}{\sqrt{2}}e^{-i\delta}
$$

将 A 表象变换到 B 表象的变换矩阵为

$$
S = \frac{1}{\sqrt{2}}\begin{bmatrix} 1 & 1 \\ e^{-i\delta} & -e^{-i\delta} \end{bmatrix}
$$

下面利用 S 矩阵将算符 $\hat{B}$ 在 A 表象中的矩阵变换到 B 表象中:

$$
\begin{aligned}
B^B &= S^\dagger B^A S \\
&= \frac{1}{2}\begin{pmatrix} 1 & e^{i\delta} \\ 1 & -e^{i\delta} \end{pmatrix}\begin{pmatrix} 0 & e^{i\delta} \\ e^{-i\delta} & 0 \end{pmatrix}\begin{pmatrix} 1 & 1 \\ e^{-i\delta} & -e^{-i\delta} \end{pmatrix} \\
&= \begin{pmatrix} 1 & 0 \\ 0 & -1 \end{pmatrix}
\end{aligned}
$$

3.3.4 物理内容与表象无关

如前所述,表象变换是幺正变换。对态矢的幺正变换只是对态矢进行了旋转,并不改变态矢的模;而对一组态矢进行相同的幺正变换,不改变这些矢量间的内积。所以,表象变换不改变体系的物理性质。例如:

1. 力学量的平均值不随表象而改变

在 F 表象中对力学量 A 关于态矢 $|\psi\rangle$ 作平均

$$
\begin{aligned}
\bar{A} &= \frac{\langle\psi|\hat{A}|\psi\rangle}{\langle\psi|\psi\rangle} \xlongequal{\text{在 } F \text{ 表象中表示}} \frac{\left\langle\psi\right|\left(\sum_i |f_i\rangle\langle f_i|\right)\hat{A}\left(\sum_j |f_j\rangle\langle f_j|\right)\left|\psi\right\rangle}{\left\langle\psi\right|\left(\sum_i |f_i\rangle\langle f_i|\right)\left|\psi\right\rangle} \\
&= \frac{\sum_{i,j}\langle\psi|f_i\rangle\langle f_i|\hat{A}|f_j\rangle\langle f_j|\psi\rangle}{\sum_i\langle\psi|f_i\rangle\langle f_i|\psi\rangle} \\
&= \frac{\psi^{\dagger F}A^F\psi^F}{\psi^{\dagger F}\psi^F} = \bar{A}^F
\end{aligned}
\tag{3.3.25}
$$

类似地,在 G 表象中,有

$$
\bar{A}^G = \frac{\psi^{\dagger G}A^G\psi^G}{\psi^{\dagger G}\psi^G}
$$

设 S 将 F 表象变换到 G 表象,类似式(3.3.20),将 F 表象的波函数变换成 G 表象中的波函数的变换关系为

$$
S^\dagger\psi^F = \psi^G
$$

于是

$$
\begin{aligned}
\bar{A}^F &= \frac{\psi^{\dagger F}A^F\psi^F}{\psi^{\dagger F}\psi^F} = \frac{(S\psi^G)^\dagger(SA^GS^\dagger)(S\psi^G)}{(S\psi^G)^\dagger(S\psi^G)} \\
&= \frac{\psi^{\dagger G}S^\dagger SA^GS^\dagger S\psi^G}{\psi^{\dagger G}S^\dagger S\psi^G} = \frac{\psi^{\dagger G}A^G\psi^G}{\psi^{\dagger G}\psi^G} = \bar{A}^G
\end{aligned}
\tag{3.3.26}
$$

所以，在表象变化前后，力学量 A 的平均值不变。

2．力学量的本征值不随表象而改变

设在 F 表象中力学量算符 $\hat{A}$ 的矩阵为 A^F，其本征态矢的矩阵为 ψ^F，本征值为 a^F。本征方程为

$$A^F\psi^F = a^F\psi^F \tag{3.3.27}$$

类似地，在 G 表象中有

$$A^G\psi^G = a^G\psi^G \tag{3.3.28}$$

利用 $\psi^F = S\psi^G$ 和 $A^F = SA^GS^\dagger$，有

$$(SA^GS^\dagger)(S\psi^G) = a^F(S\psi^G) \tag{3.3.29}$$

即

$$A^G\psi^G = a^F\psi^G \tag{3.3.30}$$

对比式(3.3.28)与式(3.3.30)，可知

$$a^F = a^G \tag{3.3.31}$$

由于这两个表象是任意的表象，故力学量的本征值不随表象而改变。

3．态矢的内积不随表象而改变

设态矢 $|\psi\rangle$ 在 F 表象和 G 表象中的表示矩阵分别为

$$\psi^F \text{ 和 } \psi^G$$

在 F 表象中，态矢 $|\psi\rangle$ 的内积的矩阵形式

$$\psi^{\dagger F}\psi^F \tag{3.3.32}$$

注意到

$$\psi^F = S\psi^G \tag{3.3.33}$$

有

$$\psi^{\dagger F}\psi^F = (S\psi^G)^\dagger(S\psi^G) = \psi^{\dagger G}S^\dagger S\psi^G = \psi^{\dagger G}\psi^G \tag{3.3.34}$$

3.4 采用原子轨道线性组合表象求解氢分子离子

在原子物理、分子物理、材料物理和凝聚态物理中，有多种不同的表象用于理论研究。其中，体系中原子轨道波函数的集合可作为基组，将体系的电子态用原子轨道波函数的线性组合（Linear Combination of Atomic Orbital, LCAO）表述，因而出现了所谓的 LCAO 表象。采用 LCAO 表象，可以很清晰地体现出体系中各个原子的各个轨道波函数对体系的任意一个本征态的贡献，也能清楚地揭示出体系一些物理性质的来源。因此，基于 LCAO 的量子力学计算可以帮助我们深刻地理解相关的实验现象。下面，以氢分子离子这个很简单的体系为例，在 LCAO 表象中求解它的能量本征值和相应的本征函数。

氢分子离子由两个氢原子核（记为 A 和 B）和一个电子组成。该体系中具有氢原子核间的库仑作用，电子与核间的库仑作用，还有原子核的动能和电子的动能。设原子核的质量为 M，电子的质量为 m，两个原子核间的距离为 R，电子与两个原子核的距离分别为 r_a 和 r_b。该体系的哈密顿量为

$$\hat{H}_{\mathrm{T}} = -\frac{\hbar^2}{2M_A}\nabla_A^2 - \frac{\hbar^2}{2M_B}\nabla_B^2 - \frac{\hbar^2}{2m}\nabla^2 - \frac{e^2}{4\pi\varepsilon_0 r_a} - \frac{e^2}{4\pi\varepsilon_0 r_b} + \frac{e^2}{4\pi\varepsilon_0 R} \tag{3.4.1}$$

由于原子核的质量远大于电子的质量，故可假设氢分子离子中的原子核不动，核的动能近似为零。于是，体系的哈密顿改写为

$$\hat{H} = -\frac{\hbar^2}{2m}\nabla^2 - \frac{e^2}{4\pi\varepsilon_0 r_a} - \frac{e^2}{4\pi\varepsilon_0 r_b} + \frac{e^2}{4\pi\varepsilon_0 R} \tag{3.4.2}$$

为方便运算，取自然单位，即 $m=1, \hbar=1, e=1, 4\pi\varepsilon_0=1, a_0=1$，则

$$\hat{H} = -\frac{1}{2}\nabla^2 - \frac{1}{r_a} - \frac{1}{r_b} + \frac{1}{R} \tag{3.4.3}$$

体系的能量本征方程为

$$\hat{H}\,|\,\psi\rangle = E\,|\,\psi\rangle \tag{3.4.4}$$

下面以原子的本征态矢为基，将上面算符的本征方程转变成矩阵方程，计算体系的能量。在单个原子中，原子的本征态矢为 $|1\mathrm{s}\rangle$，$|2\mathrm{s}\rangle$，$|2\mathrm{p}_x\rangle$，$|2\mathrm{p}_y\rangle$，$|2\mathrm{p}_z\rangle$，$|3\mathrm{s}\rangle$，…。于是，有无穷多个原子本征态矢，这些本征态矢的集合构成完

备的基组。从严谨的表象理论看,氢分子离子的态矢应该按体系中所有的原子本征态矢进行线性展开:

$$\begin{aligned}|\psi\rangle = & c_{1a}|1s^a\rangle + c_{2a}|2s^a\rangle + c_{3a}|2p_x^a\rangle + c_{4a}|2p_y^a\rangle \\ & + c_{5a}|2p_z^a\rangle + \cdots \\ & + c_{1b}|1s^b\rangle + c_{2b}|2s^b\rangle + c_{3b}|2p_x^b\rangle + c_{4b}|2p_y^b\rangle \\ & + c_{5b}|2p_z^b\rangle + \cdots\end{aligned} \tag{3.4.5}$$

上式中字母 a 和 b 分别表示 a 原子和 b 原子。上式就是原子轨道态矢的线性组合。

显然,在实际的计算中,不可能也没有必要取尽所有的原子轨道基。为简单起见,我们选取两个原子的基态态矢的组合来表述氢分子离子的态矢:

$$|\psi\rangle = c_{1a}|1s^a\rangle + c_{1b}|1s^b\rangle \tag{3.4.6}$$

如此的截取,实际上是采用了不完备的基展开态矢,从理论上看,这是一个近似。将态矢的展开式代入能量本征方程,有

$$\hat{H}(c_{1a}|1s^a\rangle + c_{1b}|1s^b\rangle) = E(c_{1a}|1s^a\rangle + c_{1b}|1s^b\rangle)$$

用 $\langle 1s^a|$ 左乘方程各项,有

$$\begin{aligned}& c_{1a}\langle 1s^a|\hat{H}|1s^a\rangle + c_{1b}\langle 1s^a|\hat{H}|1s^b\rangle \\ & \quad = E(c_{1a}\langle 1s^a|1s^a\rangle + c_{1b}\langle 1s^a|1s^b\rangle)\end{aligned} \tag{3.4.7}$$

用 $\langle 1s^b|$ 左乘方程各项,有

$$\begin{aligned}& c_{1a}\langle 1s^b|\hat{H}|1s^a\rangle + c_{1b}\langle 1s^b|\hat{H}|1s^b\rangle \\ & \quad = E(c_{1a}\langle 1s^b|1s^a\rangle + c_{1b}\langle 1s^b|1s^b\rangle)\end{aligned} \tag{3.4.8}$$

令

$$\begin{aligned}& H_{11} = \langle 1s^a|\hat{H}|1s^a\rangle \quad H_{21} = \langle 1s^b|\hat{H}|1s^a\rangle \\ & H_{12} = \langle 1s^a|\hat{H}|1s^b\rangle \quad H_{22} = \langle 1s^b|\hat{H}|1s^b\rangle \\ & S_{11} = \langle 1s^a|1s^a\rangle \quad S_{21} = \langle 1s^b|1s^a\rangle \\ & S_{12} = \langle 1s^a|1s^b\rangle \quad S_{22} = \langle 1s^b|1s^b\rangle\end{aligned} \tag{3.4.9}$$

上面的两个方程(3.4.7)和(3.4.8)就写成了

$$\begin{cases} c_{1a}(H_{11} - ES_{11}) + c_{1b}(H_{12} - ES_{12}) = 0 \\ c_{1a}(H_{21} - ES_{21}) + c_{1b}(H_{22} - ES_{22}) = 0 \end{cases}$$

进一步将这个方程组表达成矩阵方程

$$\begin{bmatrix} H_{11} - ES_{11} & H_{12} - ES_{12} \\ H_{21} - ES_{21} & H_{22} - ES_{22} \end{bmatrix} \begin{bmatrix} c_{1a} \\ c_{1b} \end{bmatrix} = 0 \tag{3.4.10}$$

该方程有非平庸解的条件是 c_{1a} 和 c_{1b} 的系数行列式等于零，即

$$\begin{vmatrix} H_{11} - ES_{11} & H_{12} - ES_{12} \\ H_{21} - ES_{21} & H_{22} - ES_{22} \end{vmatrix} = 0 \tag{3.4.11}$$

由此可解出

$$E_1 = \frac{H_{11} + H_{12}}{S_{11} + S_{12}}, \quad E_2 = \frac{H_{11} - H_{12}}{S_{11} - S_{12}} \tag{3.4.12}$$

分别将能量本征值 E_1 和 E_2 代入方程(3.4.10)中，可得

这两个能级中，能量低的占据着1个电子，能量高的是空能级。

$$\begin{bmatrix} c_{1a} \\ c_{1b} \end{bmatrix} = \frac{1}{\sqrt{2S_{11} + 2S_{12}}} \begin{bmatrix} 1 \\ 1 \end{bmatrix}$$

$$\begin{bmatrix} c_{1a} \\ c_{1b} \end{bmatrix} = \frac{1}{\sqrt{2S_{11} - 2S_{12}}} \begin{bmatrix} 1 \\ -1 \end{bmatrix}$$

于是，氢分子离子态矢为

$$|\psi_1\rangle = \frac{1}{\sqrt{2S_{11} + 2S_{12}}}(|1s^a\rangle + |1s^b\rangle) \tag{3.4.13}$$

$$|\psi_2\rangle = \frac{1}{\sqrt{2S_{11} - 2S_{12}}}(|1s^a\rangle - |1s^b\rangle) \tag{3.4.14}$$

$|\psi_1\rangle$ 是基态，属于能级 E_1，是成键的 σ 态；$|\psi_2\rangle$ 态属于能级 E_2，是反键的 σ^* 态。从表达式中可看出，成键态由两个1s本征态矢相加，而反键态则是这两个1s本征态矢相减构成的。

至此，只要将哈密顿算符和所选用的原子本征态矢代入式(3.4.9)中各积分式，再将解得的积分值代入式(3.4.12)、式(3.4.13)和式(3.4.14)，即可获得体系的能量本征值和相应的本征态。

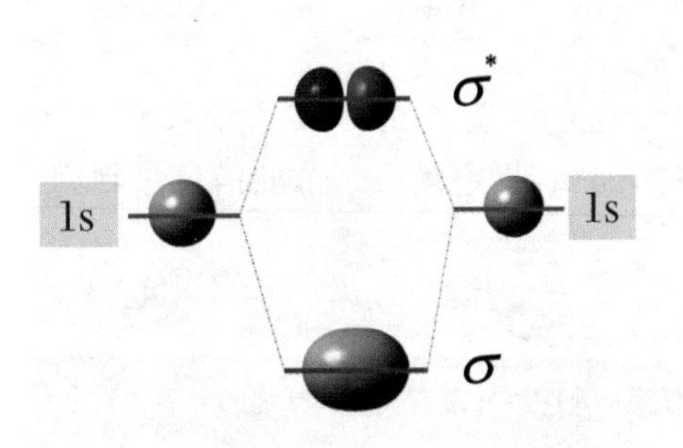

图3.1 成键轨道和反键轨道能级及其态矢示意图

必须指出：

(1) 上述哈密顿矩阵的维度是 2×2。该维度是由所使用的基组大小决定的。一般地,如果基组的维度为 N,则式(3.4.6)的右边会有 N 个线性叠加项。此时,哈密顿矩阵的维度为 $N\times N$。

(2) 体系态矢仅仅用了两个原子本征态矢进行线性展开,在这一近似下获得的结果与准确的结果有较大的差异。如果用较多的原子本征态矢来近似体系的态矢,计算的结果更接近准确值。这说明,在矩阵元的计算中,如果所使用的基组是不完备的,那么,基组的大小会影响计算的结果。对于这一情形,通常要选用不同大小的基组对同一物理体系的一些物理量进行测试性的计算,只有当基组足够大(例如 M 个原子轨道),再增大基组对所计算的物理量的值只产生非常微小的改变时,就选用由 M 个原子轨道组成的基组开展计算研究。在量子化学、材料物理和凝聚态物理的许多理论计算中,均需要讨论基组的大小对研究结果的影响。

3.5 拓展阅读:量子(态)工程

3.5.1 量子存储

通信技术的应用早已根植在人类的活动和生存中。随着现代社会中信息交流的日益增强,不断发展通信技术是人类活动的必然要求。在信息传输中,首先面临的问题就是信息存储。下面简单介绍存储的基本思想。

在经典的信息理论中,信息量的基本单位是比特(bit),它是两个可以被识别的二进制系统如(0,1)中的一个。

对于一个二值系统,取其中一个值的概率是1/2,相应的信息量为

$$I=-\log_2\left(\frac{1}{2}\right)=1\ (\text{bit}) \tag{3.5.1}$$

对于一个有 $m(>2)$位的二值系统,其二进制数有 2^m 个。如果出现任意一个值的概率都是相等的,那么,指定其中一个的信息量则为

$$I=-\log_2\left(\frac{1}{2^m}\right)=m\ (\text{bit}) \tag{3.5.2}$$

显然,式(3.5.2)中的信息量比式(3.5.1)的大。

近年来,科学界将量子态叠加原理应用到通信上,提出了“量子通信”的概念。在量子通信中,量子信息以量子比特(qubit)为基本单元。量子比特是2维希尔伯特空间中两个独立的态$|0\rangle$和$|1\rangle$的线性叠加。令

$$|0\rangle = \begin{pmatrix}0\\1\end{pmatrix},\quad |1\rangle = \begin{pmatrix}1\\0\end{pmatrix} \tag{3.5.3}$$

则

$$|\psi\rangle = a\,|0\rangle + b\,|1\rangle = a\begin{pmatrix}0\\1\end{pmatrix} + b\begin{pmatrix}1\\0\end{pmatrix} \tag{3.5.4}$$

其中，a 和 b 是叠加系数。它们满足 $|a|^2 + |b|^2 = 1$。当 $a = 0$ 或者 $b = 0$ 时，便是经典比特的情形。

一个量子比特的态可对应于一个极化的光子的左旋偏振和右旋偏振，或者自旋角动量为 1/2 的粒子的两个自旋态。如果是 m 个量子比特的态，则张开了 2^m 维的希尔伯特空间，其中，基矢的数目为 2^m 个。

【例 3.7】 讨论 $m = 2$ 时的量子比特

$m = 2$ 时基矢的数目为 $2^m = 2^2 = 4$。这 4 个基矢是

$$|00\rangle = \begin{pmatrix}1\\0\\0\\0\end{pmatrix},\quad |01\rangle = \begin{pmatrix}0\\1\\0\\0\end{pmatrix},\quad |10\rangle = \begin{pmatrix}0\\0\\1\\0\end{pmatrix},\quad |11\rangle = \begin{pmatrix}0\\0\\0\\1\end{pmatrix} \tag{1}$$

这时，量子比特的状态为

$$|\psi\rangle = c_1\,|00\rangle + c_2\,|01\rangle + c_3\,|10\rangle + c_4\,|11\rangle \tag{2}$$

$$|c_1|^2 + |c_2|^2 + |c_3|^2 + |c_4|^2 = 1 \tag{3}$$

在量子比特中，量子态是叠加态。组成叠加态的这些态矢[如式(1)中的 $|00\rangle$、$|01\rangle$、$|10\rangle$ 和 $|11\rangle$]均可携带信息。因而，量子存储器存储信息是利用了量子力学中的态叠加原理。

3.5.2 量子信息的隐形传输

信息不仅要被存储，而且许多信息要被传输。对量子信息的传输，已发展了一种神奇的超空间信息转移的方法——量子信息的隐形传输。隐形传输是源于 EPR(Einstein，Podolsky，Rosen)佯谬。限于篇幅，我们在这里不谈 EPR 佯谬，有兴趣者可阅读文献。下面对量子信息隐形传输的物理思想和基本步骤予以介绍。

首先需要简单介绍纯态和量子纠缠态的基本概念：如果体系的状态可以用单一的态矢来描述，则这个状态称为纯态；如果一个复合体系由两个或两个以

上的子体系组成，复合体系的总的状态仍然能由一个态矢表达，这个态矢由每个子体系的态矢组成，但不能表达成各个子体系态矢的简单乘积的形式，则这两个子体系的态矢所形成的复合体系的态为纠缠态。

以两个子体系构成一个复合体系为例，设复合体系中子体系 A 的两个可能的态为 $|\varphi_1^A\rangle$ 和 $|\varphi_2^A\rangle$，子体系 B 的两个可能的态分别为 $|\varphi_1^B\rangle$ 和 $|\varphi_2^B\rangle$。如果该复合体系的态矢 $|\psi\rangle$ 表达成两个子体系态矢间乘积之和的形式，例如

$$|\psi\rangle = |\varphi_1^A\rangle|\varphi_1^B\rangle + |\varphi_2^A\rangle|\varphi_2^B\rangle \tag{3.5.5}$$

式(3.5.5)和式(3.5.6)中的"+"号改为"-"号，$|\psi\rangle$ 也是纠缠态。

或

$$|\psi\rangle = |\varphi_1^A\rangle|\varphi_2^B\rangle - |\varphi_2^A\rangle|\varphi_1^B\rangle \tag{3.5.6}$$

均为纠缠态。

显然，纠缠态也是纯态，只不过子系统的态不可分离。如果式(3.5.5)中的右边只有一项，形如 $|\psi\rangle = |\varphi_1^A\rangle|\varphi_1^B\rangle$，此时的态 $|\psi\rangle$ 为子系统的态可被分离的纯态。

从测量的角度看，对纠缠态式(3.5.5)进行测量，测量后复合体系的态从 $|\varphi_1^A\rangle|\varphi_1^B\rangle + |\varphi_2^A\rangle|\varphi_2^B\rangle$ 向 $|\varphi_1^A\rangle|\varphi_1^B\rangle$ 或者 $|\varphi_2^A\rangle|\varphi_2^B\rangle$ 塌缩。如果是塌缩到了 $|\varphi_1^A\rangle|\varphi_1^B\rangle$，则意味着测量导致子系统 A 表现出 $|\varphi_1^A\rangle$ 态，同时子系统 B 表现出 $|\varphi_1^B\rangle$ 态；如果是塌缩到了 $|\varphi_2^A\rangle|\varphi_2^B\rangle$，则意味着测量导致子系统 A 表现出 $|\varphi_2^A\rangle$ 态，同时子系统 B 表现出 $|\varphi_2^B\rangle$ 态。这种现象称为量子态的关联塌缩。这种态塌缩很奇妙。如果我们设想 A 系统在中国科学技术大学的东校区，B 系统在遥远的地球北极，并假定这两个系统耦合形成复合体系，其纠缠态如式(3.5.5)所描述。如果在科大测得的态为 $|\varphi_2^A\rangle$，那么位于遥远的北极的 B 系统一定同时表现出 $|\varphi_2^B\rangle$ 态而不是它的 $|\varphi_1^B\rangle$ 态！这两个子系统状态的关联表现是瞬间发生的，是超距的。这种超时空的现象的物理本质是什么，现在没有明确的答案。

如何用仪器来检测量子纠缠态呢？下面给出一个原则性地描述。

设仪器为 A，被检测的体系为 B。仪器检测体系 B 就是仪器与被检测体系之间发生相互作用。我们可以令仪器 A 的初始态为 $|\Theta\rangle_A$，被检测体系的初态为 $|\kappa\rangle_B$。注意到对 B 的检测就是检测出 B 的某物理量的本征态。我们可设其本征态为 $\{|n\rangle_B\}$。按前面所介绍的知识，$\{|n\rangle_B\}$ 可作为完备的基矢用于展开定义在该基矢空间中的任何一个态矢。于是，我们可将 $|\kappa\rangle_B$ 用 $\{|n\rangle_B\}$ 展开，即

$$|\kappa\rangle_B = \sum_n b_n |n\rangle_B \tag{3.5.7}$$

$\{b_n\}$ 为展开系数。A 与 B 作用，构成了一个复合系统。复合系统的初态为

$$|\Theta\rangle_A |\kappa\rangle_B = \sum_n b_n |n\rangle_B |\Theta\rangle_A \tag{3.5.8}$$

测量时,作为测量仪器,当然要求仪器的某一可观测物理量的本征态是已知的,可记为$\{|\theta_n\rangle_A\}$。仪器的初态就可以用仪器已知的本征态展开:

$$|\Theta\rangle_A = \sum_n a_n |\theta_n\rangle_A \tag{3.5.9}$$

测量导致复合系统的初态发生演化,形成纠缠态:

$$|\Theta\rangle_A |\kappa\rangle_B \xrightarrow{\text{临时的相互作用}} \sum_n C_n |n\rangle_B |\theta_n\rangle_A \tag{3.5.10}$$

其中,$\{C_n\}$为展开系数。在上面的纠缠态中,如果通过仪器读出的仪器态是$\{|\theta_n\rangle_A\}$中的某一个,那么,被测量的体系就应该处于与这个仪器本征态相乘的被测体系本征态$|n\rangle_B$。

必须指出,量子纠缠态是日益发展的量子隐形通信的物理基础。如何采用量子纠缠态来实现量子隐形通信呢?图3.2示意了其基本的原理。

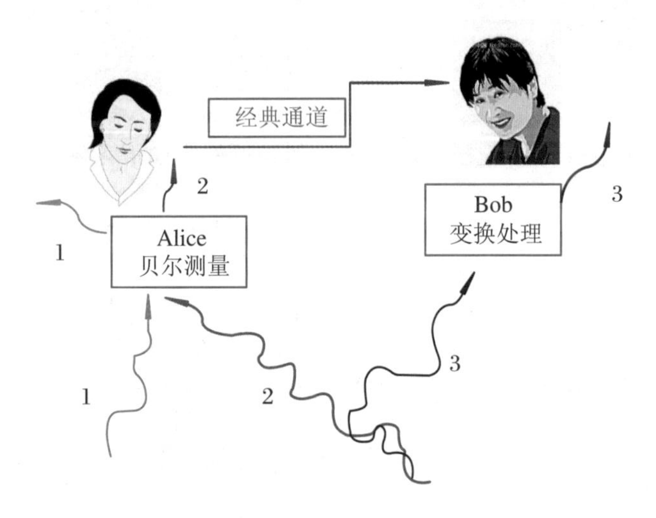

图3.2 量子态隐形传输示意图

设有三个粒子,分别为粒子1、粒子2和粒子3。信息发送员Alice拥有粒子1和粒子2,信息接收员Bob拥有粒子3。

目的:Alice要将粒子1的量子态$|\varphi\rangle_1$传送给Bob。

实验的步骤:

(1) 对粒子1制备态

$$|\varphi\rangle_1 = a|\uparrow\rangle_1 + b|\downarrow\rangle_1 \tag{3.5.11}$$

(2) 对粒子2和粒子3制备它们的纠缠态

$$|\chi\rangle_{23} = \frac{1}{\sqrt{2}}[|\uparrow\rangle_2|\downarrow\rangle_3 + |\downarrow\rangle_2|\uparrow\rangle_3] \tag{3.5.12}$$

粒子2和粒子3同时拥有该纠缠态,亦即Alice和Bob同时拥有这一纠缠态。

(3) Alice 对所掌握的粒子 1 和粒子 2 进行测量。

首先，粒子 1 和粒子 2 构成一个系统，该系统的态为这两个粒子的态的直积，即

$$|\psi\rangle_{123} = |\varphi\rangle_1 |\chi\rangle_{23} \tag{3.5.13}$$

这实际上是 3 个粒子组成的系统。将式(3.5.11)和式(3.5.12)代入式(3.5.13)，则

$$\begin{aligned}|\psi\rangle_{123} &= |\varphi\rangle_1 |\chi\rangle_{23} \\ &= (a|\uparrow\rangle_1 + b|\downarrow\rangle_1)\frac{1}{\sqrt{2}}[|\uparrow\rangle_2|\downarrow\rangle_3 + |\downarrow\rangle_2|\uparrow\rangle_3] \\ &= \frac{1}{\sqrt{2}}[a|\uparrow\rangle_1|\uparrow\rangle_2|\downarrow\rangle_3 + a|\uparrow\rangle_1|\downarrow\rangle_2|\uparrow\rangle_3 \\ &\quad + b|\downarrow\rangle_1|\uparrow\rangle_2|\downarrow\rangle_3 + b|\downarrow\rangle_1|\downarrow\rangle_2|\uparrow\rangle_3]\end{aligned} \tag{3.5.14}$$

另一方面，粒子 1 与粒子 2 的态进行纠缠可构成如下完备的四个基矢：

$$\begin{aligned}|\varphi^{(1)}\rangle_{12} &= \frac{1}{\sqrt{2}}[|\uparrow\rangle_1|\downarrow\rangle_2 - |\downarrow\rangle_1|\uparrow\rangle_2] \\ |\varphi^{(2)}\rangle_{12} &= \frac{1}{\sqrt{2}}[|\uparrow\rangle_1|\downarrow\rangle_2 + |\downarrow\rangle_1|\uparrow\rangle_2] \\ |\varphi^{(3)}\rangle_{12} &= \frac{1}{\sqrt{2}}[|\uparrow\rangle_1|\uparrow\rangle_2 - |\downarrow\rangle_1|\downarrow\rangle_2] \\ |\varphi^{(4)}\rangle_{12} &= \frac{1}{\sqrt{2}}[|\uparrow\rangle_1|\uparrow\rangle_2 + |\downarrow\rangle_1|\downarrow\rangle_2]\end{aligned} \tag{3.5.15}$$

将$|\psi\rangle_{123}$按上述四个基矢展开，则有

$$\begin{aligned}|\psi\rangle_{123} = \frac{1}{2}[&|\varphi^{(1)}\rangle_{12}(-a|\uparrow\rangle_3 - b|\downarrow\rangle_3) \\ &+ |\varphi^{(2)}\rangle_{12}(-a|\uparrow\rangle_3 + b|\downarrow\rangle_3) \\ &+ |\varphi^{(3)}\rangle_{12}(a|\downarrow\rangle_3 + b|\uparrow\rangle_3) \\ &+ |\varphi^{(4)}\rangle_{12}(a|\downarrow\rangle_3 - b|\uparrow\rangle_3)]\end{aligned} \tag{3.5.16}$$

Alice 对$|\psi\rangle_{123}$的测量，只会出现$\{|\varphi^{(1)}\rangle_{12}, |\varphi^{(2)}\rangle_{12}, |\varphi^{(3)}\rangle_{12}, |\varphi^{(4)}\rangle_{12}\}$中的任意一个，并且测量到任意一个态的概率都为 1/4。

(4) Bob 如何获得信息？按上述的纠缠态，如果 Alice 测量检测出的态是$|\varphi^{(4)}\rangle_{12}$，Bob 同时测量到粒子 3 的态便应该是$(a|\downarrow\rangle_3 - b|\uparrow\rangle_3)$。Alice 通过经典通讯手段将她测量的结果$|\varphi^{(4)}\rangle_{12}$告知 Bob。Bob 对测量出的粒子 3 的

态进行幺正操作

$$\hat{U}(a\mid\downarrow\rangle_3 - b\mid\uparrow\rangle_3) = \begin{bmatrix} 0 & 1 \\ -1 & 0 \end{bmatrix}\begin{bmatrix} -b \\ a \end{bmatrix} = \begin{bmatrix} a \\ b \end{bmatrix} = a\mid\downarrow\rangle_3 + b\mid\uparrow\rangle_3 \tag{3.5.17}$$

便获得了 Alice 所要传递的信息(a,b)。

我们回味上述传递(a,b)的过程，不难发现：纠缠态占据着核心作用。利用态$|\chi\rangle_{23}$将粒子2和粒子3关联起来；再利用式(3.5.14)$|\psi\rangle_{123}$将所要传递的信息(a,b)载入。可是 Alice 所掌握的只是粒子1和粒子2，于是，将$|\psi\rangle_{123}$在这两个粒子的直和空间中展开，从而将粒子1和2作为整体的态与粒子3相关的态纠缠起来，在这里，所要传递的信息(a,b)就被加载到了粒子3的态的叠加系数中。再利用测量纠缠态会导致量子态关联塌缩的性质，Alice 测量$|\varphi^{(i)}\rangle_{12}$ $(i=1\sim4)$，Bob 便相应地获得粒子3的塌缩态，该态中恰好包含着(a,b)。从而实现了信息的隐形传输。

必须指出，一些媒体报道信息隐形传输的研究成果时，强调了信息通过纠缠态的超距分发，这常常会误导人们：信息的传递是超光速的。我们知道，任何物理体系的运动速度是不能超过真空中光速的。如果信息的隐形传输是超光速的，那么，这样的信息传递就是非物理的。其实，在上述的第(4)步中，“Alice 通过经典通讯手段将她测量的结果$|\varphi^{(4)}\rangle_{12}$告知 Bob”，然后，Bob 对“粒子3的态进行幺正操作”，才能提取传递的信息。如果没有这个经典通道，Bob 就不知道如何对“粒子3的态进行幺正操作”，也当然不能提取传递的信息。换言之，上述信息的隐形传输离不开这个经典通道，而经典通道中信息的传递是不会超光速的。仅此一条，也就宣告了信息的隐形传输不可能超光速。

实验表明：相互纠缠的微观粒子即使在实空间（即我们生活的空间）中分离得很远，在测量时它们仍然能瞬间关联塌缩。如何理解这一现象呢？实际上，微观粒子是有自旋的，微观粒子间的纠缠包括了这些粒子自旋间的关联。而微观粒子间自旋的关联是发生在自旋空间的。两个在实空间中相距很远的粒子，在其自旋空间中未必相距很远，它们彼此通过自旋的关联可瞬间塌缩。

3.5.3 量子计算

计算机在运算的过程中会有能耗，能耗使得芯片发热，从而限制芯片的集成度，因而制约了计算机的运算能力。研究表明，能耗是源于计算机计算过程中的不可逆操作。经典计算机中的操作是不可逆的。于是，人们希望制备出能进行可逆操作的计算机，试图极大地增强计算机的计算能力。1982年，著名的物理学家 R. Feynman 提出采用量子力学中幺正变换来表示可逆操作，从而出现了“量子计算机”的概念。这个概念与今天人们追求的“量子计算机”是有所不同的。现在的量子计算机是使用量子态的叠加性和相干性，同时采用并行运算的计算机。量子计算机所产生的效果是经典计算机无法比拟的。近年来，量子计算和量子计算机是引人注目的研究领域。

不难想象，量子计算机进行计算时，要对量子态进行操控，这种操控是通过各种量子逻辑门来实现的。在量子理论中，各种量子逻辑门就是各种特定的算符。例如在二维的希尔伯特空间中，可定义如下的逻辑门：

1. Deutch 门

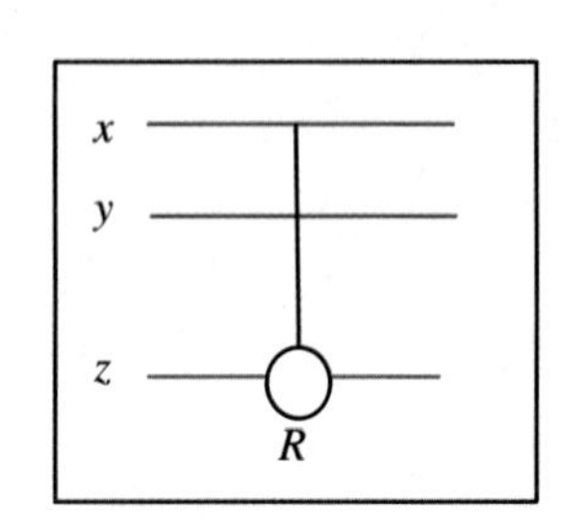

图 3.3 Deutch 门的示意图

这是量子计算中一个通用门。图 3.3 中 x 位和 y 位是两个控制位，而 z 是靶位。当且仅当两个控制位都有信号输入时，z 位的信号将按

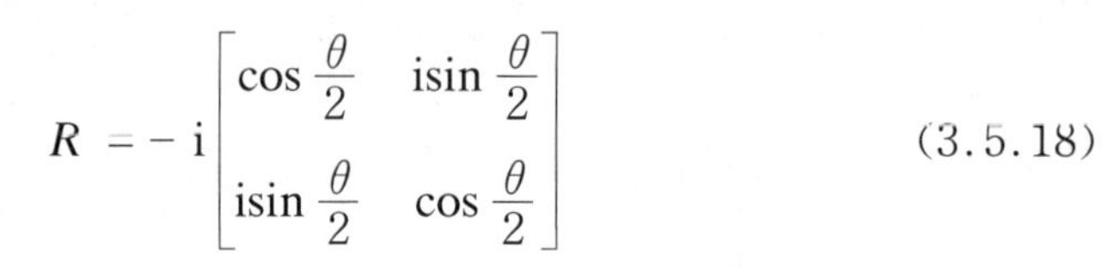

$$R = -\mathrm{i}\begin{bmatrix} \cos\frac{\theta}{2} & \mathrm{i}\sin\frac{\theta}{2} \\ \mathrm{i}\sin\frac{\theta}{2} & \cos\frac{\theta}{2} \end{bmatrix} \tag{3.5.18}$$

变换。θ 为满足 $\frac{\theta}{\pi}$ = 无理数时的任意值。

2. 非门

$$U = \begin{bmatrix} 0 & 1 \\ 1 & 0 \end{bmatrix} \tag{3.5.19}$$

将 U 作用到叠加态 $|\psi\rangle = a|\uparrow\rangle + b|\downarrow\rangle = a\begin{bmatrix} 1 \\ 0 \end{bmatrix} + b\begin{bmatrix} 0 \\ 1 \end{bmatrix} = \begin{bmatrix} a \\ b \end{bmatrix}$ 上，即

$$U|\psi\rangle = \begin{bmatrix} 0 & 1 \\ 1 & 0 \end{bmatrix}\begin{bmatrix} a \\ b \end{bmatrix} = \begin{bmatrix} b \\ a \end{bmatrix} = b|\uparrow\rangle + a|\downarrow\rangle \tag{3.5.20}$$

从而将两个态 $|\uparrow\rangle$ 和 $|\downarrow\rangle$ 互换。

3. Hadamard 门

将

$$H = \frac{1}{\sqrt{2}}\begin{bmatrix} 1 & 1 \\ 1 & -1 \end{bmatrix} \tag{3.5.21}$$

作用到上述的叠加态上，有

$$H|\psi\rangle = \frac{1}{\sqrt{2}}\begin{bmatrix} 1 & 1 \\ 1 & -1 \end{bmatrix}\begin{bmatrix} a \\ b \end{bmatrix} = \frac{1}{\sqrt{2}}\begin{bmatrix} a+b \\ a-b \end{bmatrix}$$

$$= \frac{1}{\sqrt{2}}(a+b)|\uparrow\rangle + \frac{1}{\sqrt{2}}(a-b)|\downarrow\rangle \tag{3.5.22}$$

将两个态$|\uparrow\rangle$和$|\downarrow\rangle$上的信息重新组合后替换了原来的那两个态的信息。这也是常见的一个量子逻辑门。

除了上述的三个逻辑门，还有其他的逻辑门，如或门、与门、相位门、恒等变换及其组合。

在量子计算中，需要将信息加载到存储器上。"加载"就是操作，在量子理论里是通过算符对量子态（量子存储器）的作用来实现的。我们可以通过下面例子的分析，很清楚地看出量子信息存储的优势，同时也可看出量子计算的高效性。

【例3.8】 神使算符

定义一个算符$\hat{U}_g$和一个直积态$|x\rangle|y\rangle \equiv |x,y\rangle$，使得

$$\hat{U}_g|x,y\rangle = |x,g(x)\rangle \tag{1}$$

显然，算符$\hat{U}_g$的功能是对直积态作用，使直积态中的$|y\rangle$按$y=g(x)$的规则加载信息$|g(x)\rangle$。该算符被称为神使算符。

上述直积态中的$|x\rangle$为数据存储器，$|y\rangle$为目标存储器。例如

$$\hat{U}_g\frac{1}{\sqrt{2}}(|0,0\rangle + |1,0\rangle) = \frac{1}{\sqrt{2}}(|0,g(0)\rangle + |1,g(1)\rangle) \tag{2}$$

从式(2)可知，一次量子运算，就完成了加载$g(0)$和$g(1)$的任务。式(2)仅对两个叠加的态操作，在量子叠加态中，完全可同时进行大量的态的叠加。采用$\hat{U}_g$操作，可对大量的态的叠加态一次性加载信息。例如

$$|\Psi\rangle = \hat{U}_g\left(\frac{1}{\sqrt{2}}\right)^m \sum_{n=0}^{2^m-1}|n\rangle|y\rangle = \left(\frac{1}{\sqrt{2}}\right)^m \sum_{n=0}^{2^m-1}|n\rangle|g(n)\rangle \tag{3}$$

在量子计算机中，一个关键的问题是如何对上述的量子叠加态进行并行运算。1992年D. Deutsch和R. Josza提出算法演示了量子并行计算的有效性。[①] 设有一个2^n个整数构成的集合，用一个函数f将这个集合映射到两个整数的集合中

$$f\{0,1,\cdots,2^{n-1}\} \rightarrow \{0,1\}$$

显然，对$f(x)$定义域中任意一个值x，$f(x)$的值或者为0或者为1。如果：

① Deutsch D, Jozsa R. Rapid Solutions of Problems by Quantum Computation[J]. Proc. R. Soc. London A, 1992, 439: 553.

(1) 对所有的 x,$f(x)$值都为 0 或都为 1,将此时的映射函数 f 称为常数函数。

(2) $f(x)$定义域中有一半的 x 使得$f(x)=0$,另外一半的 x 使得$f(x)=1$,即走遍 2^n 个整数的集合,$f(x)$为 0 和 1 的次数相等,将这时的函数 f 称为对称函数

Deutsch-Josza 提出的算法就是判断上述的函数 f 是常数函数还是对称函数。

要完成上述命题的计算,经典计算机需要调用 $2^{n-1}+1$ 次子程序的运算,而采用 Deutsch-Josza 的量子并行算法,则最多只需要调用 2 次子程序的运算。

然而,Deutsch-Josza 量子并行算法只是量子并行计算的概念演示,没有应用性的价值。1994 年,Shor 发展了素数分解算法。对上述的命题,采用 Shor 算法进行一次量子并行计算,可同时在 2^m 个目标存储器中获得计算的结果,并且这些结果都包含在一个量子态$|\psi\rangle$中! 这种高效率并行计算是经典并行计算机无法比拟的,这是量子计算机的迷人之处。

实现量子并行计算,还要面临很多的理论和技术难题。这包括发展量子算法、物理模型设计和硬件制备。目前,在算法的研究上已有了进展,同时关于量子计算机的物理模型的研究也在蓬勃开展。人们已提出了若干初步的方案,诸如离子阱方案、量子点方案、腔量子电动力学方案等。

对于量子通信,需要发展量子编码,目前,人们正在致力于量子编码理论的研究;同时,量子信息还涉及信息的保密性,于是要有密钥。

总体上看,量子通信和量子计算机的研究牵动着多学科的交叉,特别为材料科学技术和信息通讯领域的发展提供了更多的机遇。不难想象,一旦量子通信技术和量子计算机商业化,那将对科学的发展进程和人类的生活状况产生难以估量的影响。

本章小结

(1) 给定一组完备的基,就给定了一个表象。通常,一个力学量算符的全体本征态具有完备性,可作为一组基,从而提供一个特定的表象。

(2) 态矢和算符在给定的表象中都用矩阵表示。于是,算符间的运算和算符对态的作用都转化成矩阵间的运算。

(3) 表象间的变换不改变物理性质。

(4) 坐标表象、动量表象和能量表象是初等量子力学中最常见的三种表象。许多物理问题的表述都会使用到这三个表象中的某一个或多个。

第 4 章　角动量与自旋

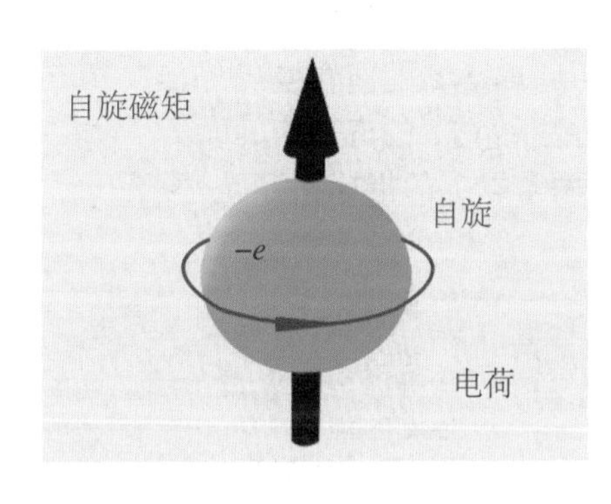

一些物体会发生自转。例如，地球不停地绕着地轴自转；陀螺绕着它的中心轴旋转。更一般地，宏观世界中的任何一个刚体或弹性体都能绕着其自身的一个轴旋转。微观世界中的粒子是否也会有如此的自转行为呢？1925 年，G. Uhlenbeck 和 S. Goudsmit 提出微观粒子中的电子也会自转，即电子自旋。然而，将电子自旋类比成经典物理中的自转，则会发现电子表面的旋转速度会超过光速。这显然是非物理的行为。如此的非物理行为表明电子的自旋并非经典物理中的自转！然而，通过引入电子自旋，却成功地解释了反常塞曼效应，这又强有力地支持了电子有自旋。那么，电子自旋到底是什么呢？微观粒子是否都有自旋？

在计算电子表面的旋转速度时，将电子看成一个球，球的半径为电子的经典半径。

是的，微观粒子都有自旋。然而，到目前为止，我们对自旋的认识是很肤浅的。在量子理论中，自旋是微观粒子的一个新的自由度，它与体系的很多物理性质密切关联，例如光谱性质、磁性质等。在利用自旋解释相关的物理现象时，自旋被看成是一种角动量——自旋角动量。于是，在理论上处理自旋，就是处理自旋角动量。因此，在本章讨论电子自旋之前，我们先系统地介绍角动量理论的初步知识。

在量子力学中，角动量不仅包含了轨道角动量、自旋角动量，还包含了它们的各种耦合。

4.1　角动量理论初步

4.1.1　角动量的一般性质

设$\hat{j}$为角动量算符，它在直角坐标系中的三个分量算符为$(\hat{j}_x, \hat{j}_y, \hat{j}_z)$。

（1）角动量分量算符之间满足以下的关系：

$$[\hat{j}_x,\hat{j}_y]=\mathrm{i}\hbar\hat{j}_z \tag{4.1.1}$$

$$[\hat{j}_y,\hat{j}_z]=\mathrm{i}\hbar\hat{j}_x \tag{4.1.2}$$

$$[\hat{j}_z,\hat{j}_x]=\mathrm{i}\hbar\hat{j}_y \tag{4.1.3}$$

这三个对易子常常统一地写为

式中求和号常常省略。

$$[\hat{j}_\alpha,\hat{j}_\beta]=\mathrm{i}\hbar\sum_\gamma\varepsilon_{\alpha\beta\gamma}\hat{j}_\gamma \tag{4.1.4}$$

这里，$\varepsilon_{\alpha\beta\gamma}$为反对称三阶张量，即

$$\varepsilon_{\alpha\beta\gamma}=\begin{cases}+1, & \text{当 }\alpha,\beta,\gamma\text{ 是 }x,y,z\text{ 的偶置换}\\ -1, & \text{当 }\alpha,\beta,\gamma\text{ 是 }x,y,z\text{ 的奇置换}\\ 0, & \text{若两个或两个以上的指标相等}\end{cases}$$

式(4.1.1)～(4.1.3)又可简记为

$$\hat{\vec{j}}\times\hat{\vec{j}}=\mathrm{i}\hbar\,\hat{\vec{j}} \tag{4.1.5}$$

（2）定义角动量平方算符

$$\hat{\vec{j}}^2=\hat{j}_x^2+\hat{j}_y^2+\hat{j}_z^2$$

很容易证明角动量平方算符与角动量的分量算符是对易的，即

在三个角动量分量算符中，通常选择$[\hat{\vec{j}}^2,\hat{j}_z]=0$的情况进行讨论。

$$[\hat{\vec{j}}^2,\hat{j}_\alpha]=0,\quad \alpha=x,y,z \tag{4.1.6}$$

（3）定义升降算符

$$\hat{j}_\pm=\hat{j}_x\pm\mathrm{i}\hat{j}_y \tag{4.1.7}$$

注意到$\hat{j}_+^\dagger=(\hat{j}_x+\mathrm{i}\,\hat{j}_y)^\dagger=\hat{j}_x-\mathrm{i}\,\hat{j}_y=\hat{j}_-$，而不是$\hat{j}_+^\dagger=\hat{j}_+$或$\hat{j}_-^\dagger=\hat{j}_-$，故$\hat{j}_\pm$不是厄米算符，角动量的升降算符也当然不代表任何真实的物理量。既然如此，为什么还要定义升降算符呢？我们将会发现，有了升降算符，能够很方便地进行一些与角动量算符有关的运算。因此，升降算符在一些复杂的运算中充当桥梁作用。作为桥梁，升降算符与角动量分量算符或角动量平方算符间应有一定的联系。下面五个算符关系式是它们之间的重要联系：

$$[\hat{\vec{j}}^2,\hat{j}_\pm]=0 \tag{4.1.8}$$

$$[\hat{j}_z,\hat{j}_\pm]=\pm\hbar\hat{j}_\pm \tag{4.1.9}$$

$$\hat{j}_\pm\hat{j}_\mp=\hat{\vec{j}}^2-\hat{j}_z^2\pm\hbar\hat{j}_z \tag{4.1.10}$$

$$\hat{j}_+\hat{j}_--\hat{j}_-\hat{j}_+=2\hbar\hat{j}_z \tag{4.1.11}$$

$$\hat{j}_+\hat{j}_-+\hat{j}_-\hat{j}_+=2(\hat{\vec{j}}^2-\hat{j}_z^2) \tag{4.1.12}$$

此外

$$[\hat{j}_\alpha, \hat{A}_\beta] = \mathrm{i}\hbar\varepsilon_{\alpha\beta\gamma}\hat{A}_\gamma \tag{4.1.13}$$

其中，$\hat{A}_\beta$ 和 $\hat{A}_\gamma$ 均是矢量算符 $\hat{A}$ 的分量。

【例 4.1】 证明 $[\hat{j}_z, \hat{j}_\pm] = \pm\hbar\hat{j}_\pm$

【证】

$$\begin{aligned}[\hat{j}_z, \hat{j}_\pm] &= [\hat{j}_z, \hat{j}_x \pm \mathrm{i}\hat{j}_y] \\ &= [\hat{j}_z, \hat{j}_x] \pm \mathrm{i}[\hat{j}_z, \hat{j}_y] \\ &= \mathrm{i}\hbar\hat{j}_y \pm \mathrm{i}(-\mathrm{i}\hbar\hat{j}_x) \\ &= \pm\hbar(\hat{j}_x \pm \mathrm{i}\hat{j}_y) \\ &= \pm\hbar\hat{j}_\pm\end{aligned}$$

读者可自证式(4.1.8)～(4.1.13)中的另外几个算符恒等式。

(4) 根据式(4.1.6)，角动量平方算符与角动量的分量算符是对易的，因而它们应该有共同的本征态。设共同本征态为 $|jm\rangle$，则有本征方程

$$\hat{\vec{j}}^2 |jm\rangle = j(j+1)\hbar^2 |jm\rangle \tag{4.1.14}$$

$$\hat{j}_z |jm\rangle = m\hbar |jm\rangle \tag{4.1.15}$$

附录 E 证明了式(4.1.14)。

(5)

$$\begin{aligned}\hat{j}_\pm |jm\rangle &= \sqrt{j(j+1) - m(m\pm1)}\,\hbar\,|jm\pm1\rangle \\ &= \sqrt{(j\mp m)(j\pm m+1)}\,\hbar\,|jm\pm1\rangle\end{aligned} \tag{4.1.16}$$

【例 4.2】 证明 $\hat{j}_\pm|jm\rangle = \sqrt{j(j+1)-m(m\pm1)}\hbar|jm\pm1\rangle$

【证】 从附录 E 中式(3)可知，$\hat{j}_+|jm\rangle$ 也是 $(\hat{\vec{j}}^2, \hat{j}_z)$ 的共同本征态，并且 $\hat{j}_+$ 使得 $|jm\rangle \to |jm+1\rangle$。我们令

$$\hat{j}_+ |jm\rangle = \alpha_{jm}\hbar\,|jm+1\rangle \tag{1}$$

现在的任务是要解出 α_{jm}。

① 利用 $\hat{j}_+^\dagger = \hat{j}_-$

对等式(1)两边同时复共轭转置，即

$$(\hat{j}_+|jm\rangle)^\dagger = (\alpha_{jm}\hbar\,|jm+1\rangle)^\dagger$$

上式改写成

$$\langle jm|\hat{j}_- = \langle jm+1|\alpha_{jm}^*\hbar \tag{2}$$

② 利用 $\hat{j}_\pm\hat{j}_\mp = \hat{\vec{j}}^2 - \hat{j}_z^2 \pm \hbar\hat{j}_z$

等式左边使用式(1)和式(2)。

$\langle jm | \hat{j}_- \hat{j}_+ | jm \rangle = \langle jm | \hat{\vec{j}}^2 - \hat{j}_z^2 - \hbar \hat{j}_z | jm \rangle = [j(j+1) - m^2 - m]\hbar^2$

$(\langle jm+1 | \alpha_{jm}^* \hbar)(\alpha_{jm} \hbar | jm+1 \rangle) = | \alpha_{jm} |^2 \hbar^2$

于是

$$| \alpha_{jm} |^2 = j(j+1) - m^2 - m$$

则

$$\alpha_{jm} = \sqrt{j(j+1) - m(m+1)} = \sqrt{(j-m)(j+m+1)} \tag{3}$$

故有

$$\hat{j}_+ | jm \rangle = \sqrt{(j-m)(j+m+1)}\,\hbar\, | jm+1 \rangle \tag{4}$$

类似地,我们有

$$\hat{j}_- | jm \rangle = \sqrt{(j+m)(j-m+1)}\,\hbar\, | jm-1 \rangle \tag{5}$$

式(4.1.16)得证。

(6) 考虑到升降算符的定义,并利用式(4.1.16),我们可以很容易地获得

$$\hat{j}_x | jm \rangle = \frac{\hbar}{2}\left(\sqrt{(j-m)(j+m+1)}\, | jm+1 \rangle + \sqrt{(j+m)(j-m+1)}\, | jm-1 \rangle\right) \tag{4.1.17}$$

$$\hat{j}_y | jm \rangle = -\frac{\mathrm{i}\hbar}{2}\left(\sqrt{(j-m)(j+m+1)}\, | jm+1 \rangle - \sqrt{(j+m)(j-m+1)}\, | jm-1 \rangle\right) \tag{4.1.18}$$

4.1.2 $(\hat{\vec{j}}^2, \hat{j}_z)$表象中角动量算符的矩阵形式

在本书的第3章我们已指出,理论上常常会在某个特定的表象中对微观体系的许多问题开展讨论。既然$[\hat{\vec{j}}^2, \hat{j}_z] = 0$,这两个算符有共同的本征态,我们可以在这样的本征态簇所定义的线性空间中讨论如何表示角动量算符,即在$(\hat{\vec{j}}^2, \hat{j}_z)$表象中探讨角动量算符的表示形式。

如上所知,$\hat{\vec{j}}^2$ 和 $\hat{j}_z$ 的共同本征态为$| jm \rangle$。那么,$\hat{\vec{j}}^2$ 和 $\hat{j}_z$ 在它们自己的表象中的表示应该为对角矩阵,其矩阵元为

$$\langle j'm' | \hat{\vec{j}}^2 | jm \rangle = j(j+1)\hbar^2 \delta_{j'j}\delta_{m'm} \tag{4.1.19}$$

$$\langle j'm' | \hat{j}_z | jm \rangle = m\hbar \delta_{j'j}\delta_{m'm} \tag{4.1.20}$$

用$\langle j'm'|$分别左乘式(4.1.17)和式(4.1.18)，我们有如下的矩阵元：

$$\langle jm+1|\hat{j}_x|jm\rangle = \frac{\hbar}{2}\sqrt{(j-m)(j+m+1)} \tag{4.1.21}$$

$$\langle jm-1|\hat{j}_x|jm\rangle = \frac{\hbar}{2}\sqrt{(j+m)(j-m+1)} \tag{4.1.22}$$

$$\langle jm+1|\hat{j}_y|jm\rangle = -\frac{\mathrm{i}\hbar}{2}\sqrt{(j-m)(j+m+1)} \tag{4.1.23}$$

$$\langle jm-1|\hat{j}_y|jm\rangle = \frac{\mathrm{i}\hbar}{2}\sqrt{(j+m)(j-m+1)} \tag{4.1.24}$$

有了各个算符在$(\hat{j}^2,\hat{j}_z)$表象中的矩阵元，各算符在该表象中的矩阵表示就很方便地写出来了。下面以$j=1,2$为例写出$\hat{j}^2,\hat{j}_z,\hat{j}_x$和$\hat{j}_y$的矩阵。

$j=1$时，$m=-1,0,1$，有3个本征态，即

$$|1,-1\rangle,\ |1,0\rangle,\ |1,1\rangle$$

$j=2$时，$m=-2,-1,0,1,2$，有5个本征态，它们是

$$|2,-2\rangle,\ |2,-1\rangle,\ |2,0\rangle,\ |2,1\rangle,\ |2,2\rangle$$

所以对$j=1,2$，共有8个本征态。这8个本征态张开了一个8维的线性空间，角动量算符在该空间中的矩阵为8阶方阵。

为了方便，我们先计算式(4.1.19)～(4.1.24)右边与量子数有关的常数。

$j=1,m=1$：

$$\sqrt{(j+m)(j-m+1)} = \sqrt{(1+1)(1-1+1)} = \sqrt{2}$$
$$\sqrt{(j-m)(j+m+1)} = \sqrt{(1-1)(1+1+1)} = 0$$

$j=1,m=0$：

$$\sqrt{(j+m)(j-m+1)} = \sqrt{(1+0)(1-0+1)} = \sqrt{2}$$
$$\sqrt{(j-m)(j+m+1)} = \sqrt{(1-0)(1+0+1)} = \sqrt{2}$$

$j=1,m=-1$：

$$\sqrt{(j+m)(j-m+1)} = \sqrt{(1-1)(1+1+1)} = 0$$
$$\sqrt{(j-m)(j+m+1)} = \sqrt{(1+1)(1-1+1)} = \sqrt{2}$$

$j=2,m=2$：

$$\sqrt{(j+m)(j-m+1)} = \sqrt{(2+2)(2-2+1)} = 2$$
$$\sqrt{(j-m)(j+m+1)} = \sqrt{(2-2)(2+2+1)} = 0$$

$j=2,m=1$：

$$\sqrt{(j+m)(j-m+1)} = \sqrt{(2+1)(2-1+1)} = \sqrt{6}$$
$$\sqrt{(j-m)(j+m+1)} = \sqrt{(2-1)(2+1+1)} = 2$$

$j = 2, m = 0$：

$$\sqrt{(j+m)(j-m+1)} = \sqrt{(2+0)(2-0+1)} = \sqrt{6}$$

$$\sqrt{(j-m)(j+m+1)} = \sqrt{(2-0)(2+0+1)} = \sqrt{6}$$

$j = 2, m = -1$：

$$\sqrt{(j+m)(j-m+1)} = \sqrt{(2-1)(2+1+1)} = 2$$

$$\sqrt{(j-m)(j+m+1)} = \sqrt{(2+1)(2-1+1)} = \sqrt{6}$$

$j = 2, m = -2$：

$$\sqrt{(j+m)(j-m+1)} = \sqrt{(2-2)(2+2+1)} = 0$$

$$\sqrt{(j-m)(j+m+1)} = \sqrt{(2+2)(2-2+1)} = 2$$

$$\hat{\vec{j}}^2 \to \hbar^2 \begin{bmatrix} 2 & 0 & 0 & 0 & 0 & 0 & 0 & 0 \\ 0 & 2 & 0 & 0 & 0 & 0 & 0 & 0 \\ 0 & 0 & 2 & 0 & 0 & 0 & 0 & 0 \\ 0 & 0 & 0 & 6 & 0 & 0 & 0 & 0 \\ 0 & 0 & 0 & 0 & 6 & 0 & 0 & 0 \\ 0 & 0 & 0 & 0 & 0 & 6 & 0 & 0 \\ 0 & 0 & 0 & 0 & 0 & 0 & 6 & 0 \\ 0 & 0 & 0 & 0 & 0 & 0 & 0 & 6 \end{bmatrix}$$

$$\hat{j}_z \to \hbar \begin{bmatrix} -1 & 0 & 0 & 0 & 0 & 0 & 0 & 0 \\ 0 & 0 & 0 & 0 & 0 & 0 & 0 & 0 \\ 0 & 0 & 1 & 0 & 0 & 0 & 0 & 0 \\ 0 & 0 & 0 & -2 & 0 & 0 & 0 & 0 \\ 0 & 0 & 0 & 0 & -1 & 0 & 0 & 0 \\ 0 & 0 & 0 & 0 & 0 & 0 & 0 & 0 \\ 0 & 0 & 0 & 0 & 0 & 0 & 1 & 0 \\ 0 & 0 & 0 & 0 & 0 & 0 & 0 & 2 \end{bmatrix}$$

$$\hat{j}_x \to \frac{\hbar}{2} \begin{bmatrix} 0 & \sqrt{2} & 0 & 0 & 0 & 0 & 0 & 0 \\ \sqrt{2} & 0 & \sqrt{2} & 0 & 0 & 0 & 0 & 0 \\ 0 & \sqrt{2} & 0 & 0 & 0 & 0 & 0 & 0 \\ 0 & 0 & 0 & 0 & 2 & 0 & 0 & 0 \\ 0 & 0 & 0 & 2 & 0 & \sqrt{6} & 0 & 0 \\ 0 & 0 & 0 & 0 & \sqrt{6} & 0 & \sqrt{6} & 0 \\ 0 & 0 & 0 & 0 & 0 & \sqrt{6} & 0 & 2 \\ 0 & 0 & 0 & 0 & 0 & 0 & 2 & 0 \end{bmatrix}$$

$$\hat{j}_y \to \frac{\mathrm{i}\hbar}{2}\begin{bmatrix} 0 & -\sqrt{2} & 0 & 0 & 0 & 0 & 0 & 0 \\ \sqrt{2} & 0 & -\sqrt{2} & 0 & 0 & 0 & 0 & 0 \\ 0 & \sqrt{2} & 0 & 0 & 0 & 0 & 0 & 0 \\ 0 & 0 & 0 & 0 & -2 & 0 & 0 & 0 \\ 0 & 0 & 0 & 2 & 0 & -\sqrt{6} & 0 & 0 \\ 0 & 0 & 0 & 0 & \sqrt{6} & 0 & -\sqrt{6} & 0 \\ 0 & 0 & 0 & 0 & 0 & \sqrt{6} & 0 & -2 \\ 0 & 0 & 0 & 0 & 0 & 0 & 2 & 0 \end{bmatrix}$$

4.1.3　两个角动量的耦合

微观体系常常不是只涉及一个角动量，而是涉及两个或多个角动量。我们是如何处理一个体系中的多个角动量呢？

1. 无耦合表象

由4.1.2节知道，对单个角动量（例如$\hat{\vec{j}}_1$）的体系需要用两个角动量算符构成力学量完全集，如$(\hat{\vec{j}}_1^2,\hat{j}_{1z})$。该完全集的共同本征态$|j_1m_1\rangle$作为基矢张开了一个线性空间，记为$\Gamma^1$。定义在$\Gamma^1$空间中的态矢均能按这组基矢展开。如果一个体系中有两个角动量$\hat{\vec{j}}_1$和$\hat{\vec{j}}_2$，并且它们彼此独立，那么，标号为2的角动量也具有对易关系

$$[\hat{\vec{j}}_2^2,\hat{j}_{2z}] = 0 \tag{4.1.25}$$

于是，$\hat{\vec{j}}_2^2$和$\hat{j}_{2z}$也构成力学量完全集$(\hat{\vec{j}}_2^2,\hat{j}_{2z})$。这时，除了由$(\hat{\vec{j}}_1^2,\hat{j}_{1z})$的共同本征态$|j_1m_1\rangle$定义的$\Gamma^1$线性空间，还有由$(\hat{\vec{j}}_2^2,\hat{j}_{2z})$的共同本征态$|j_2m_2\rangle$定义的线性空间，记为$\Gamma^2$。注意到角动量$\hat{\vec{j}}_1$和$\hat{\vec{j}}_2$，那么

$\hat{\vec{j}}_1$的各分量与$\hat{\vec{j}}_2$的各分量均独立。

$$[\hat{\vec{j}}_1^2,\hat{j}_{2z}] = 0 \tag{4.1.26}$$

$$[\hat{\vec{j}}_2^2,\hat{j}_{1z}] = 0 \tag{4.1.27}$$

$$[\hat{\vec{j}}_1^2,\hat{\vec{j}}_2^2] = 0 \tag{4.1.28}$$

$$[\hat{j}_{1z},\hat{j}_{2z}] = 0 \tag{4.1.29}$$

即该体系中的$\hat{\vec{j}}_1^2$、$\hat{j}_{1z}$、$\hat{\vec{j}}_2^2$、$\hat{j}_{2z}$这四个角动量算符彼此对易，它们构成力学量完全集$(\hat{\vec{j}}_1^2,\hat{j}_{1z},\hat{\vec{j}}_2^2,\hat{j}_{2z})$。这组力学量完全集的共同本征态是由$\Gamma^1$和$\Gamma^2$中的基矢直积而成，即$|j_1m_1\rangle|j_2m_2\rangle$。为方便，记

Γ^1与Γ^2直和，构成$\{|j_1m_1j_2m_2\rangle\}$所张开的空间Γ。直和而成的线性空间的基矢为子空间基矢的直积，即$|j_1m_1\rangle|j_2m_2\rangle$。

$$|j_1m_1j_2m_2\rangle = |j_1m_1\rangle|j_2m_2\rangle \tag{4.1.30}$$

这组基矢具有完备性

$$\sum_{j_1m_1j_2m_2}|j_1m_1j_2m_2\rangle\langle j_1m_1j_2m_2| = 1 \tag{4.1.31}$$

和正交归一性

$$\langle j_1m_1j_2m_2|j_1'm_1'j_2'm_2'\rangle = \delta_{j_1j_1'}\delta_{j_2j_2'}\delta_{m_1m_1'}\delta_{m_2m_2'} \tag{4.1.32}$$

于是，$\{|j_1m_1j_2m_2\rangle\}$作为基矢构成一个新的线性空间（记为 Γ）。

在角动量理论中，我们将以$\{|j_1m_1j_2m_2\rangle\}$为基矢的表象称为无耦合表象。

注意到量子数间的关系

$$\begin{aligned} m_1 &= -j_1, -j_1+1, \cdots, j_1-1, j_1 \\ m_2 &= -j_2, -j_2+1, \cdots, j_2-1, j_2 \end{aligned} \tag{4.1.33}$$

对给定的 j_1 和 j_2，有$(2j_1+1)$个 m_1 和$(2j_2+1)$个 m_2，故无耦合表象的空间维度为$(2j_1+1)(2j_2+1)$。

2. 耦合表象

在实际的物理体系中，某些相互作用常常与角动量间的耦合相联系。例如，在原子物理中，我们已经知道角动量间的 LS 耦合和 jj 耦合就是原子轨道之间、自旋之间、轨道与自旋之间不同的相互作用行为的反映。在角动量的一般性理论中，角动量间的耦合表达成相应的角动量算符的代数和。设有两个彼此独立的角动量$\hat{\vec{j}}_1$ 和$\hat{\vec{j}}_2$，它们的和为

$$\hat{\vec{j}} = \hat{\vec{j}}_1 + \hat{\vec{j}}_2 \tag{4.1.34}$$

式(4.1.34)就是角动量$\hat{\vec{j}}_1$ 与$\hat{\vec{j}}_2$ 耦合，形成总角动量$\hat{\vec{j}}$。总角动量$\hat{\vec{j}}$当然与$\hat{\vec{j}}_1$ 和$\hat{\vec{j}}_2$ 一样满足角动量的一般性质[式(4.1.1)～(4.1.13)]，这包括

$$[\hat{\vec{j}}^2, \hat{j}_z] = 0 \tag{4.1.35}$$

于是，$\hat{\vec{j}}^2$ 与 $\hat{j}_z$ 具有共同本征态，记为$|jm\rangle$。

我们已从角动量无耦合的情形知道，对含有两个角动量$\hat{\vec{j}}_1$ 和$\hat{\vec{j}}_2$ 的体系，要有四个力学量算符构成力学量完全集。如果该体系中的两个角动量是耦合的，此时也应该有含四个力学量算符的力学量完全集。由式(4.1.35)可知，$\hat{\vec{j}}^2$ 与$\hat{j}_z$ 相互对易，它们应包含在完全集中。但还需要另外两个算符与$\hat{\vec{j}}^2$ 和 $\hat{j}_z$ 一起

构成完全集。注意到

$$[\hat{\vec{j}}^2,\hat{\vec{j}}_1^2]=0 \tag{4.1.36}$$

和

$$[\hat{\vec{j}}^2,\hat{\vec{j}}_2^2]=0 \tag{4.1.37}$$

另一方面,我们有

$$[\hat{j}_z,\hat{\vec{j}}_1^2]=[\hat{j}_{1z}+\hat{j}_{2z},\hat{\vec{j}}_1^2]=[\hat{j}_{1z},\hat{\vec{j}}_1^2]+[\hat{j}_{2z},\hat{\vec{j}}_1^2]=0 \tag{4.1.38}$$

和

$$[\hat{j}_z,\hat{\vec{j}}_2^2]=[\hat{j}_{1z}+\hat{j}_{2z},\hat{\vec{j}}_2^2]=[\hat{j}_{1z},\hat{\vec{j}}_2^2]+[\hat{j}_{2z},\hat{\vec{j}}_2^2]=0 \tag{4.1.39}$$

基于式(4.1.35)~(4.1.39)这5个对易式,我们可选择力学量完全集($\hat{\vec{j}}_1^2,\hat{\vec{j}}_2^2,\hat{\vec{j}}^2,\hat{j}_z$)。

设力学量完全集($\hat{\vec{j}}_1^2,\hat{\vec{j}}_2^2,\hat{\vec{j}}^2,\hat{j}_z$)的共同本征态为$|j_1j_2jm\rangle$,那么

$$\hat{\vec{j}}^2\mid j_1j_2jm\rangle=j(j+1)\hbar^2\mid j_1j_2jm\rangle \tag{4.1.40}$$

$$\hat{j}_z\mid j_1j_2jm\rangle=m\hbar\mid j_1j_2jm\rangle \tag{4.1.41}$$

$$\hat{\vec{j}}_1^2\mid j_1j_2jm\rangle=j_1(j_1+1)\hbar^2\mid j_1j_2jm\rangle \tag{4.1.42}$$

$$\hat{\vec{j}}_2^2\mid j_1j_2jm\rangle=j_2(j_2+1)\hbar^2\mid j_1j_2jm\rangle \tag{4.1.43}$$

上式中量子数之间的关系是

这里略去了如何获得这些量子数之间的关系的讨论。有兴趣者可参阅曾谨言先生的量子力学教材。

$$\begin{aligned}m&=-j,-j+1,\cdots,j-1,j\\ j&=j_1+j_2,j_1+j_2-1,\cdots,\mid j_1-j_2\mid\end{aligned} \tag{4.1.44}$$

同时,耦合表象中的量子数m与无耦合表象中的量子数m_1和m_2之间具有下述关系:

$$m=m_1+m_2 \tag{4.1.45}$$

例4.3证明了式(4.1.45)。

作为力学量完全集的共同本征态的集合$\{|j_1j_2jm\rangle\}$,它们具有完备性

$$\sum_{jmj_1j_2}\mid j_1j_2jm\rangle\langle j_1j_2jm\mid=1 \tag{4.1.46}$$

和正交归一性

$$\langle j_1j_2jm\mid j_1'j_2'j'm'\rangle=\delta_{j_1j_1'}\delta_{j_2j_2'}\delta_{jj'}\delta_{mm'} \tag{4.1.47}$$

所以,角动量耦合时的共同本征态也构成了线性空间中的一组基矢,提供了一个新的表象,称为耦合表象。

4.1.4 用无耦合表象的基矢展开耦合表象的基矢

按表象理论,任何一个与角动量相关的态矢都能在上述的角动量耦合表象或无耦合表象中展开。但有时为了方便计算或为了方便分析问题,会选择这两种表象中的某一个来表达态矢。在某些复杂的理论计算或分析中,也会出现如下的情形:先在某一表象中开展计算会给计算工作带来很大的方便,但在另一个表象中分析结果却更明了。这就需要交替地使用耦合表象与无耦合表象,因而涉及这两个表象间的变换。下面我们介绍这两个表象间是如何变换的。

注意以下的两个事实:① 任何一个与角动量有关的态矢可在角动量耦合表象或无耦合表象中进行线性展开;② 上述两个表象中任何一个基矢也都是与角动量相关的一个态矢。那么,耦合表象(或无耦合表象)中的基矢也当然能够在无耦合表象(或耦合表象)中展开。下面,我们以耦合表象中的基矢在无耦合表象中展开为例,寻找这两个表象间的变换关系。对这一情形,有如下的数学展开式:

$$|j_1 j_2 jm\rangle = \sum_{m_1 m_2} C_{m_1 m_2}^{j_1 j_2 jm} |j_1 m_1 j_2 m_2\rangle \tag{4.1.48}$$

其中,$C_{m_1 m_2}^{j_1 j_2 jm}$ 为展开系数。用 $\langle j'_1 m'_1 j'_2 m'_2|$ 左乘上式,即

$$\begin{aligned}\langle j'_1 m'_1 j'_2 m'_2 | j_1 j_2 jm\rangle &= \langle j'_1 m'_1 j'_2 m'_2| \sum_{m_1 m_2} C_{m_1 m_2}^{j_1 j_2 jm} |j_1 m_1 j_2 m_2\rangle \\ &= \sum_{m_1 m_2} C_{m_1 m_2}^{j_1 j_2 jm} \langle j'_1 m'_1 j'_2 m'_2 | j_1 m_1 j_2 m_2\rangle \\ &= \sum_{m_1 m_2} C_{m_1 m_2}^{j_1 j_2 jm} \delta_{j'_1 j_1} \delta_{j'_2 j_2} \delta_{m'_1 m_1} \delta_{m'_2 m_2}\end{aligned}$$

式中的系数

$$C_{m_1 m_2}^{j_1 j_2 jm} = \langle j_1 m_1 j_2 m_2 | j_1 j_2 jm\rangle \tag{4.1.49}$$

称为 Clebsch-Gorden 系数,简称为 C-G 系数,它是在耦合表象中找到无耦合表象中的态矢 $|j_1 m_1 j_2 m_2\rangle$ 的概率幅,其模平方 $|C_{m_1 m_2}^{j_1 j_2 jm}|^2$ 为相应的概率。

从数学上看或从表象理论看,系数 $\{C_{m_1 m_2}^{j_1 j_2 jm}\}$ 所构成的矩阵为耦合表象与无耦合表象间的变换矩阵。C-G 系数的数学表述形式强烈地依赖着量子数 j_1 和 j_2,当这些量子数的值较大时,C-G 系数的公式非常复杂。C-G 系数公式的推导过程较复杂,附录 F 给出一个例子,推导出 j_1 是任意值,$j_2 = \dfrac{1}{2}$ 时的 C-G 系数的公式:

$$\left|j_1,\frac{1}{2},j_1+\frac{1}{2},m\right\rangle=\sqrt{\frac{j_1+m+\frac{1}{2}}{2j_1+1}}\left|j_1,m-\frac{1}{2},\frac{1}{2},\frac{1}{2}\right\rangle+\sqrt{\frac{j_1-m+\frac{1}{2}}{2j_1+1}}\left|j_1,m+\frac{1}{2},\frac{1}{2},-\frac{1}{2}\right\rangle \tag{4.1.50}$$

$$\left|j_1,\frac{1}{2},j_1-\frac{1}{2},m\right\rangle=-\sqrt{\frac{j_1-m+\frac{1}{2}}{2j_1+1}}\left|j_1,m-\frac{1}{2},\frac{1}{2},\frac{1}{2}\right\rangle+\sqrt{\frac{j_1+m+\frac{1}{2}}{2j_1+1}}\left|j_1,m+\frac{1}{2},\frac{1}{2},-\frac{1}{2}\right\rangle \tag{4.1.51}$$

这两个公式在后面讨论自旋态间的耦合时是有用的。

【例 4.3】 耦合表象与无耦合表象间磁量子数的关系

确定耦合表象中量子数 m 与无耦合表象中量子数 m_1 和 m_2 的关系。

为了寻找量子数 m 与 m_1、m_2 之间的关系，我们自然想到与它们有关联的算符 $\hat{j}_z$、$\hat{j}_{1z}$ 和 $\hat{j}_{2z}$，这是因为这些算符本征方程中的本征值含有这些量子数。同时，注意到这三个算符满足

$$\hat{j}_z=\hat{j}_{1z}+\hat{j}_{2z} \tag{1}$$

将上面的算符关系式作用到 $|j_1j_2jm\rangle$ 上，得

$$\hat{j}_z\mid j_1j_2jm\rangle=(\hat{j}_{1z}+\hat{j}_{2z})\mid j_1j_2jm\rangle \tag{2}$$

那么

$$\begin{aligned}\text{左边}&=m\hbar\mid j_1j_2jm\rangle\\&=m\hbar\sum_{m_1m_2}\mid j_1m_1j_2m_2\rangle\langle j_1m_1j_2m_2\mid j_1j_2jm\rangle\end{aligned} \tag{3}$$

$$\begin{aligned}\text{右边}&=(\hat{j}_{1z}+\hat{j}_{2z})\mid j_1j_2jm\rangle\\&=(\hat{j}_{1z}+\hat{j}_{2z})\sum_{m_1m_2}\mid j_1m_1j_2m_2\rangle\langle j_1m_1j_2m_2\mid j_1j_2jm\rangle\\&=\sum_{m_1m_2}(m_1+m_2)\hbar\mid j_1m_1j_2m_2\rangle\langle j_1m_1j_2m_2\mid j_1j_2jm\rangle\end{aligned} \tag{4}$$

将式(3)和式(4)代入式(2)，则有

$$\sum_{m_1 m_2}(m_1+m_2-m)\hbar \mid j_1 m_1 j_2 m_2\rangle\langle j_1 m_1 j_2 m_2 \mid j_1 j_2 jm\rangle = 0 \tag{5}$$

这是一个线性方程组，由于$\{|j_1 m_1 j_2 m_2\rangle\}$中的各个矢量彼此线性独立，上面方程组有解的条件便是各个矢量$|j_1 m_1 j_2 m_2\rangle$前的系数为零。于是，

$$(m_1+m_2-m)\hbar\langle j_1 m_1 j_2 m_2 \mid j_1 j_2 jm\rangle = 0 \tag{6}$$

这里$\langle j_1 m_1 j_2 m_2 | j_1 j_2 jm\rangle$为表象变换的矩阵元，不能全为零！因此，要使得方程(6)在一般的意义下都成立，必然要求

$$m_1+m_2-m=0$$

或

$$m=m_1+m_2 \tag{7}$$

至此，我们获得了耦合表象中的量子数 m 与无耦合表象中的量子数m_1和m_2之间的关系。

4.2 电子自旋

电子的自旋角动量为$\frac{1}{2}\hbar$。下面将前一节所介绍的角动量的基本理论应用到自旋角动量中。

4.2.1 自旋算符与自旋本征态表象

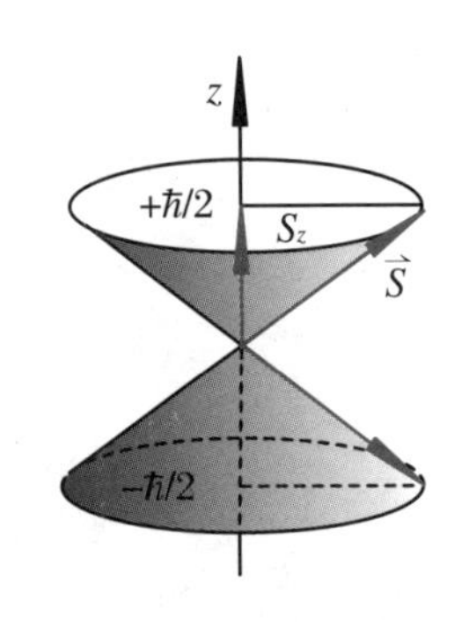

图 4.1 电子自旋角动量与它的 z 分量之间的几何关系示意图

记自旋算符(或自旋角动量算符)为$\hat{S}$，其分量算符之间及分量算符与自旋角动量平方算符之间满足

$$[\hat{S}_i,\hat{S}_j] = \mathrm{i}\hbar\sum_k \varepsilon_{ijk}\hat{S}_k \tag{4.2.1}$$

$$[\hat{S}^2,\hat{S}_j] = 0, \quad i,j=x,y,z \tag{4.2.2}$$

式(4.2.2)表明，自旋角动量的三个分量均与自旋角动量平方算符对易。对单电子自旋，我们习惯上选取$(\hat{S}^2,\hat{S}_z)$为力学量完全集，这个完全集的共同本征态记为$|sm_s\rangle$。那么，我们可以写出如下的本征方程：

$$\begin{aligned}\hat{S}^2|sm_s\rangle &= s(s+1)\hbar^2|sm_s\rangle \\ \hat{S}_z|sm_s\rangle &= m_s\hbar|sm_s\rangle\end{aligned} \quad (4.2.3)$$

按角动量理论中角动量量子数之间的关系,我们有

$$m_s = -s, -s+1, \cdots, s-1, s \quad (4.2.4)$$

对电子自旋,$s=\frac{1}{2}$,于是,$m_s=\frac{1}{2},-\frac{1}{2}$。所以,$(\hat{S}^2,\hat{S}_z)$的共同本征态只有两个,它们是

$$|s\,m_s\rangle = \begin{cases}\left|\frac{1}{2},\frac{1}{2}\right\rangle \\ \left|\frac{1}{2},-\frac{1}{2}\right\rangle\end{cases} \quad (4.2.5)$$

在量子理论中,常常引入如下的标记:

$$\begin{aligned}\left|\frac{1}{2},\frac{1}{2}\right\rangle &\equiv \begin{bmatrix}1\\0\end{bmatrix} \equiv \alpha \\ \left|\frac{1}{2},-\frac{1}{2}\right\rangle &\equiv \begin{bmatrix}0\\1\end{bmatrix} \equiv \beta\end{aligned} \quad (4.2.6)$$

在量子化学中,如果电子处于自旋为 α(或 β)的态,这个电子被称为 α(或 β)电子。

我们将 $m_s=\frac{1}{2}$ 的自旋角动量本征态称为自旋向上的态,与之对应的 $m_s=-\frac{1}{2}$ 的自旋角动量本征态称为自旋向下的态。鉴于这一约定,我们今后谈到"自旋向上的态",是指该自旋态属于 $\hat{S}_z$ 的本征值为 1/2 的态。在本书的后面内容中,当我们处理与电子自旋(或其他的费米子自旋)有关的问题时,会常常用到式(4.2.5)中 $\hat{S}_z$ 的两个本征态矢。

按照表象理论,$\hat{S}^2$ 和 $\hat{S}_z$ 的个本征态作为基矢,构成了完备的2维希尔伯特线性空间。我们将该空间称为$(\hat{S}^2,\hat{S}_z)$表象,也简称为 $\hat{S}_z$ 表象。任意一个定义在该表象中的自旋态矢$|\chi(s_z)\rangle$均能用基矢 $\left|\frac{1}{2},\frac{1}{2}\right\rangle$ 和 $\left|\frac{1}{2},-\frac{1}{2}\right\rangle$ 来表述,即

$$\begin{aligned}|\chi(s_z)\rangle &= a\left|\frac{1}{2},\frac{1}{2}\right\rangle + b\left|\frac{1}{2},-\frac{1}{2}\right\rangle \\ &= a\begin{bmatrix}1\\0\end{bmatrix} + b\begin{bmatrix}0\\1\end{bmatrix} \\ &= a\alpha + b\beta\end{aligned} \quad (4.2.7)$$

用 $\left\langle\frac{1}{2},\frac{1}{2}\right|$ 和 $\left\langle\frac{1}{2},-\frac{1}{2}\right|$ 分别左乘式(4.2.7),可得

$$a=\left\langle\frac{1}{2},\frac{1}{2}\middle|\chi(s_z)\right\rangle$$

$$b=\left\langle\frac{1}{2},-\frac{1}{2}\middle|\chi(s_z)\right\rangle \tag{4.2.8}$$

a 的意义是态矢 $|\chi(s_z)\rangle$ 在 $\hat{S}_z$ 表象中取自旋向上时的概率幅,而 b 则是态矢 $|\chi(s_z)\rangle$ 在 $\hat{S}_z$ 表象中取自旋向下时的概率幅。相应地,

$$\begin{aligned}&|a|^2 \text{ 为 } |\chi(s_z)\rangle \text{ 取自旋向上的态的概率}\\&|b|^2 \text{ 为 } |\chi(s_z)\rangle \text{ 取自旋向下的态的概率}\end{aligned} \tag{4.2.9}$$

由于概率的归一化,当然有

$$|a|^2+|b|^2=1 \tag{4.2.10}$$

既然有了上面的 $\hat{S}_z$ 表象,我们可以将常见的自旋算符在该表象中用矩阵表示出来。对于 $\hat{\vec{S}}^2$ 和 $\hat{S}_z$,它们的矩阵元为

$$\begin{cases}(S^2)_{m'_s m_s}=\left\langle\frac{1}{2},m'_s\right|\hat{\vec{S}}^2\left|\frac{1}{2},m_s\right\rangle=\frac{1}{2}\left(\frac{1}{2}+1\right)\hbar^2\delta_{m'_s m_s}=\frac{3}{4}\hbar^2\delta_{m'_s m_s}\\(S_z)_{m'_s m_s}=\left\langle\frac{1}{2},m'_s\right|\hat{S}_z\left|\frac{1}{2},m_s\right\rangle=m_s\hbar\delta_{m'_s m_s}\end{cases} \tag{4.2.11}$$

应用式(4.1.17)和式(4.1.18),我们可得 $\hat{S}_x$ 和 $\hat{S}_y$ 在 $\hat{S}_z$ 表象中的矩阵元

$$\begin{cases}(S_x)_{m'_s m_s}=\left\langle\frac{1}{2},m'_s\right|\hat{S}_x\left|\frac{1}{2},m_s\right\rangle=\frac{\hbar}{2}\left[\sqrt{\frac{3}{4}-m_s(m_s+1)}\,\delta_{m'_s,m_s+1}\right.\\\qquad\left.+\sqrt{\frac{3}{4}-m_s(m_s-1)}\,\delta_{m'_s,m_s-1}\right]\\(S_y)_{m'_s m_s}=\left\langle\frac{1}{2},m'_s\right|\hat{S}_y\left|\frac{1}{2},m_s\right\rangle=\frac{\hbar}{2\mathrm{i}}\left[\sqrt{\frac{3}{4}-m_s(m_s+1)}\,\delta_{m'_s,m_s+1}\right.\\\qquad\left.-\sqrt{\frac{3}{4}-m_s(m_s-1)}\,\delta_{m'_s,m_s-1}\right]\end{cases} \tag{4.2.12}$$

根据这些矩阵元,$\hat{\vec{S}}^2$、$\hat{S}_x$、$\hat{S}_y$ 和 $\hat{S}_z$ 在 $(\hat{\vec{S}}^2,\hat{S}_z)$ 表象中的矩阵为

$$
\begin{aligned}
S^2 &= \frac{3\hbar^2}{4}\begin{bmatrix}1 & 0\\0 & 1\end{bmatrix}, \qquad S_x = \frac{\hbar}{2}\begin{bmatrix}0 & 1\\1 & 0\end{bmatrix}\\
S_y &= \frac{\hbar}{2}\begin{bmatrix}0 & -\mathrm{i}\\\mathrm{i} & 0\end{bmatrix}, \qquad S_z = \frac{\hbar}{2}\begin{bmatrix}1 & 0\\0 & -1\end{bmatrix}
\end{aligned}
\tag{4.2.13}
$$

显然，$\hat{S}^2$ 和 $\hat{S}_z$ 在该表象中表示成了对角矩阵，这是因为它们是在自己的表象中进行表示，其矩阵形式当然是对角矩阵。然而，$\hat{S}_x$ 和 $\hat{S}_y$ 都与 $\hat{S}_z$ 不对易，上述的两个基矢不是 $\hat{S}_x$ 和 $\hat{S}_y$ 的本征矢，故 $\hat{S}_x$ 和 $\hat{S}_y$ 在 $\hat{S}_z$ 表象中不能表示成对角矩阵，而是非对角矩阵。

前面提到式(4.2.6)给出的自旋向上的态和自旋向下的态只能针对 $\hat{S}_z$，其取向是沿 z 轴的，对 $\hat{S}_x$ 或 $\hat{S}_y$ 不适用。但是，如果我们选择的表象是($\hat{\boldsymbol{S}}^2$，$\hat{S}_x$)，此时，也有自旋向上和自旋向下的态，只不过这时的自旋取向是沿 x 轴的，而不是沿 z 轴的。

4.2.2 泡利算符

在许多复杂的量子理论运算过程中，人们常常采用无量纲的量进行运算，这会给运算的过程带来便利。当主体的运算结束后，再将相关的量纲“补”回到结果中。注意到自旋角动量量纲是通过普朗克常数的量纲来显示的，泡利(W. E. Pauli)引入了无量纲算符 $\hat{\boldsymbol{\sigma}}$，并且

$$
\begin{aligned}
\hat{\boldsymbol{S}} &= \frac{\hbar}{2}\hat{\boldsymbol{\sigma}}\\
\hat{\boldsymbol{\sigma}}^2 &= \hat{\sigma}_x^2 + \hat{\sigma}_y^2 + \hat{\sigma}_z^2
\end{aligned}
\tag{4.2.14}
$$

将式(4.2.14)代入式(4.2.13)，可以获得在 $\hat{S}_z$ 表象中泡利算符的平方算符和泡利算符的各个分量算符的矩阵表示

$$
\begin{aligned}
\sigma^2 &= 3\begin{bmatrix}1 & 0\\0 & 1\end{bmatrix}, \qquad \sigma_y = \begin{bmatrix}0 & -\mathrm{i}\\\mathrm{i} & 0\end{bmatrix}\\
\sigma_x &= \begin{bmatrix}0 & 1\\1 & 0\end{bmatrix}, \qquad \sigma_z = \begin{bmatrix}1 & 0\\0 & -1\end{bmatrix}
\end{aligned}
\tag{4.2.15}
$$

式(4.2.15)中的矩阵又称为泡利矩阵。泡利矩阵具有如下的性质：

$$\mathrm{Tr}\,\sigma_i = 0 \quad (i = x, y, z) \tag{4.2.16}$$

矩阵的迹为零。

$$\det\sigma_i = -1 \tag{4.2.17}$$

矩阵的行列式值为 -1。

$$\sigma_i^2 = \boldsymbol{I} = \begin{bmatrix}1 & 0\\0 & 1\end{bmatrix} \tag{4.2.18}$$

矩阵的平方为单位矩阵。

$$\sigma_x\sigma_y\sigma_z = \mathrm{i}\boldsymbol{I} \tag{4.2.19}$$

$$[\sigma_i, \sigma_j]_+ = \sigma_i\sigma_j + \sigma_j\sigma_i = 0 \quad (i \neq j) \tag{4.2.20}$$

σ_i 与 σ_j 反对易。

$$[\sigma_i,\sigma_j]_- = \sigma_i\sigma_j - \sigma_j\sigma_i = 2\mathrm{i}\sum_k \sigma_k \varepsilon_{ijk} \tag{4.2.21}$$

此外,泡利分量算符对 σ_z 的本征态有如下的操作:

$$\sigma_x\alpha = \begin{bmatrix}0 & 1\\1 & 0\end{bmatrix}\begin{bmatrix}1\\0\end{bmatrix} = \begin{bmatrix}0\\1\end{bmatrix} = \beta \tag{4.2.22}$$

$$\sigma_x\beta = \begin{bmatrix}0 & 1\\1 & 0\end{bmatrix}\begin{bmatrix}0\\1\end{bmatrix} = \begin{bmatrix}1\\0\end{bmatrix} = \alpha \tag{4.2.23}$$

$$\sigma_y\alpha = \begin{bmatrix}0 & -\mathrm{i}\\\mathrm{i} & 0\end{bmatrix}\begin{bmatrix}1\\0\end{bmatrix} = \begin{bmatrix}0\\\mathrm{i}\end{bmatrix} = \mathrm{i}\beta \tag{4.2.24}$$

$$\sigma_y\beta = \begin{bmatrix}0 & -\mathrm{i}\\\mathrm{i} & 0\end{bmatrix}\begin{bmatrix}0\\1\end{bmatrix} = \begin{bmatrix}-\mathrm{i}\\0\end{bmatrix} = -\mathrm{i}\alpha \tag{4.2.25}$$

$$\sigma_z\alpha = \begin{bmatrix}1 & 0\\0 & -1\end{bmatrix}\begin{bmatrix}1\\0\end{bmatrix} = \begin{bmatrix}1\\0\end{bmatrix} = \alpha \tag{4.2.26}$$

$$\sigma_z\beta = \begin{bmatrix}1 & 0\\0 & -1\end{bmatrix}\begin{bmatrix}0\\1\end{bmatrix} = \begin{bmatrix}0\\-1\end{bmatrix} = -\beta \tag{4.2.27}$$

当然如此,这是因为不同的算符有不同的功能。

这三个泡利分量算符对电子的自旋态进行操作,显示出不同的操作效果。特别是 σ_x 可将σ_z 的本征态进行反转,这在量子计算中有着潜在的应用。

【例 4.4】 电子的$\hat{\vec{s}}\cdot\hat{\vec{l}}$的本征值

已知电子的自旋角动量$\hat{\vec{s}}$和轨道角动量$\hat{\vec{l}}$,求$\hat{\vec{s}}\cdot\hat{\vec{l}}$的本征值。

【解】 电子的自旋角动量与其轨道角动量耦合,形成总角动量,即

$$\hat{\vec{j}} = \hat{\vec{l}} + \hat{\vec{s}} \tag{1}$$

由于电子的自旋角动量和其轨道角动量是彼此独立的,则这两个算符是对易的:

$$[\hat{\vec{l}},\hat{\vec{s}}] = \hat{\vec{l}}\cdot\hat{\vec{s}} - \hat{\vec{s}}\cdot\hat{\vec{l}} = 0 \tag{2}$$

对式(1)取平方:

$$\begin{aligned}\hat{\vec{j}}^2 &= (\hat{\vec{l}} + \hat{\vec{s}})^2 = \hat{\vec{l}}^2 + \hat{\vec{s}}^2 + \hat{\vec{l}}\cdot\hat{\vec{s}} + \hat{\vec{s}}\cdot\hat{\vec{l}}\\ &= \hat{\vec{l}}^2 + \hat{\vec{s}}^2 + 2\hat{\vec{l}}\cdot\hat{\vec{s}}\end{aligned} \tag{3}$$

则有

$$\hat{\vec{l}}\cdot\hat{\vec{s}} = \frac{1}{2}(\hat{\vec{j}}^2 - \hat{\vec{l}}^2 - \hat{\vec{s}}^2) \tag{4}$$

可以证明:

$$[\hat{l}^2,\hat{s}^2]=0 \tag{5}$$

$$[\hat{j}^2,\hat{s}^2]=[\hat{l}^2+\hat{s}^2+2\hat{l}\cdot\hat{s},\hat{s}^2]=0 \tag{6}$$

$$[\hat{j}^2,\hat{l}^2]=[\hat{l}^2+\hat{s}^2+2\hat{l}\cdot\hat{s},\hat{l}^2]=0 \tag{7}$$

因此，力学量集合($\hat{j}^2$，$\hat{l}^2$，$\hat{s}^2$)有共同的本征态，记为 ψ，相应的本征方程为

$$\begin{cases}\hat{j}^2\psi = j(j+1)\hbar^2\psi\\ \hat{l}^2\psi = l(l+1)\hbar^2\psi\\ \hat{s}^2\psi = s(s+1)\hbar^2\psi\end{cases} \tag{8}$$

用式(4)作用到上述的本征态：

$$\begin{aligned}\hat{l}\cdot\hat{s}\psi &= \frac{1}{2}(\hat{j}^2-\hat{l}^2-\hat{s}^2)\psi\\ &= \frac{\hbar^2}{2}(j(j+1)-l(l+1)-s(s+1))\psi\end{aligned} \tag{9}$$

对于电子，

$$s=\frac{1}{2} \tag{10}$$

$$j=l+\frac{1}{2},l-\frac{1}{2} \tag{11}$$

于是

$$\begin{aligned}&\frac{\hbar^2}{2}[j(j+1)-l(l+1)-s(s+1)]\\ &=\begin{cases}\frac{\hbar^2}{2}\left[\left(l+\frac{1}{2}\right)\left(l+\frac{3}{2}\right)-l(l+1)-\frac{3}{4}\right]=\frac{\hbar^2}{2}l, & j=l+\frac{1}{2}\\ \frac{\hbar^2}{2}\left[\left(l-\frac{1}{2}\right)\left(l+\frac{1}{2}\right)-l(l+1)-\frac{3}{4}\right]=-\frac{\hbar^2}{2}(l+1), & j=l-\frac{1}{2}\end{cases}\end{aligned}$$

4.2.3 双电子自旋态的耦合

大量的实际体系包含着多个电子，其中部分电子的自旋彼此作用。显然，理论上处理如此的多电子自旋耦合是十分复杂的。下面我们讨论最简单的情形——双电子自旋间的耦合。所谓双电子自旋耦合就是两个自旋角动量间的耦合，其耦合规则应遵从上一节介绍的角动量耦合规则。于是，我们对两个自旋角动量的体系也定义如下的无耦合表象和耦合表象。

1. 无耦合表象

设两个自旋角动量分别为$\hat{\boldsymbol{S}}_1$ 和$\hat{\boldsymbol{S}}_2$。按角动量理论，有

$$[\hat{\boldsymbol{S}}_1^2, \hat{S}_{1z}] = 0, \quad [\hat{\boldsymbol{S}}_2^2, \hat{S}_{2z}] = 0$$

同时，由于这两个自旋角动量是相互独立的，那么它们在 z 方向上的分量 $\hat{S}_{1z}$ 和 $\hat{S}_{2z}$也彼此独立，所以有

$$[\hat{S}_{1z}, \hat{S}_{2z}] = 0, [\hat{\boldsymbol{S}}_1^2, \hat{S}_{2z}] = 0, [\hat{\boldsymbol{S}}_2^2, \hat{S}_{1z}] = 0, \quad [\hat{\boldsymbol{S}}_1^2, \hat{\boldsymbol{S}}_2^2] = 0$$

于是可建立两自旋角动量无耦合的$(\hat{\boldsymbol{S}}_1^2, \hat{S}_{1z}, \hat{\boldsymbol{S}}_2^2, \hat{S}_{2z})$表象。

无耦合的自旋表象的基矢就是$(\hat{\boldsymbol{S}}_1^2, \hat{S}_{1z}, \hat{\boldsymbol{S}}_2^2, \hat{S}_{2z})$这四个力学量算符的共同的本征态。如前所述，无耦合表象的基矢为表象中各子空间基矢的直积。由于$(\hat{\boldsymbol{S}}_1^2, \hat{S}_{1z})$的共同本征态为 $\alpha(1)$和 $\beta(1)$，$(\hat{\boldsymbol{S}}_2^2, \hat{S}_{2z})$的共同本征态为 $\alpha(2)$和 $\beta(2)$，那么，$(\hat{\boldsymbol{S}}_1^2, \hat{S}_{1z}, \hat{\boldsymbol{S}}_2^2, \hat{S}_{2z})$的共同本征态$|s_1 m_1 s_2 m_2\rangle$就有如下的 4 种：

自旋态[例如 $\alpha(1)$和 $\alpha(2)$]中的 1 和 2 分别标记第 1 和第 2 个电子。

$$\left|\frac{1}{2}, \frac{1}{2}; \frac{1}{2}, \frac{1}{2}\right\rangle = \alpha(1)\alpha(2) \tag{4.2.28}$$

$$\left|\frac{1}{2}, \frac{1}{2}; \frac{1}{2}, -\frac{1}{2}\right\rangle = \alpha(1)\beta(2) \tag{4.2.29}$$

$$\left|\frac{1}{2}, -\frac{1}{2}; \frac{1}{2}, \frac{1}{2}\right\rangle = \beta(1)\alpha(2) \tag{4.2.30}$$

$$\left|\frac{1}{2}, -\frac{1}{2}; \frac{1}{2}, -\frac{1}{2}\right\rangle = \beta(1)\beta(2) \tag{4.2.31}$$

显然，$\alpha(1)\alpha(2)$、$\alpha(1)\beta(2)$、$\beta(1)\alpha(2)$和 $\beta(1)\beta(2)$这四个态矢量作为无耦合表象的基矢，张开了一个四维线性空间。

2. 耦合表象

对于耦合表象，则要考虑两个自旋角动量的耦合。令

$$\hat{\boldsymbol{S}} = \hat{\boldsymbol{S}}_1 + \hat{\boldsymbol{S}}_2 \tag{4.2.32}$$

则它们的分量算符(例如 z 分量)间也就具有如下的耦合关系：

$$\hat{S}_z = \hat{S}_{1z} + \hat{S}_{2z} \tag{4.2.33}$$

同时，耦合后的角动量平方算符为

$$\hat{\boldsymbol{S}}^2 = (\hat{\boldsymbol{S}}_1 + \hat{\boldsymbol{S}}_2)^2 = \hat{\boldsymbol{S}}_1^2 + \hat{\boldsymbol{S}}_2^2 + 2\hat{\boldsymbol{S}}_1 \cdot \hat{\boldsymbol{S}}_2$$

$$= \frac{3\hbar^2}{2}\hat{I} + \frac{\hbar^2}{2}(\hat{\sigma}_{1x}\hat{\sigma}_{2x} + \hat{\sigma}_{1y}\hat{\sigma}_{2y} + \hat{\sigma}_{1z}\hat{\sigma}_{2z}) \tag{4.2.34}$$

对耦合的体系，$(\hat{S}_1^2, \hat{S}_2^2, \hat{S}^2, \hat{S}_z)$构成力学量完全集。设它们的共同本征态为$|s_1 s_2 sm\rangle$，则有

$$\hat{S}^2 \mid s_1 s_2 sm_s\rangle = s(s+1)\hbar^2 \mid s_1 s_2 sm_s\rangle \tag{4.2.35}$$

$$\hat{S}_z \mid s_1 s_2 sm_s\rangle = m\hbar \mid s_1 s_2 sm_s\rangle \tag{4.2.36}$$

我们来看看标识这些量子态的量子数的取值情况。注意上式左边有耦合后的量子数 s 和m_s。利用

$$\begin{aligned} s &= s_1 + s_2, s_1 + s_2 - 1, \cdots, \mid s_1 - s_2 \mid \\ m_s &= m_{s1} + m_{s2} \end{aligned} \tag{4.2.37}$$

再加上 $s_1 = s_2 = \frac{1}{2}, m_{s1} = \pm\frac{1}{2}$和 $m_{s2} = \pm\frac{1}{2}$，我们有

$$\begin{aligned} s &= 0,1 \\ m_s &= 1,0,-1 \end{aligned} \tag{4.2.38}$$

于是，

$$\begin{cases} \text{当 } s = 0 \text{ 时}, m_s = 0 & \text{自旋单态} \\ \text{当 } s = 1 \text{ 时}, m_s = 1,0,-1 & \text{自旋三重态} \end{cases} \tag{4.2.39}$$

根据这些量子数的取值，耦合表象有四个基矢，它们是

$$\left|\frac{1}{2},\frac{1}{2},0,0\right\rangle,\ \left|\frac{1}{2},\frac{1}{2},1,1\right\rangle,\ \left|\frac{1}{2},\frac{1}{2},1,0\right\rangle,\ \left|\frac{1}{2},\frac{1}{2},1,-1\right\rangle \tag{4.2.40}$$

在上一节中，我们已经知道，耦合表象的基矢可用无耦合表象的基矢展开。对电子自旋角动量，其耦合表象的共同本征态$|s_1 s_2 sm_s\rangle$也当然可以用无耦合表象的基矢表达。下面直接将式(4.1.48)、式(4.1.50)和式(4.1.51)应用到自旋角动量的耦合表象与无耦合表象之间的关系上。

将式(4.1.48)和附录 F 中的量子数做如下的替换：

$$\begin{aligned} j_1 &\rightarrow s_1 = \frac{1}{2} \\ j_2 &\rightarrow s_2 = \frac{1}{2} \\ j &\rightarrow s \\ m &\rightarrow m_s \end{aligned}$$

于是

$$\left|s_1 s_2 s m_s\right\rangle = \sum_{m_2} C_{m_2} \left|s_1, m_s - m_2; s_2, m_2\right\rangle$$

$$= C_1\left|s_1,m_s-\frac{1}{2};s_2,\frac{1}{2}\right\rangle + C_2\left|s_1,m_s+\frac{1}{2};s_2,-\frac{1}{2}\right\rangle \tag{4.2.41}$$

对电子,其自旋角动量量子数

$$s_1 = s_2 = \frac{1}{2}$$

所以,式(4.2.41)改写成

$$\left|\frac{1}{2}\ \frac{1}{2}sm_s\right\rangle = C_1\left|\frac{1}{2},m_s-\frac{1}{2};\frac{1}{2},\frac{1}{2}\right\rangle + C_2\left|\frac{1}{2},m_s+\frac{1}{2};\frac{1}{2},-\frac{1}{2}\right\rangle \tag{4.2.42}$$

注意到式(4.2.39)所列出的 s 与 m_s 的取值关系,式(4.2.42)有下列的 4 种情况:

当$\begin{cases} s=0 \\ m_s=0 \end{cases}$时,

$$\left|\frac{1}{2}\ \frac{1}{2}00\right\rangle = \frac{1}{\sqrt{2}}\left(-\left|\frac{1}{2},-\frac{1}{2};\frac{1}{2},\frac{1}{2}\right\rangle + \left|\frac{1}{2},\frac{1}{2};\frac{1}{2},-\frac{1}{2}\right\rangle\right) \tag{4.2.43}$$

当$\begin{cases} s=1 \\ m_s=0 \end{cases}$时,

$$\left|\frac{1}{2}\ \frac{1}{2}10\right\rangle = \frac{1}{\sqrt{2}}\left(\left|\frac{1}{2},-\frac{1}{2};\frac{1}{2},\frac{1}{2}\right\rangle + \left|\frac{1}{2},\frac{1}{2};\frac{1}{2},-\frac{1}{2}\right\rangle\right) \tag{4.2.44}$$

当$\begin{cases} s=1 \\ m_s=1 \end{cases}$时,

$$\left|\frac{1}{2}\ \frac{1}{2}11\right\rangle = \left|\frac{1}{2},\frac{1}{2};\frac{1}{2},\frac{1}{2}\right\rangle \tag{4.2.45}$$

当$\begin{cases} s=1 \\ m_s=-1 \end{cases}$时,

$$\left|\frac{1}{2}\ \frac{1}{2}1-1\right\rangle = \left|\frac{1}{2},-\frac{1}{2};\frac{1}{2},-\frac{1}{2}\right\rangle \tag{4.2.46}$$

将式(4.2.28)~(4.2.31)的标记间的关系代入式(4.2.43)~(4.2.46),耦合态的态矢可写为

$$\left|\frac{1}{2}\ \frac{1}{2}00\right\rangle = \frac{1}{\sqrt{2}}[\alpha(1)\beta(2) - \beta(1)\alpha(2)] \tag{4.2.47}$$

$$
\begin{aligned}
\left|\frac{1}{2}\ \frac{1}{2}11\right\rangle &= \alpha(1)\alpha(2) \\
\left|\frac{1}{2}\ \frac{1}{2}10\right\rangle &= \frac{1}{\sqrt{2}}[\alpha(1)\beta(2)+\beta(1)\alpha(2)] \\
\left|\frac{1}{2}\ \frac{1}{2}1-1\right\rangle &= \beta(1)\beta(2)
\end{aligned} \tag{4.2.48}
$$

由于式(4.2.47)对应着 $s=0$,这表明,在该态下,两电子的总自旋为零,这个态称为两电子自旋耦合的自旋单态,简称为自旋单态;而式(4.2.48)中的三个本征态对应着$s=1$,它们是两电子自旋耦合的自旋三重态的态矢,简称为自旋三重态。

在自旋单态中,如果交换两个电子的编号,即1与2互相交换,交换后的态矢与交换前的态矢反号;在自旋三重态中,这种电子编号的交换却不改变态矢的符号。我们将在下一章中详细描述这种粒子交换所带来的物理效应。

【例4.5】 非全同粒子自旋态间的耦合

某物理体系由两个自旋为1/2的非全同粒子组成。已知粒子1处于 $s_{1z}=\frac{1}{2}\hbar$的本征态,粒子2处于 $s_{2x}=\frac{1}{2}\hbar$的本征态。求体系的总自旋$\hat{S}^2$ 的可能值及相应的概率。

【解】 由题意,粒子1处于 $\alpha(1)$态。对于粒子2,我们需要在$[\hat{S}_2^2,\hat{s}_{2z}]$表象中求解它处于 $s_{2x}=\frac{1}{2}\hbar$的本征态的态矢。在$[\hat{S}_2^2,\hat{s}_{2z}]$表象中,

$$
s_{2x}=\frac{\hbar}{2}\begin{bmatrix}0 & 1\\ 1 & 0\end{bmatrix}
$$

求解该矩阵对应的矩阵本征方程,可获得本征态。即

$$
\frac{\hbar}{2}\begin{bmatrix}0 & 1\\ 1 & 0\end{bmatrix}\begin{bmatrix}a\\ b\end{bmatrix}=\lambda\begin{bmatrix}a\\ b\end{bmatrix}
$$

其中,$\lambda=\frac{\hbar}{2}$对应的本征态的态矢为

$$
\begin{bmatrix}a\\ b\end{bmatrix}=\frac{1}{\sqrt{2}}\begin{bmatrix}1\\ 1\end{bmatrix}
$$

记

$$
\varphi(2)=\begin{bmatrix}a\\ b\end{bmatrix}=\frac{1}{\sqrt{2}}\begin{bmatrix}1\\ 1\end{bmatrix}
$$

显然

$$\varphi(2) = \frac{1}{\sqrt{2}}[\alpha(2) + \beta(2)]$$

双粒子的初态为

$$\begin{aligned}\chi(1,2) &= \alpha(1)\varphi(2)\\ &= \frac{1}{\sqrt{2}}[\alpha(1)\alpha(2) + \alpha(1)\beta(2)]\end{aligned}$$

另一方面，对两自旋耦合有

$$\hat{S}^2\chi_{sm_s}(1,2) = s(s+1)\hbar^2\chi_{sm_s}(1,2)$$

因为 $s=0,1$，所以$\hat{S}^2$ 的可能值为 $s(s+1)\hbar^2=0,2\hbar^2$。

对于 $s=0$，$\hat{S}^2$ 的本征态为单态 $\chi_{00}(1,2)=\frac{1}{\sqrt{2}}[\alpha(1)\beta(2)-\beta(1)\alpha(2)]$，那么，处于初态 $\chi(1,2)$的两粒子出现 $s=0$ 的概率

$$P = |\langle\chi_{00}(1,2)\mid\chi(1,2)\rangle|^2 = \frac{1}{4}$$

对于 $s=1$ 时，$\hat{S}^2$ 的本征态为三重态：$\chi_{11}(1,2)$，$\chi_{10}(1,2)$，$\chi_{1-1}(1,2)$。此时，处于初态 $\chi(1,2)$的两粒子出现 $s=1$ 的概率

$$\begin{aligned}P = &|\langle\chi_{11}(1,2)\mid\chi(1,2)\rangle|^2 + |\langle\chi_{10}(1,2)\mid\chi(1,2)\rangle|^2\\ &+|\langle\chi_{1-1}(1,2)\mid\chi(1,2)\rangle|^2 = \frac{3}{4}\end{aligned}$$

4.2.4 拓展阅读：角动量表象理论在原子激发谱分析中的应用

原子的基态都是典型的 *LS* 耦合，但是原子激发态的情形则有些复杂。通常，轻原子的激发态以 *LS* 耦合为主，而重原子的激发态则以 *jj* 耦合为主。对大多数既不轻也不重的原子的低激发态，它们中的电子角动量间耦合不能简单地采用 *LS* 耦合或 *jj* 耦合，而是所谓的中间耦合。中国科学技术大学朱林繁教授研究组采用快电子碰撞方法(其实验装置示意图见图 4.2)，研究了涉及原子基态 *LS* 耦合表象和激发态中间耦合表象的跃迁问题，并采用量子力学中的表象理论，很好地解释了实验观测到的规律，[①] 下面介绍他们如何采用理论方法解释实验结果。

---

① Zhu L F, Cheng H D, Yuan Z S, et al. Generalized Oscillator Strengths for the Valence Shell Excitations of Argon[J]. Phys. Rev. A, 2006, 73: 042703.

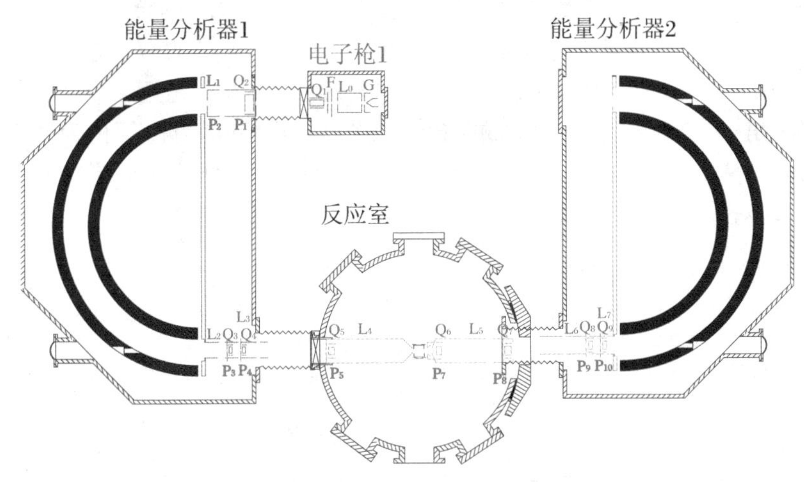

图 4.2 中国科学技术大学的电子能量损失谱仪示意图

实验上用图 4.2 所示装置测量了惰性原子的激发能谱，并观测到对于 $n\text{p}^6\ {}^1\text{S}_0 \rightarrow n\text{p}^5(n+1)\text{s}[3/2]_1$ 和 $n\text{p}^6\ {}^1\text{S}_0 \rightarrow n\text{p}^5(n+1)\text{s}'[1/2]_1$ 这一对跃迁，它们的跃迁强度随动量转移平方的变化呈现出相同的演化规律，也即这两个跃迁的广义振子强度曲线近似"平行"，并且这一规律对于 Ne、Ar 和 Kr 这几个原子的相应跃迁都是成立的，如图 4.3 所示。图 4.3 中的横坐标是动量转移的平方，而动量转移是电子和原子分子散射过程中电子传递给原子分子的动量，可由入射电子的动量和散射电子的动量测量出来：

$$K^2 = p_0^2 + p_a^2 - 2p_0 p_a \cos\theta$$

这里 p_0、p_a 和 θ 分别是入射电子动量、散射电子动量和散射角度。图 4.3 中的纵坐标是广义振子强度(GOS)，它反映的是电子与原子分子碰撞过程中从基态跃迁到相应激发态的跃迁概率，其具体定义为：

$$f_j(K) = \frac{2E_j}{K^2}\left|\left\langle \psi_j \left| \sum_{i=1}^{N} \mathrm{e}^{\mathrm{i}\vec{K}\cdot\vec{r}_i} \right| \psi_0 \right\rangle\right|^2 \tag{4.2.49}$$

这里 E_j 为激发态 j 的激发能，$\vec{K}$ 为动量转移，$\vec{r}_i$ 为原子中电子 i 的坐标矢量。ψ_0 和 ψ_j 分别是原子激发前初态的态矢和激发后末态的态矢，N 为原子中电子的数目。

图 4.3 所示的规律性是比较奇特的。虽然 $n\text{p}^6\ {}^1\text{S}_0 \rightarrow n\text{p}^5(n+1)\text{s}[3/2]_1$ 和 $n\text{p}^6\ {}^1\text{S}_0 \rightarrow n\text{p}^5(n+1)\text{s}'[1/2]_1$ 这一对跃迁的初态相同，皆为原子的基态，但是它们的末态并不相同，即相应的末态态矢不一样。一般来说，末态态矢不同，其跃迁概率对动量转移的依赖特性也不一样，并不会呈现相同的规律性。但是图 4.3 确凿无疑地显示了跃迁过程中存在动量转移依赖的规律。有趣的是，这一规律与表象间的变化关联。下面我们以 Ne 原子为例来阐明这种关联。

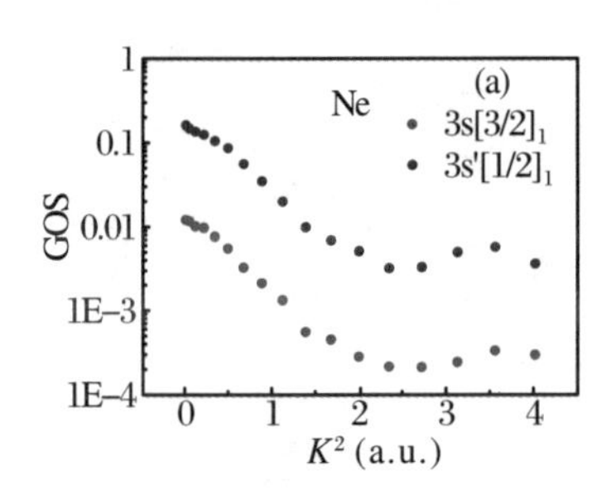

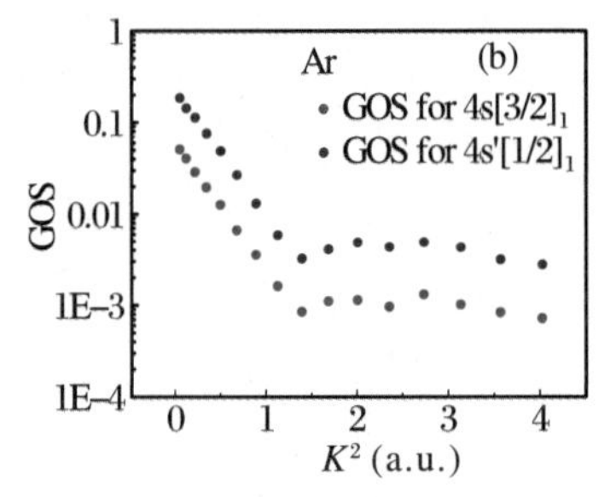

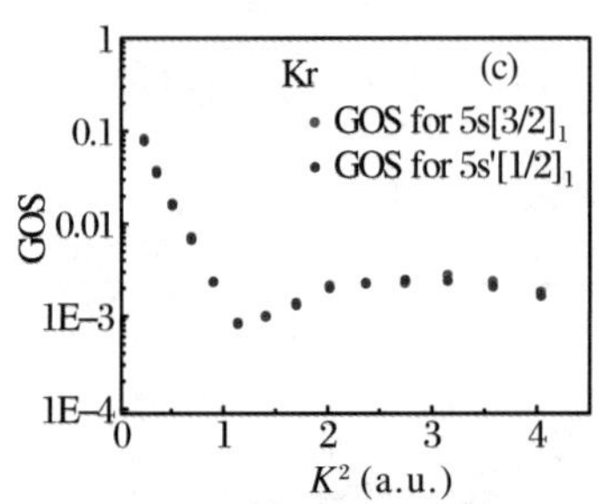

图 4.3 广义振子强度随电子动量转移的变化

Ne 原子基态的电子组态为 $2p^6$，其耦合是典型的 *LS* 耦合，相应的原子态符号为 $2p^6\,{}^1S_0$。当这 6 个电子的 1 个被激发到 3s 时，形成的激发态电子组态为 $2p^5 3s$。由于 2p 支壳层最多填 6 个电子，因此 $2p^5$ 和 $2p^1$ 是互补的，也即组态 $2p^5 3s$ 的角动量耦合方式与 2p3s 的角动量耦合方式相同，可以等价为两电子系统（见本套丛书中的《原子物理学》）。考虑到 Ne 原子的激发态结构是中间耦合，$2p^5 3s$ 对应的两个电子间的角动量耦合给出的激发态能级为

$$2p^5 3s\,[3/2]_{2,1} \quad 和 \quad 2p^5 3s'\,[1/2]_{1,0}$$

可见，耦合后共有四个能级。

如果按照 *LS* 耦合，可以很容易写出 $2p^5 3s$ 耦合的原子态符号为

$$2p^5 3s\,{}^3P_{2,1,0} \quad 和 \quad 2p^5 3s\,{}^1P_1$$

由角动量耦合理论可以很容易理解，两种耦合表象中，只有总角动量相同的两个态之间才有对应关系，也即

$$2p^5 3s\,[3/2]_2 \leftrightarrow 2p^5 3s\,{}^3P_2$$
$$2p^5 3s'\,[1/2]_0 \leftrightarrow 2p^5 3s\,{}^3P_0$$
$$2p^5 3s\,[3/2]_1,\ 2p^5 3s'\,[1/2]_1 \leftrightarrow 2p^5 3s\,{}^3P_1,\ 2p^5 3s\,{}^1P_1$$

显然，对于总角动量量子数为 2 的这一能级，在中间耦合表象中表示为 $2p^5 3s\,[3/2]_2$，但由于它在 *LS* 耦合表象中只有 $2p^5 3s\,{}^3P_2$ 相对应，说明这一能级属于典型的 *LS* 耦合，只不过在不同表象中表示能级的方法不同，但是其波函数完全一样。同样的情况也适用于 $2p^5 3s'\,[1/2]_0$（也即 $2p^5 3s\,{}^3P_0$）。考虑到原子的基态为 *LS* 耦合的单重态 $2p^6\,{}^1S_0$，而上述总角动量量子数为 2 和 0 的激发态都是三重态，从基态到这两个激发态的跃迁是禁阻的，因此，快电子散射实验中观测不到这两个跃迁。

总角动量量子数为 1 的两个能级情况则不同。在中间耦合表象中，$2p^5 3s[3/2]_1$ 和 $2p^5 3s'\,[1/2]_1$ 的表述方法是符合真实情况的，相应的能量和波函数也是薛定谔方程的本征值和本征函数。在 *LS* 耦合表象中，这两个能级表述为 $2p^5 3s\,{}^3P_1$ 和 $2p^5 3s\,{}^1P_1$，相应的能量和波函数并不是薛定谔方程的本征值和本征函数，只不过是一套完备基的两个基矢而已。但是，由于原子的基态波函数是 *LS* 耦合，采用 *LS* 耦合的完备基组分析问题要简单很多，所以我们把激发态的中间耦合波函数用 *LS* 耦合的完备集展开，有

$$\psi_{np^5(n+1)s[3/2]_1} = \alpha\psi_{np^5(n+1)s\,{}^3P_1} + \beta\psi_{np^5(n+1)s\,{}^1P_1} \tag{4.2.50}$$

$$\psi_{np^5(n+1)s'[1/2]_1} = -\beta\psi_{np^5(n+1)s\,{}^3P_1} + \alpha\psi_{np^5(n+1)s\,{}^1P_1} \tag{4.2.51}$$

这里，α 和 β 是中间耦合系数。

从基态跃迁到 $2p^5 3s\,[3/2]_1$ 和 $2p^5 3s'\,[1/2]_1$ 的广义振子强度比为

$$\delta=\frac{f_1(K_1)}{f_2(K_2)}=\frac{E_1}{E_2}\frac{K_2^2}{K_1^2}\frac{\left|\left\langle\psi_{2p^53s[3/2]_1}\left|\sum_{i=1}^{N}e^{i\vec{K}_1\cdot\vec{r}_i}\right|\psi_{2p^6\,^1S_0}\right\rangle\right|^2}{\left|\left\langle\psi_{2p^53s'[1/2]_1}\left|\sum_{i=1}^{N}e^{i\vec{K}_2\cdot\vec{r}_i}\right|\psi_{2p^6\,^1S_0}\right\rangle\right|^2}$$

$$=\frac{E_1}{E_2}\frac{K_2^2}{K_1^2}\frac{\left|\left\langle\alpha\psi_{np^5(n+1)s\,^3P_1}+\beta\psi_{np^5(n+1)s\,^1P_1}\left|\sum_{i=1}^{N}e^{i\vec{K}_1\cdot\vec{r}_i}\right|\psi_{2p^6\,^1S_0}\right\rangle\right|^2}{\left|\left\langle-\beta\psi_{np^5(n+1)s\,^3P_1}+\alpha\psi_{np^5(n+1)s\,^1P}\left|\sum_{i=1}^{N}e^{i\vec{K}_2\cdot\vec{r}_i}\right|\psi_{2p^6\,^1S_0}\right\rangle\right|^2}$$

$$=\frac{E_1}{E_2}\frac{K_2^2}{K_1^2}\frac{\left|\left\langle\alpha\psi_{np^5(n+1)s\,^3P_1}\left|\sum_{i=1}^{N}e^{i\vec{K}_1\cdot\vec{r}_i}\right|\psi_{2p^6\,^1S_0}\right\rangle\right.}{\left|\left\langle-\beta\psi_{np^5(n+1)s\,^3P_1}\left|\sum_{i=1}^{N}e^{i\vec{K}_2\cdot\vec{r}_i}\right|\psi_{2p^6\,^1S_0}\right\rangle\right.}\rightarrow$$

$$\leftarrow\frac{\left.+\left\langle\beta\psi_{np^5(n+1)s\,^1P_1}\left|\sum_{i=1}^{N}e^{i\vec{K}_1\cdot\vec{r}_i}\right|\psi_{2p^6\,^1S_0}\right\rangle\right|^2}{\left.+\left\langle\alpha\psi_{np^5(n+1)s\,^1P_1}\left|\sum_{i=1}^{N}e^{i\vec{K}_2\cdot\vec{r}_i}\right|\psi_{2p^6\,^1S_0}\right\rangle\right|^2}\tag{4.2.52}$$

考虑到单态与三重态间的跃迁是禁戒的，故上式中涉及单态和三重态之间的积分为零，也即

$$\left\langle\psi_{np^5(n+1)s\,^3P_1}\left|\sum_{i=1}^{N}e^{i\vec{K}\cdot\vec{r}_i}\right|\psi_{2p^6\,^1S_0}\right\rangle=0\tag{4.2.53}$$

因此有

$$\delta=\frac{E_1}{E_2}\frac{K_2^2}{K_1^2}\frac{\left|\left\langle\beta\psi_{np^5(n+1)s\,^1P_1}\left|\sum_{i=1}^{N}e^{i\vec{K}_1\cdot\vec{r}_i}\right|\psi_{2p^6\,^1S_0}\right\rangle\right|^2}{\left|\left\langle\alpha\psi_{np^5(n+1)s\,^1P_1}\left|\sum_{i=1}^{N}e^{i\vec{K}_2\cdot\vec{r}_i}\right|\psi_{2p^6\,^1S_0}\right\rangle\right|^2}\approx\frac{E_1}{E_2}\frac{\beta^2}{\alpha^2}\tag{4.2.54}$$

这里，已经考虑了对于同一散射角 $K_1\approx K_2$。

显然，从基态到$2p^53s\,[3/2]_1$ 和$2p^53s'\,[1/2]_1$ 的广义振子强度之比为一常数，并且与动量转移无关，因而，两条广义振子强度曲线是“平行的”，这正是图4.3 所示的情形。对于 Ar 和 Kr 原子的情形也是类似的，在此不作过多说明。另外，上述分析不仅适用于原子的价壳层跃迁，对于原子的内壳层跃迁[5]，上述分析方法也是适用的。

通过测量图 4.3 中两条曲线的比值，就获得式(4.2.54)中的 δ。同时，实验也能测定两个能级值 E_1 和 E_2。根据这些测量值就可以计算出式(4.2.54)中的 β/α，这就获得了式(4.2.50)和式(4.2.51)中的两个展开系数间的比值。注意到波函数的归一化条件，这两个系数满足

$$\alpha^2 + \beta^2 = 1 \tag{4.2.55}$$

联立式(4.2.54)和式(4.2.55)，就可以从实验上定出中间耦合系数 α 和 β。这是借助实验确定态函数在特定表象中表示的一个实例。对于氖原子，实验测出的中间耦合系数 α 和 β 为 0.274 和 0.962，与理论计算结果 0.269 和 0.963 吻合得很好。该实例也充分表明了表象理论的正确性!

4.3 电子与电磁场的相互作用

既然电子带电($-e$)并具有自旋，那么，在电磁场中的电子就会受到电磁场的作用。我们首先考虑自旋与磁场的作用。设电子自旋角动量为 $\hat{\vec{s}}$，并假设自旋磁矩为

$$\vec{\mu} = -\frac{e}{m}\hat{\vec{s}} = -\frac{e\hbar}{2m}\hat{\vec{\sigma}} \tag{4.3.1}$$

当对一个电子施加一个恒定的外磁场(磁感应强度为 $\vec{B}$)，电子的自旋磁矩将与外磁场作用，从而对电子产生附加的能量

$$\widetilde{U} = -\vec{\mu}\cdot\vec{B} = \frac{e\hbar}{2m}(\hat{\vec{\sigma}}\cdot\vec{B}) \tag{4.3.2}$$

于是，处于外磁场 $\vec{B}$ 中电子的哈密顿量 $\hat{H}(\vec{r},s)$ 可表述为与空间相关的部分 $\hat{H}(\vec{r})$ 和与自旋相关的部分 $\widetilde{U}(s)$ 之和，即

$$\hat{H}(\vec{r},s) = \hat{H}(\vec{r}) + \widetilde{U}(s) \tag{4.3.3}$$

对于这一情形，体系的薛定谔方程为

$$\mathrm{i}\hbar\frac{\partial}{\partial t}\psi(\vec{r},s,t) = [\hat{H}(\vec{r}) + \widetilde{U}(s)]\psi(\vec{r},s,t) \tag{4.3.4}$$

由于哈密顿量中的空间部分与自旋部分是分离的，上述的方程可进行分离变量。为此，令空间波函数为 $\varphi(\vec{r},t)$，与自旋相关的波函数为 $\chi(s,t)$，则

$$\psi(\vec{r},s,t) = \phi(\vec{r},t)\chi(s,t)$$

代入方程(4.3.4)，有

$$\mathrm{i}\hbar\frac{\partial}{\partial t}\phi(\vec{r},t) = \hat{H}(\vec{r})\phi(\vec{r},t) \tag{4.3.5}$$

和

$$\mathrm{i}\hbar\frac{\partial}{\partial t}\chi(s,t)=\frac{e\hbar}{2m}(\hat{\vec{\sigma}}\cdot\vec{B})\chi(s,t) \tag{4.3.6}$$

显然，方程(4.3.6)支配着电子在外磁场的作用下自旋波函数随时间演化的动力学行为。由于这一方程中含有泡利算符，在 $\hat{\sigma}_z$ 表象中，泡利算符为 2×2 的矩阵，所以，方程(4.3.6)在该表象中为 2×2 的矩阵方程。

其次，我们讨论方程(4.3.5)中的哈密顿算符。对于电磁场中的带电粒子，我们应该注意以下的因素：

(1) 除了用 $\vec{E}$ 和 $\vec{B}$ 描述电磁场外，通常也采用矢势 $\vec{A}$ 和标势 φ 描述电磁场。它们之间具有如下的关系：

$$\vec{B}=\nabla\times\vec{A} \tag{4.3.7}$$

$$\vec{E}=-\frac{\partial\vec{A}}{\partial t}-\nabla\varphi \tag{4.3.8}$$

从数学上看，如果上面两式中的矢势和标势进行下列变换：

$$\vec{A}\to\vec{A}'=\vec{A}+\nabla\chi(\vec{r},t) \tag{4.3.9}$$

$$\varphi\to\varphi'=\varphi-\frac{\partial\chi(\vec{r},t)}{\partial t} \tag{4.3.10}$$

变换后的矢势和标势也如同式(4.3.7)和式(4.3.8)一样表达出磁感应强度和电场强度。上面的两个变换中的 $\chi(\vec{r},t)$ 为标量函数。这样的变换称为规范变换。显然，用矢势和标势表达电磁场缺乏了唯一性。这种不唯一表达的结果中，包含着非物理的数学解。为了克服这一问题，物理上引进了规范条件，如库仑规范

$$\nabla\cdot\vec{A}=0 \tag{4.3.11}$$

在这样的规范条件下，规范变换式(4.3.9)和式(4.3.10)导致的非物理解就被部分剔除。

(2) 电磁场中电子的机械动量与其正则动量是不同的，并且

$$\text{机械动量}=\text{正则动量}+e\vec{A} \tag{4.3.12}$$

注意到 2.3.1 节和 2.3.2 节介绍过对粒子的坐标和动量进行量子化，实际上是指对粒子的正则坐标和正则动量进行量子化。将处于电磁场中带电粒子的经典哈密顿量

$$H(\vec{r})=\frac{1}{2m}(\vec{p}+e\vec{A})^2-e\varphi \tag{4.3.13}$$

进行正则量子化。方程(4.3.5)中的哈密顿算符有如下的形式：

$$\hat{H}(\vec{r})=\frac{1}{2m}(\hat{\vec{p}}+e\vec{A})^2-e\varphi \tag{4.3.14}$$

式中，$\hat{\vec{p}}$是电子的正则动量。于是，方程(4.3.5)就改写成

$$i\hbar\frac{\partial}{\partial t}\phi(\vec{r},t)=\left[\frac{1}{2m}(\hat{\vec{p}}+e\vec{A})^2-e\varphi\right]\phi(\vec{r},t) \tag{4.3.15}$$

理论上可以证明：如果按式(4.3.9)和式(4.3.10)对方程(4.3.15)进行规范变换，并施加库仑规范条件，那么，方程(4.3.15)变为

$$i\hbar\frac{\partial}{\partial t}\phi'(\vec{r},t)=\left[\frac{1}{2m}(\hat{\vec{p}}+e\vec{A}')^2-e\varphi'\right]\phi'(\vec{r},t) \tag{4.3.16}$$

方程(4.3.16)与方程(4.3.15)在形式上完全一样，但波函数却发生了变换。满足这两个方程的波函数彼此间具有如下的关系：

$$\phi'=e^{-ie\chi/\hbar}\phi \tag{4.3.17}$$

即相差一个相位因子$e^{-ie\chi/\hbar}$。这个相因子中含有与空间坐标和时间有关的实函数$\chi(\vec{r},t)$，因此，这个相因子不是常数因子。该因子的出现带来了更丰富的物理内容，例如外磁场调控的宏观量子现象——*AB* 效应。

1959 年，Y. Aharonov 和 D. Bohm 提出电磁场的矢势有直接的可观测的物理效应，这被称为 *AB* 效应。

【例 4.6】 氢原子的正常塞曼效应

将氢原子置于一均匀的外磁场中。设外磁场的磁感应强度 B 沿 z 轴正方向，即

$$\vec{B}=(0,0,B) \tag{1}$$

那么，氢原子中的电子(质量为 μ)受到原子核的静电库仑势 $V(r)$的作用，同时也受到外磁场的作用。对正常塞曼效应，不考虑电子的自旋与外磁场的相互作用。于是，氢原子中电子的哈密顿量可写为

$$\hat{H}=\frac{1}{2\mu}(\hat{\vec{p}}+e\vec{A})^2+V(r) \tag{2}$$

对矢势可取

$$\vec{A}=\frac{1}{2}\vec{B}\times\vec{r} \tag{3}$$

则有

$$\begin{aligned}A_x&=\frac{1}{2}(B_yz-B_zy)=-\frac{1}{2}By\\A_y&=\frac{1}{2}(B_zx-B_xz)=\frac{1}{2}Bx\\A_z&=\frac{1}{2}(B_xy-B_yx)=0\end{aligned} \tag{4}$$

将式(4)代入式(2),有

$$\begin{aligned}\hat{H} &= \frac{1}{2\mu}\left[\left(\hat{p}_x - \frac{e}{2}By\right)^2 + \left(\hat{p}_y + \frac{e}{2}Bx\right)^2 + \hat{p}_z^2\right] + V(r) \\ &= \frac{1}{2\mu}\left[(\hat{p}_x^2 + \hat{p}_y^2 + \hat{p}_z^2) + \left(\frac{eB}{2}\right)^2(x^2 + y^2) + eB(x\hat{p}_y - y\hat{p}_x)\right] + V(r) \\ &= \frac{1}{2\mu}\left[\hat{\vec{p}}^2 + \left(\frac{eB}{2}\right)^2(x^2 + y^2) + eB\hat{l}_z\right] + V(r)\end{aligned} \tag{5}$$

注意到如下的两个事实:

(1) 对原子中未电离的电子,其运动区域限制在原子内。通常原子的半径 a 约为 Å 的数量级,即 $a \sim 10^{-10}\text{m}$。于是

$$(x^2 + y^2) \approx a^2 \sim (10^{-10}\text{m})^2 \tag{6}$$

(2) 通常的塞曼效应实验所使用的磁感应强度 $B < 10\text{T}$。那么

$$\left|\frac{\left(\frac{eB}{2}\right)^2(x^2 + y^2)}{eB\hat{l}_z}\right| \approx \left|\frac{\left(\frac{eB}{2}\right)^2 a^2}{eB\hbar}\right| < 10^{-4} \tag{7}$$

故哈密顿量中的 $\left(\frac{eB}{2}\right)^2(x^2 + y^2)$ 可以忽略。此时

$$\hat{H} = \frac{1}{2\mu}\hat{\vec{p}}^2 + V(r) + \frac{eB}{2\mu}\hat{l}_z \tag{8}$$

对于该体系,读者可以证明

$$[\hat{H}, \hat{\vec{l}}^2] = 0; \quad [\hat{H}, \hat{l}_z] = 0; \quad [\hat{\vec{l}}^2, \hat{l}_z] = 0$$

于是,可以选择守恒量完全集 $(\hat{H}, \hat{\vec{l}}^2, \hat{l}_z)$,其共同本征函数为

$$\begin{aligned}\psi_{nlm}(r,\theta,\varphi) &= R_{nl}(r)Y_{lm}(\theta,\varphi) \\ n &= 1,2,3,\cdots \\ l &= 0,1,2,\cdots,(n-1) \\ m &= 0, \pm 1, \pm 2, \cdots, \pm l\end{aligned} \tag{9}$$

体系的能量本征方程写为

$$\left[\frac{1}{2\mu}\hat{\vec{p}}^2 + V(r) + \frac{eB}{2\mu}\hat{l}_z\right]\psi_{nlm}(r,\theta,\varphi) = E_{nlm}\psi_{nlm}(r,\theta,\varphi) \tag{10}$$

由于 $\psi_{nlm}(r,\theta,\varphi)$ 也是 $\hat{l}_z$ 的本征态,那么方程(10)可改写成

$$\left[\frac{1}{2\mu}\hat{\vec{p}}^2 + V(r)\right]\psi_{nlm}(r,\theta,\varphi) + \frac{eB}{2\mu}m\hbar\psi_{nlm}(r,\theta,\varphi) = E_{nlm}\psi_{nlm}(r,\theta,\varphi) \tag{11}$$

即

$$\left[\frac{1}{2\mu}\hat{\vec{p}}^2 + V(r)\right]\psi_{nlm}(r,\theta,\varphi) = \left(E_{nlm} - \frac{eB}{2\mu}m\hbar\right)\psi_{nlm}(r,\theta,\varphi) \tag{12}$$

方程(12)中的哈密顿算符与角度无关，所以，方程(12)又进一步简化成

$$\left[\frac{1}{2\mu}\hat{\vec{p}}^2 + V(r)\right]R_{nl}(r) = \left(E_{nlm} - \frac{eB}{2\mu}m\hbar\right)R_{nl}(r) \tag{13}$$

对比氢原子的量子力学解中径向方程

$$\left[\frac{1}{2\mu}\hat{\vec{p}}^2 + V(r)\right]R_{nl}(r) = E_{nl}R_{nl}(r)$$

可知

$$E_{nlm} = E_{nl} + \frac{eB}{2\mu}m\hbar \tag{14}$$

对一给定的量子数 l，m 有 $2l+1$ 个取值。于是，外加磁场后，体系的能级 E_{nlm} 相对于未加磁场时的能级 E_{nl} 分裂了($l=0$ 除外)。从物理上看，没有施加外磁场时，氢原子中的电子处于高度对称的球形库仑场中，能级的简并度很高。然而，外加磁场后，氢原子中电子所感受的总的势场的对称性降低了，部分简并被解除，从而发生能级分裂。

4.4 拓展阅读:电子自旋输运

电子除携带电荷之外还有一个重要的属性——自旋。然而，传统的电子器件只利用了电子电荷的输运性质，却忽略了电子自旋的性质，而与自旋相关的磁性用于传统的信息存储技术中时没有考虑电子输运。如果将一个体系中的电子进行极化，极化的电子有自旋向上和自旋向下之分。这两种不同自旋的电子在体系中输运，就对应着两种载流子的输运。近年来，人们对同时携带电子电荷和自旋取向的输运行为进行了大量的研究，提出了自旋电子学(Spintronics)。传统的电子学已取得了广泛的应用，为什么还要发展自旋电子

学呢？

在电子学器件中，电子在材料中输运的过程中会不停地被碰撞（也称为散射）。相邻两次碰撞所经历的时间称为散射的平均时间间隔，在这期间电子所通过的路程称为平均自由程。我们知道，碰撞会改变电子的状态。如果散射的平均时间间隔越长、对应的平均自由程越大，那么，电子在材料中不丧失自旋相干的扩散长度就越长。下面是非极化电子与极化电子被散射的最基本特性的对比。

表 4.1 低温下电子被散射的平均时间间隔 τ 和相应的平均自由程 λ

	τ(s)	λ(nm)
非极化电子弹性散射	10^{-13}	10
非极化电子非弹性散射	10^{-11}	1000
极化电子弹性散射	10^{-9}	100000

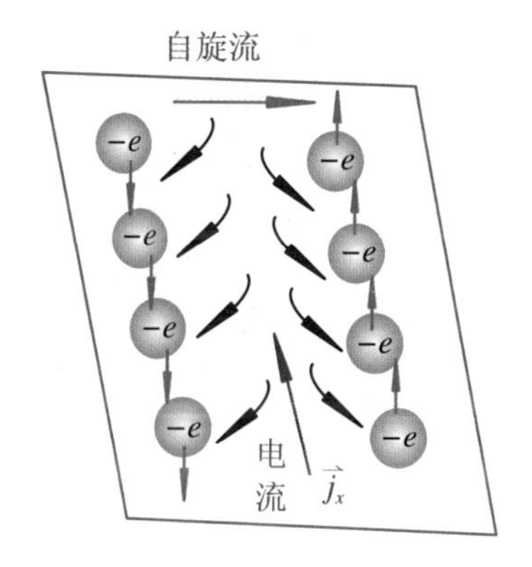

图 4.4 材料中自旋流示意图

显然，极化电子保持其原有状态的时间比非极化电子的长得多，与之对应的自旋扩散长度也当然更长。由于这一重要的特征，采用自旋极化的电子在材料中输运，用之于传递信息编码，可在更长的空间中不受干扰。这将在自旋电子学器件（例如，自旋晶体管、存储器件、量子信息处理器，甚至量子计算）中有着重要的潜在的应用。

4.5 拓展阅读：磁致冷冰箱原理

实际的材料中有大量的价电子，这些价电子贡献自旋磁矩。有些材料中原子（或离子）也会贡献磁矩，这是源于原子（或离子）中电子自旋磁矩、电子轨道磁矩以及自旋与轨道耦合产生的磁矩。每个离子产生的磁矩不仅有大小，而且有方向。在一定的温度以下，材料（如铁磁体）中离子间的磁矩彼此相互作用，可能会导致磁有序结构的形成。然而，当温度高于某特定的温度后，磁有序结构被破坏，各个磁性离子的磁矩取向杂乱无章，出现无序的磁结构，这就是所谓的顺磁现象。当一个体系处于顺磁态时，如果外加一合适的外磁场，磁场将使所有离子的磁矩取向趋于一致，因而减少了系统中的磁熵（熵的减少量记为 ΔS_M）。此即等温磁化过程。在该过程中熵的减少导致体系向外界传递热能（$T\Delta S_M$），即有热量流出磁介质。然后绝热地缓慢减小外磁场强度，约束磁矩取向的外部条件渐渐减弱，离子的磁矩取向又趋于无序，于是磁熵增大，直至恢复到顺磁体中原有的磁熵值。该过程为绝热去磁过程。值得注意的是，绝热过程中系统的总熵保持不变。那么绝热去磁过程中磁熵的增加,必然同时伴随着**其他熵的减少**。通常该过程中体系的原子结构的有序度不发生显著的变化,于是,构型熵对"**其他熵的减少**"没有有效的贡献。实际上,"**其他熵的减少**"主要是与晶格振动相联系的振动熵的减小。正是由于振动熵的减小才造成体系的温度下降,物质被冷却。

按上述的循环,可以实现冰箱的制冷。制冷效果的关键在于磁热材料的磁热效应是否足够大,而评估磁热材料性能的两个重要参数是等温磁化过程造成的磁熵变化量 ΔS_M 和绝热去磁过程引起的温度改变量 ΔT_{ad}。优质的磁热材料必须同时具有高的 ΔT_{ad} 和高的 $|\Delta S_M|$。根据磁性物理和热力学理论可知

$$\Delta T_{ad} \approx -\mu_0 \left(\frac{T}{C_H}\right)\left(\frac{dH}{dT_C}\right)\Delta M \tag{4.5.1}$$

$$\Delta S_M(T, \Delta B) = \sum_i \frac{M_{i+1}(T_{i+1}, B) - M_i(T_i, B)}{T_{i+1} - T_i}\Delta B \tag{4.5.2}$$

上面的两式中,T 为温度,M 为磁化强度,T_C为居里温度,H 为焓,μ_0 为玻尔磁子,B 为磁感应强度,C_H为热容量。显然,ΔT_{ad}与材料的居里温度 T_C、热容量 C_H 和磁化强度的改变量有关。而 ΔS_M 值的大小与磁感应强度的改变量和磁化强度随温度的变化率关联。从微观上看,这些均与磁热材料的磁结构及其对外加磁场的响应密切相关。

基于材料的磁热效应来获取低温不仅高效,而且环保,是目前追求环境友好型制冷技术的发展趋势。1933 年,实验室制备了第一台磁致冷冰箱原型,但其制冷效率较低,且工作温区远低于室温。众所周知,具有实用性的磁致冰箱不仅应该具有很好的制冷效果,而且工作温区应在室温附近。另一方面,磁致冰箱中的外磁场由一个永磁体提供,其磁场强度较弱。于是,要求磁热材料能在低磁场下表现出良好的磁热性能。因此,寻找和改良磁热材料成为制备高效、环保磁致冷冰箱的最重要的任务。1997 年磁致冰箱工质材料的研究取得重要突破:在 0～5 T 磁场下,$Gd_5Si_2Ge_2$ 的 ΔS_M 和 ΔT_{ad}分别高达 $-18\,J\cdot(kg\cdot K)^{-1}$ 和 15.3 K,居里温度为 278 K。这里的 $|\Delta S_M|$ 和 ΔT_{ad}值均比以前磁热材料的相应值大了很多,于是$Gd_5Si_2Ge_2$ 所表现出的磁热效应被称为巨磁热效应。此后其他的巨磁热材料也被相继发现,例如,MnAs、$MnAs_{1-x}Sb_x$、Ni_2MnSn 和 $La(FeSi)_{13}$等化合物。具有巨磁热效应的材料的发现极大地推动了磁致冷冰箱向实用化发展。在这些巨磁热材料中,$La(FeSi)_{13}$ 以其很好的软磁性、较大的磁化强度、低廉的成本而备受关注。同时,快速凝固技术的应用解决了化合物合成的困难,降低了材料的制造成本,适合大规模工业生产。

本章小结

(1) 角动量理论在量子理论中占据了重要的地位。我们简要地介绍了角动量分量算符间的对易式、角动量平方算符与角动量分量算符间的关系,以及角动量算符的本征方程。

(2) 对于两个(或多个)角动量体系,具有角动量间的无耦合表象和耦合表象。这两个表象间可相互转化。特别地,从耦合表象向无耦合表象变换时,变换矩阵由 C-G 系数组成。

(3) 电子自旋就是一种角动量。由于电子自旋具有两个分量,因此,单电子自旋在二维的希尔伯特空间中讨论。自旋间的耦合遵从角动量间的耦合规则。

第5章　多粒子体系与全同性原理

左图是一个非常著名的实验现象：在实验前，杯的外侧很干净，不附着液体；实验中，杯中液氦的温度低于2 K，实验观察到杯中的液氦会沿杯的内壁“爬行”，在内壁形成薄层，并溢出杯口，于是，在杯的外侧的底部有液氦液滴的存在。这一现象的物理原因是什么？

首先，实验温度比液氦的沸点（大约是4 K）低，此时液氦不出现沸腾，因而，液氦的沸腾不是液氦从杯中溢出的原因。其次，第1章的简谐振动的结果告诉我们，微观粒子具有零点振动能，这种零点振动在极端的低温下也是存在的，是否是氦的零点振动导致的呢？如果计算零点振动能，可知零点振动不足以驱动液氦溢出。另一方面，即便零点振动会影响液氦中原子间的相对运动，也不至于驱动液氦沿内壁向上爬行！可是，实验观察到了液氦溢出的客观事实。这种现象的背后蕴藏着什么样的物理机理？通过对量子理论的研究，物理学家揭示出这种现象是源于微观多粒子体系中的玻色-爱因斯坦凝聚——一种纯粹的量子效应。

我们曾经对一维无限深势阱、一维谐振子和氢原子体系进行了详细的讨论。不难看出，这些体系均具有一个共同的特征：单个粒子处在某一特定的势场中。显然，对这些单粒子行为的研究均建立在求解单粒子薛定谔方程的基础之上。但在实际的物理体系中，我们所面对的是含有大量粒子的多粒子体系。这里的多粒子可以是两个或更多的同种粒子，也可以是不同种类的粒子。例如，一个多电子原子是由原子核中的质子和中子（两种粒子）以及核外众多的电子（另一种粒子）所组成，而一个分子则是由若干个原子核和电子所组成，更典型的情况是由大量的原子构成的固体。无论是单原子体系还是宏观的固体，它们的物理性质和化学性质均与组成它们的微观粒子的状态密切关联。于是，从量子理论的角度看，如果要对多粒子体系的物理性质有更深刻的认识，则要求正确描述这些彼此间存在着相互作用的多粒子体系的状态。在一般的意义上，多粒子体系的状态包含着组成物中同类粒子的状态和不同种类粒子的状态。在探讨这些粒子的状态之前，我们首先应该对众多的微观粒子进行分类。

5.1 多粒子体系的分类

5.1.1 微观粒子的全同性

任何微观粒子都具有本征属性，例如质量、电荷、自旋、寿命等。显然，当若干粒子彼此所拥有的(全部或部分)属性不同时，这些粒子当然是不相同的。原则上，如果某些粒子具有某种相同的本征属性，这些微观粒子可按这一属性而被划归为一类。虽然如此，粒子的某些本征属性(如质量)未被用于对粒子的分类。在量子理论中，微观粒子常常按其自旋来分类：自旋为半整数的微观粒子为费米子，自旋为整数的微观粒子为玻色子。例如，电子和中子均是自旋为 1/2 的粒子，它们都是费米子；光子的自旋为 1，它是玻色子。

对多粒子体系，如果这些微观粒子均具有完全相同的内禀性质，我们称这些粒子为全同粒子。例如，所有的电子都具有完全相同的本征性质，因而，他们是全同粒子；电子与中子虽具有相同的自旋，但他们至少在电荷和质量上是不相同的，所以，电子与中子不是相同的微观粒子。

值得注意的是粒子的内禀性质要通过外部的特定环境才能表现出来，并且有些内禀性质的表现是间接的。例如，在特定的外磁场作用下，电子的自旋可以被极化，于是，外加的磁场就能让电子的自旋表现出来。电子自旋的取向不同，是源于其本征的自旋对某些物理作用的不同响应，而其本征的自旋特性不随外加的这些物理作用发生改变，所以这些电子还是全同粒子。由原子物理可知，多电子原子中的电子分布在不同的能级状态，但它们的内禀性质(质量、电荷、自旋等)不因各自所在的能级状态不同而改变，这些电子当然是全同粒子。

电子自旋与外磁场作用，可以改变自旋的取向；原子中电子的自旋与轨道相互作用，也可以改变电子自旋的取向。但这些作用不能改变电子自旋为1/2的内禀性。

5.1.2 全同粒子的不可分辨性

在经典物理描述的宏观世界中，任何两个粒子都能被分辨，不管它们的内禀性质是否完全相同。这是因为宏观粒子在空间中运动时具有确定的轨迹，轨迹的空间定域性和宏观粒子在空间占位上的排他性导致人们通过空间位置上的测量就能分辨宏观粒子。

然而，微观粒子因其具有波动性，在空间呈现概率性的分布，从而丧失了运动轨迹的特征。如果一个体系由多个全同微观粒子组成，这些粒子的波函数$\varphi(\vec{r},t)$可在空间进行叠加构成体系的总波函数，即

$$\psi(\vec{r},t)=\sum_i c_i\varphi_i(\vec{r},t) \tag{5.1.1}$$

我们知道，实验上对多粒子组成的物理体系的可观测量进行测量时，测量的结果应源于该体系中所有粒子的贡献。如果在测量的空间区域中这些粒子的态有效叠加(见图5.1)，那么，在t时刻位于空间r处的概率密度中包含着不同粒子态的成分。由于这些叠加成分的存在，我们无法通过测量结果来对组成体系的全同粒子进行分辨。

图5.1 两个粒子的物质波重叠示意图

是否所有的全同粒子都不能分辨呢？未必如此。如果有两个电子，彼此在空间上分开的较远，以至于它们的德布罗意波不能在空间重叠(见图5.2)，即两电子间没有态的叠加，也没有纠缠。这两个电子是能够被分辨的。至此，我们可给出如下的理解：微观粒子的波动性并且全同粒子的物质波彼此重叠是导致全同粒子不可分辨性的物理根源。全同粒子不可分辨性是微观粒子所特有的性质，在经典粒子中找不到与之对应的物理图像。在本书后续的内容中，涉及全同粒子体系时，除非有特别的声明，我们都是认为体系中的全同粒子是不可分辨的。

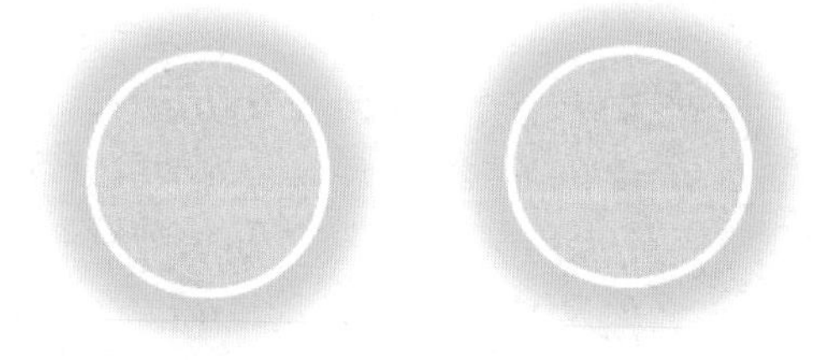

图5.2 两个粒子的物质波不重叠的示意图

5.1.3 全同粒子的交换不变性

如前所述，实验上对一个全同粒子系的物理性质进行观测，所获得的实验结果是全同粒子系作为一个整体所表现出的物理性质。既然全同粒子系中粒子不可区分，那么其中任意的两个全同粒子在空间上分别位于哪两个位置，例

如分别在$\vec{r}_1$和$\vec{r}_2$，或者是反过来在$\vec{r}_2$和$\vec{r}_1$，完全不影响粒子系的物理性质。这等价于这两个粒子分别编号为“1”号粒子和“2”号粒子还是编号为“2”号粒子和“1”号粒子。换句话说，我们如果将一个全同粒子系中的一对粒子的编号进行交换，应该不改变整个粒子系的物理性质。

必须指出，这里的“1”和“2”的编号与全同粒子的不可分辨性是不相容的，因为全同粒子“不能分辨”当然就分不清谁是“1”号谁是“2”号！但为了理论表述的方便，我们还是对全同粒子进行编号，只不过这种编号完全没有分辨全同粒子的意义。

例如，设有两个电荷均为Q、质量都为m的全同粒子组成一个物理体系，这两个全同粒子彼此间存在着库仑相互作用。为方便起见，将这两个全同粒子分别编号为“1”和“2”。令这两个粒子分别位于$\vec{r}_1$和$\vec{r}_2$处，它们的动量分别为$\vec{p}_1$和$\vec{p}_2$。这个全同粒子系的哈密顿量为

$$\hat{H}=\frac{\hat{\vec{p}}_1^2}{2m}+\frac{\hat{\vec{p}}_2^2}{2m}+\frac{Q^2}{4\pi\varepsilon_0|\vec{r}_1-\vec{r}_2|} \tag{5.1.2}$$

显然，将上式中的编号“1”与“2”交换，体系的哈密顿量不变；相应地，哈密顿量的本征态也不变。这表明，在上述两个粒子所构成的全同粒子系中，将这两个粒子彼此交换，不改变体系的量子态。

实际上，这一现象不是两粒子全同粒子系所独有的，所有的多粒子构成的全同粒子系也都具有同样的交换不变性。如此看来，粒子交换不变性是微观全同粒子体系的共同属性，因此，在量子理论中，人们将这一共同属性称为**全同性原理**。

下一步需要思考的是这种交换不变性会带来新的物理内容吗？

为了探究这一问题，我们以N个全同粒子构成的体系为例进行讨论。设多粒子体系的态函数为$\psi(q_1,q_2,\cdots,q_N)$，其中，$q_i(i=1\sim N)$为第i个粒子的广义坐标，这包括空间坐标和自旋。体系中第i个粒子与第j个粒子彼此交换，交换前后的态函数分别记为

$$\psi(q_1,\cdots,q_i,\cdots,q_j,\cdots,q_N) \tag{5.1.3}$$

和

$$\psi(q_1,\cdots,q_j,\cdots,q_i,\cdots,q_N) \tag{5.1.4}$$

既然全同粒子系的态从式(5.1.3)变成式(5.1.4)是源于第i个粒子与第j个粒子彼此交换，我们就可以将粒子间的交换看成是对体系的一种操作。于是，引入交换算符$\hat{P}_{ij}$来表达对多粒子体系中任意两个粒子i和j进行的交换操作。基于这些考虑，式(5.1.3)和式(5.1.4)中的态函数满足下面的关系式：

$$\hat{P}_{ij}\psi(q_1,\cdots,q_i,\cdots,q_j,\cdots,q_N) = \psi(q_1,\cdots,q_j,\cdots,q_i,\cdots,q_N) \tag{5.1.5}$$

由于全同粒子系的量子态对粒子的交换保持不变,式(5.1.5)中右边的态函数应该与 i 粒子和 j 粒子交换前的态相同,但可相差一个常数因子(记为 λ).所以,式(5.1.5)可进一步地写为

$$\hat{P}_{ij}\psi(q_1,\cdots,q_i,\cdots,q_j,\cdots,q_N) = \lambda\psi(q_1,\cdots,q_i,\cdots,q_j,\cdots,q_N) \tag{5.1.6}$$

即

$$\hat{P}_{ij}\psi = \lambda\psi \tag{5.1.7}$$

另一方面,用交换算符 $\hat{P}_{ij}$ 对态 $\psi(q_1,\cdots,q_j,\cdots,q_i,\cdots,q_N)$ 进行一次操作,便可完全恢复原来的态 $\psi(q_1,\cdots,q_i,\cdots,q_j,\cdots,q_N)$。基于此,我们就再用交换算符同时作用到式(5.1.7)的两侧,有

$$\hat{P}_{ij}^2\psi = \lambda^2\psi = \psi \tag{5.1.8}$$

故有

$$\lambda = \pm 1 \tag{5.1.9}$$

将式(5.1.9)代入式(5.1.7),出现了关于交换算符的两个本征方程

$$\begin{cases} \hat{P}_{ij}\psi = \psi \\ \hat{P}_{ij}\psi = -\psi \end{cases} \tag{5.1.10}$$

第一个本征方程中的本征值为 1,这表明全同粒子体系中对任意一对粒子进行交换,不改变体系的状态。我们将这种行为称为交换对称,所对应的波函数为对称波函数。第二个本征方程中的本征值为 -1,这意味着两粒子交换后的波函数与原来的波函数反号,显示出反对称的行为,我们称之为交换反对称,所对应的波函数为反对称波函数。

至此,我们认识到全同粒子的交换不变性居然还蕴含着交换对称和交换反对称。在量子理论中,玻色子体系遵从交换对称,而费米子体系遵从交换反对称,因而这两类全同粒子系的波函数应该分别为交换对称波函数和交换反对称波函数。

5.2 全同粒子系的波函数

5.2.1 两粒子体系

既然全同粒子系波函数应该具有交换对称或交换反对称的基本特征,我们就进一步探讨如何构造满足交换对称性的全同粒子系的波函数。为简明起见,以两个粒子构成的全同粒子系为例予以讨论。假设这两个粒子间无相互作用,这种体系又被称为独立子体系。为了方便,我们只考虑以空间坐标为自变量的波函数。

体系的哈密顿算符为

$$\hat{H}(\vec{r}_1,\vec{r}_2) = \hat{H}_1(\vec{r}_1) + \hat{H}_2(\vec{r}_2) \tag{5.2.1}$$

其中

$$\hat{H}_1(\vec{r}_1) = -\frac{\hbar^2}{2m}\nabla_1^2 + V(\vec{r}_1) \tag{5.2.2}$$

$$\hat{H}_2(\vec{r}_2) = -\frac{\hbar^2}{2m}\nabla_2^2 + V(\vec{r}_2) \tag{5.2.3}$$

该体系哈密顿算符的本征方程为

$$\hat{H}(\vec{r}_1,\vec{r}_2)\psi_\alpha(\vec{r}_1,\vec{r}_2) = E_\alpha\psi_\alpha(\vec{r}_1,\vec{r}_2) \tag{5.2.4}$$

即

$$[\hat{H}_1(\vec{r}_1) + \hat{H}_2(\vec{r}_2)]\psi_\alpha(\vec{r}_1,\vec{r}_2) = E_\alpha\psi_\alpha(\vec{r}_1,\vec{r}_2) \tag{5.2.5}$$

方程中 $\psi_\alpha(\vec{r}_1,\vec{r}_2)$ 为体系的能量本征函数,相应的本征值为 E_α。由于方程(5.2.5)的哈密顿量中没有与两粒子相关的交叉项,可采用分离变量的方法进行求解。为此,令

$$\begin{aligned} \psi_\alpha(\vec{r}_1,\vec{r}_2) &= \varphi_{\alpha_1}(\vec{r}_1)\varphi_{\alpha_2}(\vec{r}_2) \\ E_\alpha &= E_{\alpha_1} + E_{\alpha_2} \end{aligned} \tag{5.2.6}$$

将式(5.2.6)代入式(5.2.5),可得

$$\begin{aligned} \vec{H}_1(\vec{r}_1)\varphi_{\alpha_1}(\vec{r}_1) &= E_{\alpha_1}\varphi_{\alpha_1}(\vec{r}_1) \\ \vec{H}_2(\vec{r}_2)\varphi_{\alpha_2}(\vec{r}_2) &= E_{\alpha_2}\varphi_{\alpha_2}(\vec{r}_2) \end{aligned} \tag{5.2.7}$$

显然，式(5.2.7)中的两个方程恰好为两个无相互作用的单粒子的能量本征方程，所对应的单粒子本征函数分别为 $\varphi_{\alpha_1}(\vec{r}_1)$ 和 $\varphi_{\alpha_2}(\vec{r}_2)$。

如果将式(5.2.6)中两粒子进行交换，则体系的波函数为 $\varphi_{\alpha_1}(\vec{r}_2)\varphi_{\alpha_2}(\vec{r}_1)$。但是，这样的粒子交换不改变体系的总哈密顿算符，并且，两粒子交换后，不影响体系的物理性质，因而体系的能量仍然为 E_α。于是粒子交换前后的态都是对应于同一个能量本征值 E_α 的两个态，显示出由粒子交换所导致的能量简并，称为交换简并。

对上述的两个全同粒子所组成的体系进行粒子编号的交换，只有两个可能的波函数 $\varphi_{\alpha_1}(\vec{r}_1)\varphi_{\alpha_2}(\vec{r}_2)$ 和 $\varphi_{\alpha_1}(\vec{r}_2)\varphi_{\alpha_2}(\vec{r}_1)$。对这两个波函数分别进行粒子编号的交换

$$\varphi_{\alpha_1}(\vec{r}_1)\varphi_{\alpha_2}(\vec{r}_2)\xrightarrow{\vec{r}_1\leftrightarrow\vec{r}_2}\varphi_{\alpha_1}(\vec{r}_2)\varphi_{\alpha_2}(\vec{r}_1)$$

$$\varphi_{\alpha_2}(\vec{r}_1)\varphi_{\alpha_1}(\vec{r}_2)\xrightarrow{\vec{r}_1\leftrightarrow\vec{r}_2}\varphi_{\alpha_2}(\vec{r}_2)\varphi_{\alpha_1}(\vec{r}_1)$$

由于粒子编号($\alpha_1\neq\alpha_2$)交换前后的波函数间不具有对称性，即

$$\varphi_{\alpha_1}(\vec{r}_2)\varphi_{\alpha_2}(\vec{r}_1)\neq\pm\,\varphi_{\alpha_1}(\vec{r}_1)\varphi_{\alpha_2}(\vec{r}_2)$$

$$\varphi_{\alpha_2}(\vec{r}_2)\varphi_{\alpha_1}(\vec{r}_1)\neq\pm\,\varphi_{\alpha_2}(\vec{r}_1)\varphi_{\alpha_1}(\vec{r}_2)$$

这意味着这两个单粒子态直积形式的波函数不是全同粒子系的波函数。虽然如此，我们注意到：该体系中进行粒子交换时，只有这两个直积形式的波函数。它们构成完备集，可用于表达满足交换对称性要求的全同粒子系的波函数，即交换对称波函数

式(5.1.10)要求全同粒子系波函数具有交换对称性或交换反对称性。

$$\begin{aligned}\psi^{S}_{\alpha_1,\alpha_2}(\vec{r}_1,\vec{r}_2)&=\frac{1}{\sqrt{2}}[\varphi_{\alpha_1}(\vec{r}_1)\varphi_{\alpha_2}(\vec{r}_2)+\varphi_{\alpha_1}(\vec{r}_2)\varphi_{\alpha_2}(\vec{r}_1)]\\&=\frac{1}{\sqrt{2}}[\varphi_{\alpha_1}(\vec{r}_1)\varphi_{\alpha_2}(\vec{r}_2)+\hat{P}_{12}\varphi_{\alpha_1}(\vec{r}_1)\varphi_{\alpha_2}(\vec{r}_2)]\\&=\frac{1}{\sqrt{2}}(1+\hat{P}_{12})\varphi_{\alpha_1}(\vec{r}_1)\varphi_{\alpha_2}(\vec{r}_2)\end{aligned}\tag{5.2.8}$$

和交换反对称波函数

$$\begin{aligned}\psi^{A}_{\alpha_1,\alpha_2}(\vec{r}_1,\vec{r}_2)&=\frac{1}{\sqrt{2}}[\varphi_{\alpha_1}(\vec{r}_1)\varphi_{\alpha_2}(\vec{r}_2)-\varphi_{\alpha_1}(\vec{r}_2)\varphi_{\alpha_2}(\vec{r}_1)]\\&=\frac{1}{\sqrt{2}}[\varphi_{\alpha_1}(\vec{r}_1)\varphi_{\alpha_2}(\vec{r}_2)-\hat{P}_{12}\varphi_{\alpha_1}(\vec{r}_1)\varphi_{\alpha_2}(\vec{r}_2)]\\&=\frac{1}{\sqrt{2}}(1-\hat{P}_{12})\varphi_{\alpha_1}(\vec{r}_1)\varphi_{\alpha_2}(\vec{r}_2)\end{aligned}$$

$$= \frac{1}{\sqrt{2}} \begin{vmatrix} \varphi_{\alpha_1}(\vec{r}_1) & \varphi_{\alpha_1}(\vec{r}_2) \\ \varphi_{\alpha_2}(\vec{r}_1) & \varphi_{\alpha_2}(\vec{r}_2) \end{vmatrix} \tag{5.2.9}$$

从数学上看，两个单粒子态直积的波函数 $\varphi_{\alpha_1}(\vec{r}_1)\varphi_{\alpha_2}(\vec{r}_2)$ 和 $\varphi_{\alpha_1}(\vec{r}_2)\varphi_{\alpha_2}(\vec{r}_1)$ 都是全同粒子系能量本征方程的解。这两个可能的解的线性叠加也当然是该方程的解。所以，进行对称化匹配后的波函数 $\psi^{A}_{\alpha_1,\alpha_2}(\vec{r}_1,\vec{r}_2)$ 和 $\psi^{S}_{\alpha_1,\alpha_2}(\vec{r}_1,\vec{r}_2)$ 都是方程(5.2.4)的解。

下面我们对上述的对称化波函数进行讨论：

(1) 上面是从无相互作用的两粒子体系（又称为独立子模型）出发，引入了满足交换对称性的波函数。实际上，这两类对称化波函数的数学形式对有相互作用的全同粒子系也是成立的。虽然如此，按独立子模型解出的结果只包含了全同粒子的交换效应，却没有包含粒子间的相关效应。当采用量子理论对许多实际的材料物理体系进行研究时，应该考虑全同粒子间的交换相关效应。在本书最后一章简介密度泛函理论时，我们会对此予以介绍。

(2) 如本章开始部分所述，微观粒子可按其自旋进行分类。自旋为整数的粒子为玻色子，自旋为半整数的粒子为费米子。所有玻色子体系的波函数均满足交换对称性，而所有费米子体系的波函数都满足交换反对称性。在初等量子理论中，我们不能推导出这一规则，但大量的实验验证了这一规则的正确性。

(3) 如式(5.2.9)所示，反对称化的波函数可用行列式表达。我们知道，行列式中任意两行间对应的元素相同时，该行列式的值为零。对式(5.2.9)中的行列式，如果第一行中标识量子态的指标 α_1 与第二行中的量子态指标 α_2 相同，则 $\psi^{A}_{\alpha_1,\alpha_2}(\vec{r}_1,\vec{r}_2)=0$。必须注意的是，方程(5.2.4)为定态方程，方程的解 $\psi^{A}_{\alpha_1,\alpha_2}(\vec{r}_1,\vec{r}_2)$ 是能量本征函数。由第1章中对定态方程的讨论可知，定态体系的波函数应在该定态解上乘以含时的因子，即 $\psi^{A}_{\alpha_1,\alpha_2}(\vec{r}_1,\vec{r}_2)e^{-iE_{\alpha_1,\alpha_2}t/\hbar}$。而 $\psi^{A}_{\alpha_1,\alpha_2}(\vec{r}_1,\vec{r}_2)=0$，亦即 $\psi^{A}_{\alpha_1,\alpha_2}(\vec{r}_1,\vec{r}_2)e^{-iE_{\alpha_1,\alpha_2}t/\hbar}=0$。这表明，两个费米子同时处于相同量子态的概率为零。换句话说，在一个量子态上不能同时容纳两个费米子。这就是著名的**泡利不相容原理**。

(4) “在什么情况下全同粒子可以被分辨?”这句话的本意当然是指实验测量上的分辨。在量子理论框架中，实验探测微观体系的结果与 $|\psi^{A(S)}_{\alpha_1,\alpha_2}(\vec{r}_1,\vec{r}_2)|^2$ 的空间分布有着内在的关联。于是，全同粒子系中的粒子能否被分辨的问题转变成在什么样的条件下 $|\psi^{A(S)}_{\alpha_1,\alpha_2}(\vec{r}_1,\vec{r}_2)|^2$ 中能区分出每个单粒子的贡献。为此，可进行如下的简单运算：

$$\begin{aligned} |\psi^{S}_{\alpha_1,\alpha_2}(\vec{r}_1,\vec{r}_2)|^2 &= \frac{1}{2}|\varphi_{\alpha_1}(\vec{r}_1)\varphi_{\alpha_2}(\vec{r}_2)+\varphi_{\alpha_1}(\vec{r}_2)\varphi_{\alpha_2}(\vec{r}_1)|^2 \\ &= \frac{1}{2}[|\varphi_{\alpha_1}(\vec{r}_1)|^2\cdot|\varphi_{\alpha_2}(\vec{r}_2)|^2 \\ &\quad +|\varphi_{\alpha_1}(\vec{r}_2)|^2\cdot|\varphi_{\alpha_2}(\vec{r}_1)|^2] \end{aligned}$$

$$+\mathrm{Re}[\varphi_{\alpha_1}(\vec{r}_1)\varphi^*_{\alpha_2}(\vec{r}_1)\cdot\varphi_{\alpha_2}(\vec{r}_2)\varphi^*_{\alpha_1}(\vec{r}_2)] \tag{5.2.10}$$

当两粒子波函数间没有叠加，也就没有相干项，测量可导致相干态的消失，则式(5.2.10)括号中的第三项 $\mathrm{Re}[\varphi_{\alpha_1}(\vec{r}_1)\varphi^*_{\alpha_2}(\vec{r}_1)\cdot\varphi_{\alpha_2}(\vec{r}_2)\varphi^*_{\alpha_1}(\vec{r}_2)]=0$。既然两粒子的物质波没有重叠，那么这两个粒子的物质波就不会在共同的空间区域中出现"模模糊糊"的重叠，而是"干干净净"地分开在两个不同的区域。在这一情形下，对这两个分开的区域分别进行探测，就能分别获得这两个粒子的各自的信息。

(5) 这里讨论的全同粒子系波函数的对称性是体系总波函数的对称性，即全同玻色子体系的总波函数应该是粒子交换对称的，而全同费米子体系的总波函数应该是粒子交换反对称的。在材料物理和化学领域，常常要面对实际的材料和原子分子体系，其中有大量的电子。考虑到粒子的自旋也是粒子的一个自由度，所以，一个多电子体系的总波函数 $\psi(\vec{r}_1\cdots\vec{r}_n,s_1\cdots s_n)$ 应该是以空间坐标为自由度的波函数 $\varphi(\vec{r}_1\cdots\vec{r}_n)$ 和以自旋为自由度的波函数 $\chi(s_1\cdots s_n)$ 的乘积，即

$$\psi(\vec{r}_1\cdots\vec{r}_n,s_1\cdots s_n)=\varphi(\vec{r}_1\cdots\vec{r}_n)\chi(s_1\cdots s_n) \tag{5.2.11}$$

由于总波函数 $\psi(\vec{r}_1\cdots\vec{r}_n,s_1\cdots s_n)$ 应该是粒子交换反对称的，这就要求 $\varphi(\vec{r}_1\cdots\vec{r}_n)$ 和 $\chi(s_1\cdots s_n)$ 中只有一个满足交换反对称，而另一个则是交换对称的。例如，两电子体系

$$\psi^{\mathrm{A}}_{\alpha_1,\alpha_2}(\vec{r}_1,\vec{r}_2,s_1,s_2)=\varphi^{\mathrm{A}}_{\alpha_1,\alpha_2}(\vec{r}_1,\vec{r}_2)\chi^{\mathrm{S}}(s_1,s_2) \tag{5.2.12}$$

或

$$\psi^{\mathrm{A}}_{\alpha_1,\alpha_2}(\vec{r}_1,\vec{r}_2,s_1,s_2)=\varphi^{\mathrm{S}}_{\alpha_1,\alpha_2}(\vec{r}_1,\vec{r}_2)\chi^{\mathrm{A}}(s_1,s_2) \tag{5.2.13}$$

按此规则，将第4章中的两电子自旋波函数和上面的两个全同粒子波函数的对称化形式代入式(5.2.12)和式(5.2.13)，则总波函数 $\psi(\vec{r}_1,\vec{r}_2,s_1,s_2)$ 可进一步写成下面的形式：

$$\psi^{\mathrm{A}}_{\alpha_1,\alpha_2}(\vec{r}_1,\vec{r}_2,s_1,s_2)=\frac{1}{\sqrt{2}}[\varphi_{\alpha_1}(\vec{r}_1)\varphi_{\alpha_2}(\vec{r}_2)-\varphi_{\alpha_1}(\vec{r}_2)\varphi_{\alpha_2}(\vec{r}_1)] \times\begin{cases}\alpha(1)\alpha(2)\\ \frac{1}{\sqrt{2}}[\alpha(1)\beta(2)+\beta(1)\alpha(2)]\\ \beta(1)\beta(2)\end{cases} \tag{5.2.14}$$

$$\psi^{\mathrm{A}}_{\alpha_1,\alpha_2}(\vec{r}_1,\vec{r}_2,s_1,s_2)=\frac{1}{\sqrt{2}}[\varphi_{\alpha_1}(\vec{r}_1)\varphi_{\alpha_2}(\vec{r}_2)+\varphi_{\alpha_1}(\vec{r}_2)\varphi_{\alpha_2}(\vec{r}_1)] \times\frac{1}{\sqrt{2}}[\alpha(1)\beta(2)-\beta(1)\alpha(2)] \tag{5.2.15}$$

由两电子耦合后自旋波函数的对称性，可推出 $S=0,1$。

知道了 L 和 S，按 LS 耦合，就获得 $J=L+S,L+S-1,\cdots,|L-S|$。

【例 5.1】 利用交换对称性判断等效电子的原子态

原子中电子的空间波函数 $\sim R_{nl}Y_{lm}$。其宇称为 $(-1)^L$。L 为两个等效电子轨道角动量（量子数为 l）耦合后的角动量子数。

当 L 为偶数时，空间波函数是对称波函数，此时，要求自旋波函数是反对称的；

当 L 为奇数时，空间波函数是反对称波函数，此时，要求自旋波函数是对称的。

对于 $(n\mathrm{p})^2$：

$L=$	0	1	2
	S	P	D
空间波函数的宇称对称性	偶	奇	偶
自旋波函数的交换对称性	反对称	对称	反对称
$S=$	0	1	0
	$^1\mathrm{S}_0$	$^3\mathrm{P}_{0,1,2}$	$^1\mathrm{D}_2$

对于 $(n\mathrm{d})^2$：

$L=$	0	1	2	3	4
	S	P	D	F	G
空间波函数的宇称对称性	偶	奇	偶	奇	偶
自旋波函数的交换对称性	反对称	对称	反对称	对称	反对称
$S=$	0	1	0	1	0
	$^1\mathrm{S}_0$	$^3\mathrm{P}_{0,1,2}$	$^1\mathrm{D}_2$	$^3\mathrm{F}_{2,3,4}$	$^1\mathrm{G}_4$

5.2.2 多粒子体系

上面构造两粒子体系对称化波函数的思想具有普适性，可采用同样的方案构造多粒子体系的对称化波函数。设由 N 个粒子组成一个全同粒子系，满足该体系能量本征方程的非对称化波函数为 N 个单粒子态函数的乘积

$$\varphi_{\alpha_1}(\vec{r}_1)\varphi_{\alpha_2}(\vec{r}_2)\cdots\varphi_{\alpha_N}(\vec{r}_N)$$

上式中对粒子间进行两两交换，共有 $N!$ 种交换方式。

对玻色子体系，同一个态上可同时占据多个玻色子。为不失一般性，设 N 个粒子中有 n_1 个粒子处于 α_1 态，n_2 个粒子处于 α_2 态，…，n_N 个粒子处于 α_N 态。此时，全同玻色子体系的对称化波函数为

$$\psi^{\mathrm{S}}_{\alpha_1,\alpha_2,\cdots,\alpha_N}(\vec{r}_1,\vec{r}_2,\cdots,\vec{r}_N)=\sqrt{\frac{\prod\limits_{i=1}^{N}n_i!}{N!}}\sum_{P=1}^{N!}P\varphi_{\alpha_1}(\vec{r}_1)\varphi_{\alpha_2}(\vec{r}_2)\cdots\varphi_{\alpha_N}(\vec{r}_N) \tag{5.2.16}$$

式中的$\sqrt{\dfrac{\prod\limits_{i=1}^{N} n_i!}{N!}}$为波函数的归一化因子，$P$表示粒子间的置换。

对费米子体系，仿照式(5.1.19)，N个全同费米子体系的反对称波函数为

$$\psi^{\mathrm{A}}_{\alpha_1,\alpha_2,\cdots,\alpha_N}(\vec{r}_1,\vec{r}_2) = \frac{1}{\sqrt{N!}}\begin{vmatrix} \varphi_{\alpha_1}(\vec{r}_1) & \varphi_{\alpha_1}(\vec{r}_2) & \cdots & \varphi_{\alpha_1}(\vec{r}_N) \\ \varphi_{\alpha_2}(\vec{r}_1) & \varphi_{\alpha_2}(\vec{r}_2) & \cdots & \varphi_{\alpha_2}(\vec{r}_N) \\ \vdots & \vdots & \vdots & \vdots \\ \varphi_{\alpha_N}(\vec{r}_1) & \varphi_{\alpha_N}(\vec{r}_2) & \cdots & \varphi_{\alpha_N}(\vec{r}_N) \end{vmatrix} \tag{5.2.17}$$

由于每一个量子态上只能占据一个费米子，故N个量子态只能满占据N个费米子。所以，N个费米子体系波函数是N阶行列式。反对称波函数表达成行列式，数学表述非常简洁，而利用行列式的基本性质又能直观方便地将泡利原理显示出来。

5.3 对比玻色子、费米子、非全同粒子系中粒子的交换效应

为了加深对全同粒子系分别具有交换对称、交换反对称和无交换对称性的理解，我们通过下面的例子对这三种类型的粒子系各自的交换行为所导致的物理结果予以讨论。

设一维无限深势阱中提供两个低能量的能级，有两个无相互作用的粒子在这两个能级上以可能的方式进行填充。当这两个粒子是：(1) 非全同无自旋粒子；(2) 自旋为$\dfrac{1}{2}$的费米子；(3) 自旋为零的玻色子时，讨论两粒子体系的能量本征值。

对一维无限深势阱，设其势函数为

$$V(x) = \begin{cases} \infty, & |x| > a/2 \\ 0, & |x| < a/2 \end{cases} \tag{5.3.1}$$

按本书第1章，最低的两个能级值及其对应的波函数分别为

$$\begin{aligned} E_1 &= \frac{\pi^2\hbar^2}{2ma^2} \\ \varphi_1(x) &= \sqrt{\frac{2}{a}}\cos\frac{\pi x}{a} \end{aligned} \tag{5.3.2}$$

$$E_2 = \frac{4\pi^2\hbar^2}{2ma^2}$$
$$\varphi_2(x) = \sqrt{\frac{2}{a}}\sin\frac{2\pi x}{a} \quad (5.3.3)$$

对非全同粒子,没有交换对称性的要求,两个粒子可以同时处于体系的某一能态上,也能同时分别占据这两个能态。故体系的波函数有如下的四种可能的情形:

$$\psi_1(x_1,x_2) = \varphi_1(x_1)\varphi_1(x_2) \quad (5.3.4)$$
$$\psi_2(x_1,x_2) = \varphi_2(x_1)\varphi_1(x_2) \quad (5.3.5)$$
$$\psi_3(x_1,x_2) = \varphi_1(x_1)\varphi_2(x_2) \quad (5.3.6)$$
$$\psi_4(x_1,x_2) = \varphi_2(x_1)\varphi_2(x_2) \quad (5.3.7)$$

将上面的四个波函数分别代入两粒子体系的能量本征方程

$$\left(-\frac{\hbar^2}{2m}\frac{\partial^2}{\partial x_1^2} - \frac{\hbar^2}{2m}\frac{\partial^2}{\partial x_2^2}\right)\psi(x_1,x_2) = \widetilde{E}\psi(x_1,x_2) \quad (5.3.8)$$

则可解出体系的能量本征值分别为

$$\widetilde{E}_1 = E_1 + E_1 = \frac{\pi^2\hbar^2}{ma^2}$$
$$\widetilde{E}_2 = E_1 + E_2 = \frac{5\pi^2\hbar^2}{2ma^2}$$
$$\widetilde{E}_3 = E_2 + E_1 = \frac{5\pi^2\hbar^2}{2ma^2} \quad (5.3.9)$$
$$\widetilde{E}_4 = E_2 + E_2 = \frac{4\pi^2\hbar^2}{ma^2}$$

显然,有四种可能的状态,其中的第 2 和第 3 这两个状态具有相同的能级,故它们是简并的。

对费米子,体系的总体波函数 $\Psi(x_1,x_2;s_1,s_2)$表达为费米子的空间波函数 $\psi(x_1,x_2)$与其自旋波函数 $\chi(s_1,s_2)$的乘积,即

$$\Psi(x_1,x_2;s_1,s_2) = \psi(x_1,x_2)\cdot\chi(s_1,s_2) \quad (5.3.10)$$

既然全同费米子体系总体波函数 $\Psi(x_1,x_2;s_1,s_2)$应具有交换反对称性,那么,上式中空间波函数和自旋波函数中的任意一个(也只能是其中的一个)应具有交换反对称性,而另一个则具有交换对称性。

如果两个自旋为$\frac{1}{2}$的费米子处于自旋三重态,当然要求它们的空间波函数具有交换反对称性。即

$$\psi^{\mathrm{A}}(x_1,x_2) = \frac{1}{\sqrt{2}}[\varphi_1(x_1)\varphi_2(x_2) - \varphi_1(x_2)\varphi_2(x_1)] \quad (5.3.11)$$

将这一空间波函数代入两粒子体系的能量本征方程,可解得

$$\widetilde{E} = E_1 + E_2 = \frac{5\pi^2\hbar^2}{2ma^2} \tag{5.3.12}$$

如果这两个费米子处于自旋单态,则要求两个费米子的空间波函数具有交换对称性,即

$$\begin{aligned} \psi_1^{\mathrm{S}}(x_1,x_2) &= \varphi_1(x_1)\varphi_1(x_2) \\ \psi_2^{\mathrm{S}}(x_1,x_2) &= \varphi_2(x_1)\varphi_2(x_2) \\ \psi_3^{\mathrm{S}}(x_1,x_2) &= \frac{1}{\sqrt{2}}[\varphi_1(x_1)\varphi_2(x_2) + \varphi_1(x_2)\varphi_2(x_1)] \end{aligned} \tag{5.3.13}$$

所对应的能量分别为

$$\begin{aligned} \widetilde{E}_1 &= E_1 + E_1 = \frac{\pi^2\hbar^2}{ma^2} \\ \widetilde{E}_2 &= E_2 + E_2 = \frac{4\pi^2\hbar^2}{ma^2} \\ \widetilde{E}_3 &= E_1 + E_2 = \frac{5\pi^2\hbar^2}{2ma^2} \end{aligned} \tag{5.3.14}$$

对自旋为零的玻色子,体系的总体波函数 $\Psi(x_1,x_2;s_1,s_2)$具有交换对称性,该交换对称性仅仅由它们的空间波函数的交换对称性所决定。故有

$$\begin{aligned} \psi_1(x_1,x_2) &= \varphi_1(x_1)\varphi_1(x_2) \\ \psi_2(x_1,x_2) &= \varphi_2(x_1)\varphi_2(x_2) \\ \psi_3(x_1,x_2) &= \frac{1}{\sqrt{2}}[\varphi_1(x_1)\varphi_2(x_2) + \varphi_1(x_2)\varphi_2(x_1)] \end{aligned} \tag{5.3.15}$$

这三个交换对称的波函数对应的能量分别为

$$\begin{aligned} \widetilde{E}_1 &= E_1 + E_1 = \frac{\pi^2\hbar^2}{ma^2} \\ \widetilde{E}_2 &= E_2 + E_2 = \frac{4\pi^2\hbar^2}{ma^2} \\ \widetilde{E}_3 &= E_1 + E_2 = \frac{5\pi^2\hbar^2}{2ma^2} \end{aligned} \tag{5.3.16}$$

讨论:考察式(5.3.11),如果令两粒子在空间上尽可能地靠近,当 $x_1 \approx x_2$ 时,$\psi^{\mathrm{A}}(x_1,x_2) \approx 0$。这表明:处于自旋三重态的费米子不喜欢在空间上靠近。换言之,这时费米子间存在着某种“排斥作用”,这就是所谓的“泡利排斥”。

而考察式(5.3.15)可发现,当 $x_1 \approx x_2$ 时,$\psi(x_1, x_2)$变得更大了。这似乎显示玻色子间存在着某种“吸引作用”,致使玻色子在空间上趋于聚集。

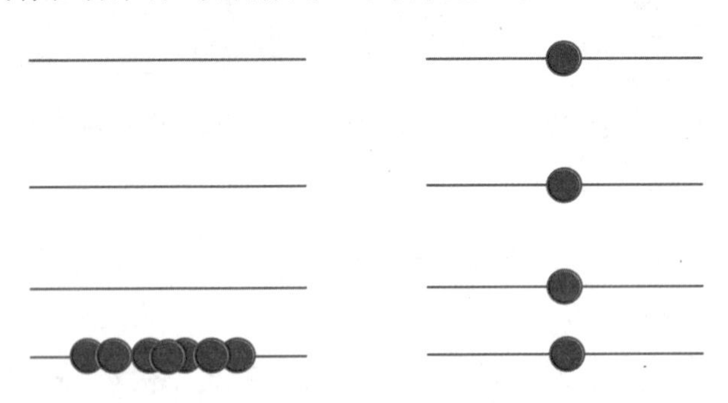

图 5.3 玻色子和费米子分别在能级上的填充

必须指出:上述的费米子间的“排斥作用”和玻色子间的“吸引作用”均源于全同粒子间的交换而产生的。这种交换效应在“全同”的经典粒子中不存在。所以,全同微观粒子的交换效应是微观粒子所特有的效应,在经典物理中没有与之对应的现象。从本质上看,微观全同粒子的交换效应是微观粒子具有显著的波动性的必然体现。这里“显著的波动性”是指微观粒子不仅具有德布罗意波,而且粒子间的德布罗意波彼此相干。宏观的粒子也应该有德布罗意波,只不过它们的德布罗意波长很短,宏观粒子间的物质波几乎或完全不发生波的相干现象,因而不具有粒子间的交换效应。

5.4 拓展阅读:超流和超导

5.4.1 液氦超流

在本章的开头,我们介绍了液氦(^4He)溢出现象。发生这个溢出现象时,体系的温度 $T = 2.178$ K,液氦中粒子的数密度为 $2.2\times10^{28}\ m^{-3}$。这是著名的液氦超流现象——一种典型的宏观量子现象。这个现象不能用经典的统计物理理论予以解释,而需要采用量子理论中的全同性原理及其统计规律进行理解。下面对此予以简单的解释。

既然实验已测量出温度 $T = 2.178$ K 时液氦中粒子的数密度,下面我们采用统计理论简单推算液氦在低温下的数密度。

如果将氦原子作为经典粒子处理,那么,氦原子的状态分布遵从经典的玻尔兹曼分布律($e^{-E/k_B T}$)。从热力学上看,当温度很低时,体系中的绝大部分原子处于能量最低的状态(即基态),只有少量的原子处于能量较低的状态(低激发态)。为方便起见,不妨假设体系中有 N_0 个氦原子处于基态,N_1 个氦原子处

于第一激发态，不考虑能量更高的激发态。设其基态的能量为 E_0，第一激发态的能量为 E_1。按玻尔兹曼分布律，这两个能量状态上的粒子数的比值为

$$\frac{N_1}{N_0} \approx \mathrm{e}^{-(E_1-E_0)/k_{\mathrm{B}}T} \tag{5.4.1}$$

为了估算上式中的原子数目比值，我们需要先估算能量值 E_0 和 E_1。为简便起见，假设氦原子位于三维的方势阱中。如果势阱的宽为 a，直接应用粒子在三维方势阱中的能量表达式

$$E = \frac{\hbar^2\pi^2}{2ma^2}(n_x^2 + n_y^2 + n_z^2) \tag{5.4.2}$$

其中

$$n_x = 1,2,\cdots$$
$$n_y = 1,2,\cdots$$
$$n_z = 1,2,\cdots$$

当 $n_x=1, n_y=1, n_z=1$ 时，体系处于基态，此时的能量为

$$E_0 = \frac{3\hbar^2\pi^2}{2ma^2} \tag{5.4.3}$$

当 n_x, n_y, n_z 中两个等于1，另一个等于2时，体系为第一激发态，所对应的能量为

$$E_1 = \frac{6\hbar^2\pi^2}{2ma^2} \tag{5.4.4}$$

注意到系统的简并度为3，氦原子的质量 $m=6.64\times10^{-27}$ kg，可令方势阱的宽 $a=1$ cm。估算出第一激发态的能量与基态的能量差为 $E_1-E_0=2.48\times10^{-37}$ J。将这一能量差代入式(5.4.1)，可得温度为1 K时的粒子数比值

$$\frac{N_1}{N_0} \sim \frac{1}{\mathrm{e}^{1.7\times10^{-14}}} \sim 1 \tag{5.4.5}$$

按照式(5.4.5)的估算，氦原子处于第一激发态的数目与处于基态的数目可比。而实验上观测的结果显示当体系的温度低于2.178 K时，氦原子处于基态的数目是宏观量，处于激发态的数目非常少。显然，采用玻尔兹曼分布律进行的估算与实验观测的结果完全不符。

注意到 ^{4}He 中有两个中子、两个质子和两个电子，于是，“结构单元 ^{4}He”具有偶数个费米子耦合在一起，这样的结构单元在整体上表现出玻色子的性质。于是，应该采用量子力学中玻色统计来处理液态 ^{4}He。将上面的玻尔兹曼统计换成玻色统计，即

$$\frac{N_1}{N_0}=\frac{\dfrac{3}{e^{(E_1-\mu)/k_BT}-1}}{\dfrac{1}{e^{(E_0-\mu)/k_BT}-1}} \tag{5.4.6}$$

其中，μ 为化学势，当 $E-\mu\ll k_BT$ 时，有

$$\frac{1}{e^{(E-\mu)/k_BT}-1}\approx\frac{k_BT}{E-\mu} \tag{5.4.7}$$

于是，式(5.4.5)可近似为

$$\frac{N_1}{N_0}\approx\frac{3(E_0-\mu)}{E_1-\mu}\sim O(10^{-8}) \tag{5.4.8}$$

从该式可估算出 N_1 远小于 N_0，符合实验观测。除了 ^{4}He 外，还有许多其他种类的全同玻色子构成的体系在极低温下也表现出凝聚现象。实际上，玻色子凝聚现象是一种宏观的量子现象，里面包含着很复杂深奥的物理道理，也是目前凝聚态物理的研究热点领域之一。

5.4.2 超导

超导也是一个很神奇的物理现象。例如，将某一材料从室温降低到很低的温度，我们会发现通过该材料的电流几乎感受不到电阻的存在，并且电流不衰减地维持着，同时该材料还表现出完全抗磁性。这样的物理现象称为超导，这种材料称为超导体。这里需要注意的是“零电阻”和“完全抗磁性”是超导体的两个重要的独立的性质，要同时表现出来。如果只有“零电阻”现象，没有“完全抗磁性”，这样的体系并非超导体，仅仅是个完全导体。

阿卡捷夫曾经做了一个很有趣的实验：当一个铅碗进入超导态后，将一个永久磁棒靠近超导的铅碗的表面，该磁棒被超导体托起而悬浮在空中。这就是超导体的完全抗磁性的表现。人们利用超导体的这一奇特的性质，制成了磁悬浮列车。

已有的理论和实验表明，超导体的完全抗磁性是源于超导电流：超导电流主要分布在体系的表面区域，样品的不同表面区域中的超导电流所产生的磁场彼此在超导体中抵消，导致超导体中的磁场为零，呈现出完全抗磁性。

1957 年，巴丁(J. Barden)、库珀(L. N. Cooper)和施瑞弗(J. R. Schrieffer)建立了超导电性的微观理论，即 BCS 理论。该理论的核心思想就是体系一旦处于超导态，体系中的传导电子极化了附近的晶格，使得其局部的正电荷密度增大。这种极化行为在晶格间以晶格振动的方式来传播，并吸引了另外的传导电子。这里的晶格振动就形成了格波，格波的量子化就是固体理论中的声子。于是，两个电子通过声子间接地吸引在一起，形成电子对。这样的电子对

被称为库珀对。当体系转变成超导态时，伴随着大量的电子聚集所形成的库珀对。这些库珀对在体系中“畅通无阻”。至于库珀对为什么能够在超导体中“无阻碍”地输运，则需要用更复杂的理论进行解释，有兴趣的读者在具备必要的基础知识后可阅读关于超导电性的专著。我们这里强调的是，超导这一宏观量子现象也是超导材料中微观全同粒子特殊输运的物理表现。

最后需要指出，目前有很多的材料具有超导性质，但 BCS 理论不能解释所有超导现象的微观本质。因此，在理论上揭示其他类型超导的微观机理仍然是挑战性的课题。同时，寻找室温超导体也是该领域梦寐以求的目标。

本章小结

（1）内禀性质完全相同的微观粒子才是全同粒子。微观粒子的波动性导致了具有相互作用的微观粒子间不可分辨，于是，对粒子系中粒子进行交换不改变体系的物理性质。

（2）微观粒子系的粒子交换对称性恰好与微观粒子的一个自由度——自旋联系起来了。自旋为半整数的粒子为费米子，费米子系波函数遵从粒子交换反对称；自旋为整数的粒子为玻色子，这类体系的波函数要遵从粒子交换对称。

（3）根据全同性原理，可自然地呈现出费米子系的泡利不相容原理，而对玻色子系，出现了玻色-爱因斯坦凝聚。

第6章　微扰论和变分法

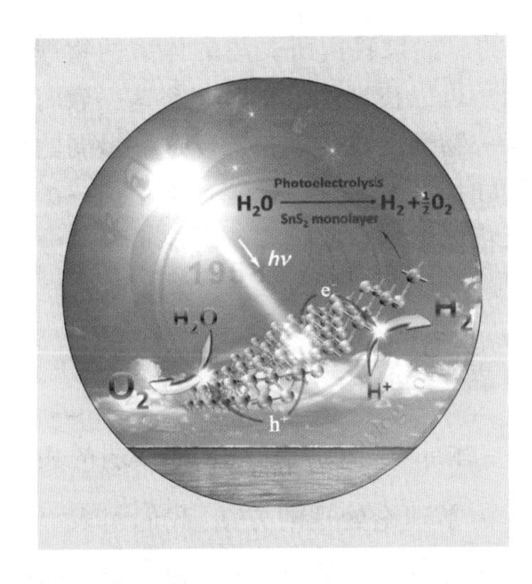

从第1章可知，我们能用量子力学对一个最简单的实际的微观体系——氢原子进行严格的求解，获得了解析解，也对一些模型化的体系，诸如谐振子、无限深势阱等，给出了严格的解析解。然而，我们所面临的材料体系是多种多样的。例如左图是 SnS_2 单层对吸附的水进行光照催化，产生氢和氧的示意图。

从物理上看，在如此复杂体系中，任何一个粒子所感受到的势场都不会像一维势或氢原子中的中心势那么简单，而是极其复杂。采用薛定谔方程对这些复杂体系进行求解，一般不能给出严格的解析解。这就需要发展理论计算方法，在适当的近似下进行理论计算。本章将介绍两种最常见的近似算法：微扰论和变分法。作为拓展，我们简单介绍了密度泛函理论，并给出了采用该理论研究实际材料体系的例子。

6.1　非简并定态微扰论

6.1.1　物理思想

我们这里介绍的是定态微扰论。首先应注意到“定态”。“定态”意味着体系是孤立的体系，与外界不发生能量交换，于是，该体系拥有确定的能量。对这种体系，其哈密顿算符 $\hat{H}$ 就不含时间了。对一个给定的定态体系，可建立该哈

密顿算符的本征方程，即

$$\hat{H}\mid\psi_n\rangle=E_n\mid\psi_n\rangle \tag{6.1.1}$$

其中，E_n 为体系的能量本征值，$|\psi_n\rangle$为属于该本征值的本征态。

我们当然可以设想所感兴趣的体系很复杂。从物理上看，复杂的物理体系包含着诸多的相互作用。因为这一原因，描述体系的哈密顿算符常常会有较复杂的数学形式，从而导致方程式(6.1.1)无法进行严格的解析求解。虽然我们面对许许多多的复杂的物理体系，但在众多的体系中会有这样一类体系：其复杂的相互作用行为可由两部分组成，其中的一部分是这些相互作用的主体，而另一部分对整体作用的贡献是十分微弱的。如果我们所关注的体系的物理性质几乎不依赖于这一微弱的相互作用，当然可以在理论求解时忽略这一微弱的相互作用。然而，当要研究的该体系的某一物理性质恰好是源于这一微弱的相互作用或与这一微弱的相互作用密切关联时，显然在理论求解过程中这一微弱的作用是不能被忽略的。对这类体系，可将体系的哈密顿算符看成是两部分的简单叠加：

$$\hat{H}=\hat{H}_0+\hat{H}' \tag{6.1.2}$$

其中，$\hat{H}_0$ 是描述上面谈到的相互作用的主体部分，而 $\hat{H}'$ 则是描述微弱的相互作用部分。于是，$\hat{H}'$就是对 $\hat{H}_0$ 的微扰。为了理论处理的方便，我们引入一个无量纲参量 λ，使得微扰项 $\hat{H}'\equiv\lambda\hat{W}$。既然 $\lambda\hat{W}$ 是微扰项，那么在形式上便可以要求$|\lambda|\ll1$。此时，体系的哈密顿算符可写为

$$\hat{H}=\hat{H}_0+\lambda\hat{W} \tag{6.1.3}$$

作为包含主要相互作用的 $\hat{H}_0$，也有其本征方程，即

$$\hat{H}_0\mid\psi_n^{(0)}\rangle=E_n^{(0)}\mid\psi_n^{(0)}\rangle \tag{6.1.4}$$

假定式(6.1.4)中的能量本征值 $E_n^{(0)}$ 是非简并的。基于这一非简并的要求所考虑的微扰称为非简并态微扰。通常，在微扰论中，要求方程(6.1.4)是可解的，因此，$\{E_n^{(0)}\}$和$\{|\psi_n^{(0)}\rangle\}$可视为已知的。由于式(6.1.3)中引入了参量 λ，体系的哈密顿算符便是含参量 λ 的算符 $\hat{H}(\lambda)$。那么，在一般的情形中，该算符本征方程中的本征值和相应的本征态矢也都含参量 λ。因而方程(6.1.1)可写成

$$\hat{H}(\lambda)\mid\psi_n(\lambda)\rangle=E_n(\lambda)\mid\psi_n(\lambda)\rangle \tag{6.1.5}$$

我们的目标是要计算出上面方程中的本征值 $E_n(\lambda)$和本征态矢$|\psi_n(\lambda)\rangle$。

6.1.2 近似处理的方案

下面需要采用合适的数学方法来开展计算。注意到$|\lambda|\ll 1$,在数学上可将方程(6.1.5)中的本征值和本征态矢关于λ作如下的级数展开:

$$E_n(\lambda) = E_n^{(0)} + \lambda E_n^{(1)} + \lambda^2 E_n^{(2)} + \cdots \tag{6.1.6}$$

$$|\psi_n(\lambda)\rangle = |\psi_n^{(0)}\rangle + \lambda|\psi_n^{(1)}\rangle + \lambda^2|\psi_n^{(2)}\rangle + \cdots \tag{6.1.7}$$

零级近似　一级近似　二级近似 …

在这两个展开式中,只要获得右边的系数$\{E_n^{(0)}, E_n^{(1)}, E_n^{(2)}, \cdots\}$和$\{|\psi_n^{(0)}\rangle, |\psi_n^{(1)}\rangle, |\psi_n^{(2)}\rangle, \cdots\}$,就达到了我们解出本征值$E_n(\lambda)$和本征态矢$|\psi_n(\lambda)\rangle$的目标。不妨将这两个展开式代入方程(6.1.5)中,得

$$\begin{aligned}&(\hat{H}_0 + \lambda\hat{W})(|\psi_n^{(0)}\rangle + \lambda|\psi_n^{(1)}\rangle + \lambda^2|\psi_n^{(2)}\rangle + \cdots)\\ &\quad = (E_n^{(0)} + \lambda E_n^{(1)} + \lambda^2 E_n^{(2)} + \cdots)(|\psi_n^{(0)}\rangle + \lambda|\psi_n^{(1)}\rangle + \lambda^2|\psi_n^{(2)}\rangle + \cdots)\end{aligned}$$

将上面的方程去括号,有

$$\begin{aligned}&\hat{H}_0|\psi_n^{(0)}\rangle + \lambda\hat{H}_0|\psi_n^{(1)}\rangle + \lambda^2\hat{H}_0|\psi_n^{(2)}\rangle + \cdots\\ &\qquad + \lambda\hat{W}|\psi_n^{(0)}\rangle + \lambda^2\hat{W}|\psi_n^{(1)}\rangle + \cdots\\ &= E_n^{(0)}|\psi_n^{(0)}\rangle + \lambda E_n^{(0)}|\psi_n^{(1)}\rangle + \lambda^2 E_n^{(0)}|\psi_n^{(2)}\rangle + \cdots\\ &\qquad + \lambda E_n^{(1)}|\psi_n^{(0)}\rangle + \lambda^2 E_n^{(1)}|\psi_n^{(1)}\rangle + \cdots\\ &\qquad\qquad + \lambda^2 E_n^{(2)}|\psi_n^{(0)}\rangle + \cdots\end{aligned}$$

比较等式两边λ的同幂次项的系数,有

$$\lambda^0:\quad \hat{H}_0|\psi_n^{(0)}\rangle = E_n^{(0)}|\psi_n^{(0)}\rangle \tag{6.1.8}$$

$$\lambda^1:\quad (\hat{H}_0 - E_n^{(0)})|\psi_n^{(1)}\rangle = (E_n^{(1)} - \hat{W})|\psi_n^{(0)}\rangle \tag{6.1.9}$$

$$\lambda^2:\quad (\hat{H}_0 - E_n^{(0)})|\psi_n^{(2)}\rangle = (E_n^{(1)} - \hat{W})|\psi_n^{(1)}\rangle + E_n^{(2)}|\psi_n^{(0)}\rangle \tag{6.1.10}$$

$$\vdots \qquad\qquad \vdots$$

在上面的这些关系式中方程(6.1.8)恰好与方程(6.1.4)相同,为零级近似方程。第二和第三个方程分别为关于参量λ的一级和二级近似关系式。由于式(6.1.6)和式(6.1.7)中为无穷项展开,那么,类似于式(6.1.8)~(6.1.10),理论上应该有无穷多个关系式。通过这些关系式的求解,原则上可获得我们所期待的系数$\{E_n^{(0)}, E_n^{(1)}, E_n^{(2)}, \cdots\}$和$\{|\psi_n^{(0)}\rangle, |\psi_n^{(1)}\rangle, |\psi_n^{(2)}\rangle, \cdots\}$。尽管如此,我们不难想象,对$\lambda$的高阶项系数,其关系式比式(6.1.10)要复杂多了。下面,我们只讨论至二级近似。

6.1.3 零级近似

式(6.1.8)是零级近似下的关系式,该式恰好是无微扰时体系哈密顿算符的本征方程。该方程的解$\{E_n^{(0)}, |\psi_n^{(0)}\rangle\}$是已知的,并且该方程的本征态具有如下的性质:

$$\begin{aligned}\langle \psi_n^{(0)} \mid \psi_m^{(0)} \rangle &= \delta_{nm} \\ \sum_n \mid \psi_n^{(0)} \rangle \langle \psi_n^{(0)} \mid &= 1\end{aligned} \tag{6.1.11}$$

显然,零级近似的结果完全没有微扰项的贡献。对于一个具有微扰项的体系,仅获得零级近似的解是没有意义的。

6.1.4 一级近似

我们需要采用一个技巧来处理一级近似。式(6.1.11)告诉我们,零级近似时哈密顿算符的本征矢具有正交归一性和完备性,因而以$\{|\psi_n^{(0)}\rangle\}$为基组构成了一个完备的线性空间,此即$\hat{H}_0$表象。于是我们可以将所关注的各级近似下的态矢在该表象中展开。对于一级近似的情形,我们令

$$\mid \psi_n^{(1)} \rangle = \sum_k a_{nk} \mid \psi_k^{(0)} \rangle \tag{6.1.12}$$

将式(6.1.12)代入式(6.1.9),有

$$(\hat{H}_0 - E_n^{(0)}) \sum_k a_{nk} \mid \psi_k^{(0)} \rangle = (E_n^{(1)} - \hat{W}) \mid \psi_n^{(0)} \rangle$$

再用$\langle \psi_{k'}^{(0)} |$左乘上面方程的各项,得

$$\langle \psi_{k'}^{(0)} \mid (\hat{H}_0 - E_n^{(0)}) \sum_k a_{nk} \mid \psi_k^{(0)} \rangle = \langle \psi_{k'}^{(0)} \mid (E_n^{(1)} - \hat{W}) \mid \psi_n^{(0)} \rangle$$

即

$$\begin{aligned}&\sum_k a_{nk} \langle \psi_{k'}^{(0)} \mid \hat{H}_0 \mid \psi_k^{(0)} \rangle - E_n^{(0)} \sum_k a_{nk} \langle \psi_{k'}^{(0)} \mid \psi_k^{(0)} \rangle \\ &= E_n^{(1)} \langle \psi_{k'}^{(0)} \mid \psi_n^{(0)} \rangle - \langle \psi_{k'}^{(0)} \mid \hat{W} \mid \psi_n^{(0)} \rangle\end{aligned}$$

令$W_{k'n} = \langle \psi_{k'}^{(0)} | \hat{W} | \psi_n^{(0)} \rangle$,并利用式(6.1.8)关系,有

$$\begin{aligned}&\sum_k a_{nk} E_k^{(0)} \langle \psi_{k'}^{(0)} \mid \psi_k^{(0)} \rangle - E_n^{(0)} \sum_k a_{nk} \langle \psi_{k'}^{(0)} \mid \psi_k^{(0)} \rangle \\ &= E_n^{(1)} \langle \psi_{k'}^{(0)} \mid \psi_n^{(0)} \rangle - W_{k'n}\end{aligned}$$

即

$$\sum_k a_{nk}E_k^{(0)}\delta_{k'k} - E_n^{(0)}\sum_k a_{nk}\delta_{k'k} = E_n^{(1)}\delta_{k'n} - W_{k'n}$$

利用 $\delta_{k'k}$ 的性质,有

$$a_{nk'}E_{k'}^{(0)} - a_{nk'}E_n^{(0)} = E_n^{(1)}\delta_{k'n} - W_{k'n} \tag{6.1.13}$$

在方程(6.1.13)中,当 $k'=n$ 时,有

$$a_{nn}E_n^{(0)} - a_{nn}E_n^{(0)} = E_n^{(1)} - W_{nn}$$

即

$$E_n^{(1)} = W_{nn} \tag{6.1.14}$$

当方程(6.1.13)中 $k'\neq n$ 时,有

$$a_{nk'}E_{k'}^{(0)} - a_{nk'}E_n^{(0)} = - W_{k'n}$$

那么

$$a_{nk'} = \frac{W_{k'n}}{E_n^{(0)} - E_{k'}^{(0)}} \quad (k' \neq n) \tag{6.1.15}$$

将式(6.1.15)代入式(6.1.12),则有

$$|\psi_n^{(1)}\rangle = \sum_{k\neq n}\frac{W_{kn}}{E_n^{(0)} - E_k^{(0)}}|\psi_k^{(0)}\rangle \tag{6.1.16}$$

至此,我们获得一级近似下体系的能量和态矢

$$E_n = E_n^{(0)} + \lambda W_{nn} = E_n^{(0)} + H'_{nn} \tag{6.1.17}$$

$$\begin{aligned}|\psi_n\rangle &= |\psi_n^{(0)}\rangle + \lambda|\psi_n^{(1)}\rangle \\ &= |\psi_n^{(0)}\rangle + \sum_{k\neq n}\frac{\lambda W_{kn}}{E_n^{(0)} - E_k^{(0)}}|\psi_k^{(0)}\rangle \\ &= |\psi_n^{(0)}\rangle + \sum_{k\neq n}\frac{H'_{kn}}{E_n^{(0)} - E_k^{(0)}}|\psi_k^{(0)}\rangle \end{aligned} \tag{6.1.18}$$

从式(6.1.13)到式(6.1.15),均未处理 a_{nn}。实际上,通过一级近似下体系态矢的归一化条件,可以证明 a_{nn} 可以取零值。

其中,$H'_{kn} = \langle\psi_k^{(0)}|\hat{H}'|\psi_n^{(0)}\rangle$

6.1.5 二级近似

采用处理一级近似的同样技巧,我们也将二级近似时的态矢修正项中的 $|\psi_n^{(2)}\rangle$ 在 $\hat{H}_0$ 表象中展开,即

$$|\psi_n^{(2)}\rangle = \sum_k b_{nk}|\psi_k^{(0)}\rangle \tag{6.1.19}$$

将这一展开式代入式(6.1.10),同时考虑到式(6.1.12),可推导出(见附录G)

$$E_n = E_n^{(0)} + H'_{nn} + \sum_{k \neq n} \frac{|H'_{nk}|^2}{E_n^{(0)} - E_k^{(0)}} \tag{6.1.20}$$

6.1.6 评述

(1) 如果我们上述的讨论是针对基态(设 n 为基态),那么,能量二级修正项中 $E_k^{(0)}$ 均高于基态的能量,此时能量的二级修正项 $\sum_{k \neq n} \frac{|H'_{nk}|^2}{E_n^{(0)} - E_k^{(0)}} < 0$ 。

(2) 从能量的展开式(6.1.20)可知,如果能量的二级近似是个很合适的修正,则要求二级修正项在数值上足够小,这意味着

$$\left| \frac{H'_{nk}}{E_n^{(0)} - E_k^{(0)}} \right| \ll 1$$

这一不等式又可改写为

$$|H'_{nk}| \ll |E_n^{(0)} - E_k^{(0)}| \tag{6.1.21}$$

这表明对体系施加的微扰的强度应该远小于体系能级间隔值。换言之,微扰不改变体系的能谱的性质。如果微扰的强度较大,改变了体系的能级分布(即改变了体系的能谱性质),那就谈不上是微扰了,而是强烈地干扰了体系,此时不能用微扰理论研究体系。

(3) 我们要再次强调,上面的微扰近似公式只能适应于非简并的情况,即 $\hat{H}_0$ 的本征值是无简并的。如果出现能级简并的情况,则需要按简并态微扰的理论处理。

【例 6.1】 受微扰的一维谐振子

一个一维的谐振子受到微扰。设微扰为

$$\hat{H}' = \lambda \hbar \omega \sqrt{\frac{m\omega}{\hbar}} x, \lambda \text{ 为一个小的实数}$$

求体系基态能量的二级修正。

【解】 设理想的一维谐振子的哈密顿算符为 $\hat{H}_0$。那么 $\hat{H}_0$ 的本征方程为

$$\hat{H}_0 | n \rangle = E_n^{(0)} | n \rangle \tag{1}$$

体系受到微扰后,哈密顿算符为

$$\hat{H} = \hat{H}_0 + \hat{H}' \tag{2}$$

相应的本征方程为

$$\hat{H} \mid \psi_n \rangle = E_n \mid \psi_n \rangle \tag{3}$$

在第1章,我们已介绍了方程(1)的物理解,其基态本征函数和能量是

$$\langle x \mid 0 \rangle = \left(\frac{m\omega}{\pi\hbar}\right)^{\frac{1}{4}} \exp\left(-\frac{m\omega}{2\hbar}x^2\right) \tag{4}$$

$$E_0^{(0)} = \frac{1}{2}\hbar\omega \tag{5}$$

基态能量的一级修正:

$$\begin{aligned} E_0^{(1)} &= \langle 0 \mid \hat{H}' \mid 0 \rangle \\ &= \left(\frac{m\omega}{\pi\hbar}\right)^{\frac{1}{2}} \lambda\hbar\omega\sqrt{\frac{m\omega}{\hbar}} \int_{-\infty}^{\infty} \exp\left(-\frac{m\omega}{2\hbar}x^2\right) x \exp\left(-\frac{m\omega}{2\hbar}x^2\right) \mathrm{d}x \\ &= \left(\frac{m\omega}{\pi\hbar}\right)^{\frac{1}{2}} \lambda\hbar\omega\sqrt{\frac{m\omega}{\hbar}} \int_{-\infty}^{\infty} \exp\left(-\frac{m\omega}{\hbar}x^2\right) x \,\mathrm{d}x \\ &= 0 \end{aligned}$$

基态能量的二级修正:

按照式(6.1.20),先求出

$$\begin{aligned} H'_{nk} &= \left\langle n \middle| \hat{H}' \middle| k \right\rangle \\ &= \left\langle n \middle| \lambda\hbar\omega\sqrt{\frac{m\omega}{\hbar}} x \middle| k \right\rangle \\ &= \lambda\hbar\omega\sqrt{\frac{m\omega}{\hbar}} \langle n \mid x \mid k \rangle \end{aligned} \tag{6}$$

注意到式(1.4.7)中的谐振子波函数的递推关系

$$\langle x \mid x \mid n \rangle = \frac{1}{\alpha}\left(\sqrt{\frac{n}{2}}\langle x \mid n-1 \rangle + \sqrt{\frac{n+1}{2}}\langle x \mid n+1 \rangle\right)$$

可以发现,谐振子的波函数只在三个相邻的量子数标识的波函数之间递推。所以,式(6)可写为

$$H'_{nk} = \lambda\hbar\omega\left(\sqrt{\frac{k}{2}}\langle n \mid k-1 \rangle + \sqrt{\frac{k+1}{2}}\langle n \mid k+1 \rangle\right)$$

$$= \lambda\hbar\omega\left(\sqrt{\frac{k}{2}}\delta_{n,k-1} + \sqrt{\frac{k+1}{2}}\delta_{n,k+1}\right) \tag{7}$$

由上式可给出 $n = k - 1$ 和 $n = k + 1$ 时 H'_{nk} 的矩阵元

$$H'_{k-1,k} = \lambda\hbar\omega\sqrt{\frac{k}{2}} \tag{8}$$

$$H'_{k+1,k} = \lambda\hbar\omega\sqrt{\frac{k+1}{2}} \tag{9}$$

其他的矩阵元均为零。将这些矩阵元代入能量的二级修正项，则有

$$\begin{aligned}\sum_{k\neq n}\frac{|H'_{nk}|^2}{E_n^{(0)} - E_k^{(0)}} &= \frac{|H'_{n,n-1}|^2}{E_n^{(0)} - E_{n-1}^{(0)}} + \frac{|H'_{n+1,n}|^2}{E_n^{(0)} - E_{n+1}^{(0)}} \\ &= \frac{(\lambda\hbar\omega)^2}{E_n^{(0)} - E_{n-1}^{(0)}}\frac{n}{2} + \frac{(\lambda\hbar\omega)^2}{E_n^{(0)} - E_{n+1}^{(0)}}\frac{n+1}{2} \\ &= -\frac{\lambda^2}{2}\hbar\omega \end{aligned} \tag{10}$$

这个修正的结果是普适的，无论对哪一个能级（包括 $n = 0$）都成立。

【例 6.2】 微扰论计算矩阵本征值

当实数 λ 为小量时，求矩阵

$$H = \begin{pmatrix} 1 & \lambda & 0 \\ \lambda & 2 & 2\lambda \\ 0 & 2\lambda & 3 \end{pmatrix}$$

的本征值（到二级近似）。

【解】 将 H 分解成

$$H = \begin{pmatrix} 1 & \lambda & 0 \\ \lambda & 2 & 2\lambda \\ 0 & 2\lambda & 3 \end{pmatrix} = \begin{pmatrix} 1 & 0 & 0 \\ 0 & 2 & 0 \\ 0 & 0 & 3 \end{pmatrix} + \lambda\begin{pmatrix} 0 & 1 & 0 \\ 1 & 0 & 2 \\ 0 & 2 & 0 \end{pmatrix} \tag{1}$$

令

$$H_0 = \begin{pmatrix} 1 & 0 & 0 \\ 0 & 2 & 0 \\ 0 & 0 & 3 \end{pmatrix}$$
$$H' = \lambda \begin{pmatrix} 0 & 1 & 0 \\ 1 & 0 & 2 \\ 0 & 2 & 0 \end{pmatrix} \tag{2}$$

则

$$H = H_0 + H' \tag{3}$$

由于 H_0 是对角矩阵,因而 H_0 的本征值为

$$E_1^{(0)} = 1$$
$$E_2^{(0)} = 2 \tag{4}$$
$$E_3^{(0)} = 3$$

相应的本征矢量为

$$|\psi_1^{(0)}\rangle = \begin{pmatrix} 1 \\ 0 \\ 0 \end{pmatrix}, \quad |\psi_2^{(0)}\rangle = \begin{pmatrix} 0 \\ 1 \\ 0 \end{pmatrix}, \quad |\psi_3^{(0)}\rangle = \begin{pmatrix} 0 \\ 0 \\ 1 \end{pmatrix} \tag{5}$$

按能量的一级近似公式

$$E_n^{(1)} = H'_{nn} \tag{6}$$

有

$$E_1^{(1)} = \lambda(1 \quad 0 \quad 0)\begin{pmatrix} 0 & 1 & 0 \\ 1 & 0 & 2 \\ 0 & 2 & 0 \end{pmatrix}\begin{pmatrix} 1 \\ 0 \\ 0 \end{pmatrix} = 0$$
$$E_2^{(1)} = \lambda(0 \quad 1 \quad 0)\begin{pmatrix} 0 & 1 & 0 \\ 1 & 0 & 2 \\ 0 & 2 & 0 \end{pmatrix}\begin{pmatrix} 0 \\ 1 \\ 0 \end{pmatrix} = 0 \tag{7}$$
$$E_3^{(1)} = \lambda(0 \quad 0 \quad 1)\begin{pmatrix} 0 & 1 & 0 \\ 1 & 0 & 2 \\ 0 & 2 & 0 \end{pmatrix}\begin{pmatrix} 0 \\ 0 \\ 1 \end{pmatrix} = 0$$

所以,在一级近似下,能量为

$$
\begin{aligned}
E_1 &\approx E_1^{(0)} + E_1^{(1)} = 1 + 0 = 1 \\
E_2 &\approx E_2^{(0)} + E_2^{(1)} = 2 + 0 = 2 \\
E_3 &\approx E_3^{(0)} + E_3^{(1)} = 3 + 0 = 3
\end{aligned} \tag{8}
$$

再由二级微扰近似公式

$$
\begin{aligned}
E_1^{(2)} &= \sum_{k\neq 1} \frac{|H'_{1k}|^2}{E_1^{(0)} - E_k^{(0)}} = \frac{|H'_{12}|^2}{E_1^{(0)} - E_2^{(0)}} + \frac{|H'_{13}|^2}{E_1^{(0)} - E_3^{(0)}} \\
E_2^{(2)} &= \sum_{k\neq 2} \frac{|H'_{2k}|^2}{E_2^{(0)} - E_k^{(0)}} = \frac{|H'_{21}|^2}{E_2^{(0)} - E_1^{(0)}} + \frac{|H'_{23}|^2}{E_2^{(0)} - E_3^{(0)}} \\
E_3^{(2)} &= \sum_{k\neq 3} \frac{|H'_{3k}|^2}{E_3^{(0)} - E_k^{(0)}} = \frac{|H'_{31}|^2}{E_3^{(0)} - E_1^{(0)}} + \frac{|H'_{32}|^2}{E_3^{(0)} - E_2^{(0)}}
\end{aligned} \tag{9}
$$

需要计算式(9)中的矩阵元

$$
H'_{12} = \lambda(1\quad 0\quad 0)\begin{pmatrix} 0 & 1 & 0 \\ 1 & 0 & 2 \\ 0 & 2 & 0 \end{pmatrix}\begin{pmatrix} 0 \\ 1 \\ 0 \end{pmatrix} = \lambda
$$

$$
H'_{13} = \lambda(1\quad 0\quad 0)\begin{pmatrix} 0 & 1 & 0 \\ 1 & 0 & 2 \\ 0 & 2 & 0 \end{pmatrix}\begin{pmatrix} 0 \\ 0 \\ 1 \end{pmatrix} = 0
$$

$$
H'_{23} = \lambda(0\quad 1\quad 0)\begin{pmatrix} 0 & 1 & 0 \\ 1 & 0 & 2 \\ 0 & 2 & 0 \end{pmatrix}\begin{pmatrix} 0 \\ 0 \\ 1 \end{pmatrix} = 2\lambda
$$

由于 H' 是实对称矩阵,故

$$
\begin{aligned}
H'_{21} &= H'_{12} \\
H'_{31} &= H'_{13} \\
H'_{32} &= H'_{23}
\end{aligned}
$$

将这些矩阵元和式(4)中的 $E_1^{(0)}$、$E_2^{(0)}$ 和 $E_3^{(0)}$ 代入式(9),可得

$$
\begin{aligned}
E_1^{(2)} &= -\lambda^2 \\
E_2^{(2)} &= -3\lambda^2 \\
E_3^{(2)} &= 4\lambda^2
\end{aligned}
$$

于是,在二级近似下,体系的能量为

$$
\begin{aligned}
E_1 &\approx E_1^{(0)} + E_1^{(1)} + E_1^{(2)} = 1 + 0 - \lambda^2 = 1 - \lambda^2 \\
E_2 &\approx E_2^{(0)} + E_2^{(1)} + E_2^{(2)} = 2 + 0 + \lambda^2 = 2 - 3\lambda^2 \\
E_3 &\approx E_3^{(0)} + E_3^{(1)} + E_3^{(2)} = 3 + 0 + 0 = 3 + 4\lambda^2
\end{aligned} \tag{10}
$$

类似地,可解出一级和二级近似下的本征矢量,读者可对此进行练习。

6.2 简并定态微扰论

在许多实际的物理体系中,能级会有简并。对这类定态体系,当未施加微扰时,如果第 n 个能级的简并度是 f_n,那么方程(6.1.4)则改写成

$$\hat{H}_0 \mid \psi_{n\nu}^{(0)} \rangle = E_n^{(0)} \mid \psi_{n\nu}^{(0)} \rangle \quad \nu = 1,2,3,\cdots,f_n \tag{6.2.1}$$

可设本征矢已归一化

$$\langle \psi_{n\nu}^{(0)} \mid \psi_{m\mu}^{(0)} \rangle = \delta_{mn}\delta_{\mu\nu} \tag{6.2.2}$$

并具有完备性

$$\sum_{n,\nu} \mid \psi_{n\nu}^{(0)} \rangle\langle \psi_{n\nu}^{(0)} \mid = 1 \tag{6.2.3}$$

对含微扰的体系,其能量本征方程为

$$\hat{H} \mid \psi_k \rangle = (\hat{H}_0 + \lambda\hat{W}) \mid \psi_k \rangle = E_k \mid \psi_k \rangle \tag{6.2.4}$$

将$|\psi_k\rangle$在 $\hat{H}_0$ 表象中展开,有

$$\mid \psi_k \rangle = \sum_{n,\nu} C_{n\nu} \mid \psi_{n\nu}^{(0)} \rangle \tag{6.2.5}$$

并代入方程(6.2.4),有

$$\sum_{n,\nu} \hat{H}_0 C_{n\nu} \mid \psi_{n\nu}^{(0)} \rangle + \lambda \sum_{n,\nu} \hat{W} C_{n\nu} \mid \psi_{n\nu}^{(0)} \rangle = E_k \sum_{n,\nu} C_{n\nu} \mid \psi_{n\nu}^{(0)} \rangle \tag{6.2.6}$$

用$\langle \psi_{m\mu}^{(0)} |$左乘式(6.2.6)各项,则

$$
\begin{aligned}
&\sum_{n,\nu} C_{n\nu} \langle \psi_{m\mu}^{(0)} \mid \hat{H}_0 \mid \psi_{n\nu}^{(0)} \rangle + \lambda \sum_{n,\nu} C_{n\nu} \langle \psi_{m\mu}^{(0)} \mid \hat{W} \mid \psi_{n\nu}^{(0)} \rangle \\
&= E_k \sum_{n,\nu} C_{n\nu} \langle \psi_{m\mu}^{(0)} \mid \psi_{n\nu}^{(0)} \rangle
\end{aligned} \tag{6.2.7}
$$

应用方程(6.2.1)和条件式(6.2.2),并令

$$W_{m\mu,n\nu} = \langle \psi_{m\mu}^{(0)} \mid \hat{W} \mid \psi_{n\nu}^{(0)} \rangle \tag{6.2.8}$$

式(6.2.7)简化为

$$E_m^{(0)} C_{m\mu} + \lambda \sum_{n,\nu} C_{n\nu} W_{m\mu,n\nu} = E_k C_{m\mu} \tag{6.2.9}$$

类似于上一节中的微扰处理的数学方案,将式(6.2.9)中的能量 E 和态矢展开系数 $C_{n\nu}$ 按 λ 的幂级数展开,有

$$\begin{aligned} E_k &= E_k^{(0)} + \lambda E_k^{(1)} + \lambda^2 E_k^{(2)} + \cdots \\ C_{n\nu} &= C_{n\nu}^{(0)} + \lambda C_{n\nu}^{(1)} + \lambda^2 C_{n\nu}^{(2)} + \cdots \end{aligned} \tag{6.2.10}$$

将式(6.2.10)代入方程(6.2.9),比较 λ 同次幂的系数,可得一系列的代数方程。其中,零级近似方程为

$$(E_k^{(0)} - E_m^{(0)}) C_{m\mu}^{(0)} = 0 \tag{6.2.11}$$

一级近似的方程为

$$(E_k^{(0)} - E_m^{(0)}) C_{m\mu}^{(1)} + E_k^{(1)} C_{m\mu}^{(0)} - \sum_{n,\nu} W_{m\mu,n\nu} C_{n\nu}^{(0)} = 0 \tag{6.2.12}$$

对方程(6.2.11),$C_{m\mu}^{(0)}$ 可表达为

$$C_{m\mu}^{(0)} = a_\mu \delta_{km} \tag{6.2.13}$$

其中,a_μ 为待定系数。将式(6.2.13)代入式(6.2.12),有

$$(E_k^{(0)} - E_m^{(0)}) C_{m\mu}^{(1)} + E_k^{(1)} a_\mu \delta_{mk} - \sum_{\nu} W_{m\mu,k\nu} a_\nu = 0 \tag{6.2.14}$$

当 $m = k$ 时,可得

$$E_k^{(1)} a_\mu - \sum_{\nu} W_{k\mu,k\nu} a_\nu = 0 \tag{6.2.15}$$

即

$$\sum_{\nu} (W_{k\mu,k\nu} - E_k^{(1)} \delta_{\mu\nu}) a_\nu = 0 \tag{6.2.16}$$

注意到能级的简并度为 f_k,那么,方程(6.2.16)是维度为 f_k 的矩阵方程,可解出 f_k 个本征值和相应的列矢 a_ν,记为

$$\{E_{k\alpha}^{(1)}, a_{\nu\alpha}\} \quad (\alpha = 1,2,3,\cdots,f_k) \tag{6.2.17}$$

至此获得了式(6.2.13)中的待定系数。于是

$$
\begin{aligned}
|\psi_k\rangle &= \sum_{n,\nu} C_{n\nu} |\psi_{n\nu}^{(0)}\rangle \\
&= \sum_{n,\nu} (C_{n\nu}^{(0)} + \lambda C_{n\nu}^{(1)} + \cdots) |\psi_{n\nu}^{(0)}\rangle \\
&\overset{\text{零级近似}}{=\!=\!=} \sum_{n,\nu} C_{n\nu}^{(0)} |\psi_{n\nu}^{(0)}\rangle \\
&= \sum_{n,\nu} a_{\nu\alpha}\delta_{kn} |\psi_{n\nu}^{(0)}\rangle \\
&= \sum_{\nu} a_{\nu\alpha} |\psi_{k\nu}^{(0)}\rangle
\end{aligned}
\tag{6.2.18}
$$

由式(6.2.16)、式(6.2.17)和式(6.2.18)可知，能量的一级修正值$E^{(1)}$对应的本征函数恰好为波函数零级修正时的值$a_{\nu\alpha}$。

从而计算出了零级近似下的第 k 态的态矢。从上面最后一行的表达式可知，简并微扰体系的零级近似下态矢是由原来简并态态矢的线性混合而构成，其混合的方式依赖混合系数$\{a_{\nu\alpha}\}$。

一级近似下的能量为

$$
E_k = E_k^{(0)} + \lambda E_{k\alpha}^{(1)} \tag{6.2.19}
$$

式中由于 $E_{k\alpha}^{(1)}$ 项的出现，将原来简并能级 $E_k^{(0)}$ 进行了全部或部分退简并。

【例 6.3】 被微扰的二维无限深方势阱中粒子的第一激发态能量

讨论处于二维无限深方势阱

$$
V(x,y) = V(x) + V(y) \tag{1}
$$

$$
V(x) = \begin{cases} 0, & 0 < x < a \\ \infty, & x < 0, x > a \end{cases} \tag{2}
$$

$$
V(y) = \begin{cases} 0, & 0 < y < a \\ \infty, & y < 0, y > a \end{cases} \tag{3}
$$

中质量为 μ 的粒子受到微扰

$$
\hat{H}' = \lambda xy \quad (\lambda \ll 1) \tag{4}
$$

时第一激发态的能量。

【解】 这是两个相互独立的一维无限深势阱的组合。粒子的能量本征方程为

$$
\left[\left(\frac{\hat{p}_x^2}{2\mu} + V(x)\right) + \left(\frac{\hat{p}_y^2}{2\mu} + V(y)\right)\right]\psi_{n_x n_y}(x,y) = E_{n_x n_y}\psi_{n_x n_y}(x,y) \tag{5}
$$

分离变量，可得

$$\left(\frac{\hat{p}_x^2}{2\mu}+V(x)\right)\psi_{n_x}(x)=E_{n_x}\psi_{n_x}(x)$$
$$\left(\frac{\hat{p}_y^2}{2\mu}+V(y)\right)\psi_{n_y}(y)=E_{n_y}\psi_{n_y}(y) \tag{6}$$

其中

$$E_{n_xn_y}=E_{n_x}+E_{n_y}$$
$$\psi_{n_xn_y}(x,y)=\psi_{n_x}(x)\psi_{n_y}(y) \tag{7}$$

分别求解式(6)中的两个独立的方程,它们的解为

$$\psi_{n_x}(x)=\sqrt{\frac{2}{a}}\sin\frac{\pi x n_x}{a},\quad 0\leqslant x\leqslant a$$
$$\psi_{n_x}(x)=0,\quad x<0,x>a \tag{8}$$

$$E_{n_x}=\frac{\pi^2\hbar^2n_x^2}{2\mu a^2},\quad n_x=1,2,\cdots \tag{9}$$

$$\psi_{n_y}(y)=\sqrt{\frac{2}{a}}\sin\frac{\pi y n_y}{a},\quad 0\leqslant y\leqslant a$$
$$\psi_{n_y}(y)=0,\quad y<0,y>a \tag{10}$$

$$E_{n_y}=\frac{\pi^2\hbar^2n_y^2}{2\mu a^2},\quad n_y=1,2,\cdots \tag{11}$$

于是

$$\psi_{n_xn_y}(x,y)=\begin{cases}\dfrac{2}{a}\sin\dfrac{\pi x n_x}{a}\sin\dfrac{\pi y n_y}{a}, & 0\leqslant x\leqslant a,0\leqslant y\leqslant a\\ 0, & x<0,x>a,y<0,y>a\end{cases} \tag{12}$$

$$E_{n_xn_y}=\frac{\pi^2\hbar^2}{2\mu a^2}(n_x^2+n_y^2) \tag{13}$$

当粒子处于第一激发态时,量子数有两种选取的方式

$$n_x=1,\quad n_y=2$$

或者

$$n_x=2,\quad n_y=1$$

这两种情形所对应的能量为

$$E_{12}^{(0)} = \frac{\pi^2 \hbar^2}{2\mu a^2}(1^2 + 2^2) \tag{14}$$

和

$$E_{21}^{(0)} = \frac{\pi^2 \hbar^2}{2\mu a^2}(2^2 + 1^2) \tag{15}$$

显然，$E_{12}^{(0)} = E_{21}^{(0)}$，故第一激发态是二重简并态。下面按简并态微扰论进行计算。

根据式(6.2.8)，微扰矩阵元为

$$W_{11}^{(1)} = \langle \psi_{12}^{(0)} \mid \hat{H}' \mid \psi_{12}^{(0)} \rangle = \frac{4\lambda}{a^2}\int_0^a x \sin^2 \frac{\pi x}{a} \mathrm{d}x \int_0^a y \sin^2 \frac{2\pi y}{a} \mathrm{d}y = \frac{\lambda a^2}{4} \tag{16}$$

$$W_{12}^{(1)} = \langle \psi_{12}^{(0)} \mid \hat{H}' \mid \psi_{21}^{(0)} \rangle = \frac{4\lambda}{a^2}\int_0^a x \sin \frac{\pi x}{a} \sin \frac{2\pi x}{a} \mathrm{d}x \int_0^a y \sin \frac{2\pi y}{a} \sin \frac{\pi y}{a} \mathrm{d}y$$

$$= \frac{256\lambda a^2}{81\pi^4} \tag{17}$$

$$W_{21}^{(1)} = \langle \psi_{21}^{(0)} \mid \hat{H}' \mid \psi_{12}^{(0)} \rangle = \frac{256\lambda a^2}{81\pi^4} \tag{18}$$

$$W_{22}^{(1)} = \langle \psi_{21}^{(0)} \mid \hat{H}' \mid \psi_{21}^{(0)} \rangle = \frac{\lambda a^2}{4} \tag{19}$$

将这些矩阵元代入矩阵方程(6.2.8)，矩阵方程有非平庸解的条件是下列的久期方程成立：

$$\begin{vmatrix} W_{11} - E_{12}^{(1)} & W_{12} \\ W_{21} & W_{22} - E_{12}^{(1)} \end{vmatrix} = 0 \tag{20}$$

据此解得

$$E_{12}^{(1)} = \frac{\lambda a^2}{4} \pm \frac{256\lambda a^2}{81\pi^4} \tag{21}$$

于是，在一级近似下，粒子的第一激发态的能量一分为二：

$$E_{12} = E_{12}^{(0)} + E_{12}^{(1)} = \frac{5\pi^2 \hbar^2}{2\mu a^2} + \frac{\lambda a^2}{4} \pm \frac{256\lambda a^2}{81\pi^4} \tag{22}$$

从而消除了简并。

6.3 含时微扰理论

上一节介绍的微扰是不随时间变化的。对有些情况,微扰的大小会随时间改变,此时,微扰项是含时的,即 $\hat{H}'(t)$。下面我们讨论这类微扰的理论处理方法。

6.3.1 近似处理的方案

设对一体系进行含时微扰,微扰 $\hat{H}'(t)$是在 t_0时刻后施加的。所以,体系的哈密顿写为

$$\hat{H}(t)=\begin{cases}\hat{H}_0, & t\leqslant t_0\\ \hat{H}_0+\hat{H}'(t), & t>t_0\end{cases} \tag{6.3.1}$$

作为微扰,$\hat{H}'(t)$应该远小于 $\hat{H}_0$,即 $\hat{H}'(t)\ll\hat{H}_0$。由于现在的哈密顿是含时的,应该使用含时的薛定谔方程

$$\mathrm{i}\hbar\frac{\partial}{\partial t}|\psi_k\rangle=[\hat{H}_0+\hat{H}']|\psi_k\rangle \tag{6.3.2}$$

注意到 $\hat{H}_0$ 是不含时的,于是,$\hat{H}_0$ 的定态态矢为

$$|\varphi_n\rangle\mathrm{e}^{-\mathrm{i}E_n^0t/\hbar} \tag{6.3.3}$$

其中,$|\varphi_n\rangle$是通过求解能量本征方程

$$\hat{H}_0|\varphi_n\rangle=E_n^0|\varphi_n\rangle \tag{6.3.4}$$

获得的。同时,通过方程(6.3.4)的求解,也获得了无微扰时体系的能级 E_n^0。

当式(6.3.3)中的量子数取遍所有的可能值,集合$\{|\varphi_n\rangle\mathrm{e}^{-\mathrm{i}E_n^0t/\hbar}\}$构成完备的基组,可用之于展开含时的态矢$|\psi_k\rangle$。即

$$|\psi_k\rangle=\sum_n C_{nk}(t)|\varphi_n\rangle\mathrm{e}^{-\mathrm{i}E_n^0t/\hbar} \tag{6.3.5}$$

将式(6.3.5)代入方程(6.3.2),有

$$\mathrm{i}\hbar\sum_n\dot{C}_{nk}(t)|\varphi_n\rangle\mathrm{e}^{-\mathrm{i}E_n^0t/\hbar}+\sum_n C_{nk}(t)|\varphi_n\rangle E_n^0\mathrm{e}^{-\mathrm{i}E_n^0t/\hbar}$$

$$= \sum_n C_{nk}(t) | \varphi_n \rangle E_n^0 e^{-iE_n^0 t/\hbar} + \sum_n \hat{H}'(t) C_{nk}(t) | \varphi_n \rangle e^{-iE_n^0 t/\hbar}$$

消除上面等式中左右两边相同的项，我们有

$$i\hbar \sum_n \dot{C}_{nk}(t) | \varphi_n \rangle e^{-iE_n^0 t/\hbar} = \sum_n \hat{H}'(t) C_{nk}(t) | \varphi_n \rangle e^{-iE_n^0 t/\hbar} \quad (6.3.6)$$

用$\langle \varphi_m |$左乘上面等式的各项，得

$$i\hbar \sum_n \dot{C}_{nk}(t) \langle \varphi_m | \varphi_n \rangle e^{-iE_n^0 t/\hbar} = \sum_n C_{nk}(t) \langle \varphi_m | \hat{H}'(t) | \varphi_n \rangle e^{-iE_n^0 t/\hbar} \quad (6.3.7)$$

考虑到$\langle \varphi_m | \varphi_n \rangle = \delta_{mn}$，上式写为

$$i\hbar \dot{C}_{mk}(t) e^{-iE_m^0 t/\hbar} = \sum_n C_{nk}(t) \hat{H}'_{mn}(t) e^{-iE_n^0 t/\hbar}$$

即

$$\begin{aligned} i\hbar \dot{C}_{mk}(t) &= \sum_n C_{nk}(t) \hat{H}'_{mn}(t) e^{-iE_n^0 t/\hbar} e^{iE_m^0 t/\hbar} \\ &= \sum_n C_{nk}(t) \hat{H}'_{mn}(t) e^{i(E_m^0 - E_n^0) t/\hbar} \\ &= \sum_n C_{nk}(t) \hat{H}'_{mn}(t) e^{i\omega_{mn} t} \end{aligned} \quad (6.3.8)$$

其中

$$\omega_{mn} = \frac{E_m^0 - E_n^0}{\hbar} \quad (6.3.9)$$

至此，上述的数学过程是严谨的。为了对这类微扰进行逐级近似求解，我们也仿效上一节的方法，令

$$\hat{H}'(t) = \lambda \hat{W}(t) \quad (6.3.10)$$

其中，λ 为介于0和1之间的实参量，并按该参量进行级数展开。可获得一级近似下的系数表达式

附录H给出了式(6.3.11)的推导过程。

$$C_{nk}(t) = \frac{1}{i\hbar} \int_{t_0}^{t} dt' H'_{nk}(t') e^{i\omega_{nk} t'} + \delta_{nk} \quad (6.3.11)$$

有了 $C_{nk}(t)$，就获得了一级近似下体系从 k 态向 n 态跃迁的概率

$$P_{k\to n}(t) = | C_{nk}(t) |^2 = \frac{1}{\hbar^2} \left| \int_{t_0}^{t} dt' H'_{nk}(t') e^{i\omega_{nk} t'} \right|^2 \quad (6.3.12)$$

从跃迁概率的公式可看出，跃迁概率的大小不仅与跃迁的初态和末态有关，而

且与对体系所施加的微扰 $\hat{H}'$ 密切相关！在量子力学定态理论的框架内，如果没有微扰，就不可能发生跃迁。换言之，微扰是导致体系发生量子跃迁的原动力。是否施加了微扰，体系就一定会发生跃迁呢？答案是否定的。例如，当我们用一束特定波长的光照射某一原子，照射的光就是对该原子体系施加的微扰。如果光子的能量不等于发生跃迁的两能级之间的能量差[见式(6.3.9)]，这个光照的微扰跃迁是不能发生的。更需要强调的是：即便能满足式(6.3.9)的条件，但当两能级不满足跃迁的选择定则时，跃迁也是不能发生的。虽然这些知识已从原子物理的学习中就已获得，但如何从量子理论上给予更深刻的理解呢？特别是如何理解跃迁选择定则？其物理本质是什么呢？我们需要做进一步的讨论。

6.3.2 周期微扰

设 $H'(t)=W\cos\omega t=W(e^{i\omega t}+e^{-i\omega t})/2$，其中 W 不含时。

一级微扰公式

$$\begin{aligned}C_{k'k}(t)&=\frac{1}{i\hbar}\int_0^t e^{i\omega_{k'k}t'}H'_{k'k}dt' \quad (k'\neq k)\\&=\frac{W_{k'k}}{2i\hbar}\int_0^t e^{i\omega_{k'k}t'}(e^{i\omega t'}+e^{-i\omega t'})dt'\\&=-\frac{W_{k'k}}{2\hbar}\left[\frac{e^{i(\omega_{k'k}+\omega)t}-1}{\omega_{k'k}+\omega}+\frac{e^{i(\omega_{k'k}-\omega)t}-1}{\omega_{k'k}-\omega}\right]\end{aligned} \tag{6.3.13}$$

对光跃迁，入射光的频率 ω 大约为 $4\times10^{15}\,s^{-1}$，由入射光导致跃迁，则要求发生跃迁的两个能级 k 与 k' 之间的能量差所对应的频率 $\omega_{k'k}$ 也与入射光的 ω 值非常接近。于是，$\omega_{k'k}$ 的值也很大。在上式方括号中第一项的分母是个很大的值，而第二项的分母是两个数值上非常接近的大数之差，应为很小的数。再考虑到分子实部的值介于 -2 和 0 之间。这样，上式方括号中的第一项可略去，则有

$$C_{k'k}(t)=-\frac{W_{k'k}}{2\hbar}\cdot\frac{e^{i(\omega_{k'k}-\omega)t}-1}{\omega_{k'k}-\omega} \tag{6.3.14}$$

那么，跃迁的概率为

$$\begin{aligned}P_{k'k}(t)=|C_{k'k}(t)|^2&=\frac{|W_{k'k}|^2}{4\hbar^2}\cdot\frac{\sin^2\left(\frac{\omega_{k'k}-\omega}{2}t\right)}{\left(\frac{\omega_{k'k}-\omega}{2}\right)^2}\\&\xlongequal{t\text{足够大}}\frac{\pi t|W_{k'k}|^2}{4\hbar^2}\delta\left(\frac{\omega_{k'k}-\omega}{2}\right)\end{aligned} \tag{6.3.15}$$

$$\delta(x)=\lim_{t\to\infty}\frac{\sin^2(tx)}{\pi tx^2}$$

因为 $\delta(ax)=\frac{1}{|a|}\delta(x)$，将此运算规则应用到上式中，我们有

$$\delta\left[\frac{1}{2}(\omega_{k'k}-\omega)\right]=2\delta(\omega_{k'k}-\omega)$$

于是

$$P_{k'k}(t)=\frac{\pi t\ |W_{k'k}|^2}{2\hbar^2}\delta(\omega_{k'k}-\omega) \tag{6.3.16}$$

注意到

$$\omega_{k'k}=\frac{1}{\hbar}(E_{k'}-E_k)$$

跃迁概率公式可改写为

$$P_{k'k}=\frac{\pi t}{2\hbar}|W_{k'k}|^2\delta(E_{k'}-E_k-\hbar\omega) \tag{6.3.17}$$

式(6.3.17)显示出周期微扰导致的跃迁概率与微扰的时间成正比。而时间是个序参量，不能直接反映出体系发生跃迁的物理本质。于是，我们可在式(6.3.17)中“剔去”时间参量。为此，我们定义单位时间内的跃迁概率，即跃迁速率

$$w_{k'k}=\frac{\mathrm{d}P_{k'k}}{\mathrm{d}t}=\frac{\pi}{2\hbar}|W_{k'k}|^2\delta(E_{k'}-E_k-\hbar\omega) \tag{6.3.18}$$

式(6.3.18)称为费米黄金规则。

讨论：当 $\delta(E_{k'}-E_k-\hbar\omega)\neq0$，同时 $W_{k'k}\neq0$，跃迁速率 $w_{k'k}$ 也就不为零。在这样的条件下，光致跃迁才能发生。其中，$\delta(E_{k'}-E_k-\hbar\omega)\neq0$ 意味着 $E_{k'}-E_k=\hbar\omega$。这恰好是玻尔提出的跃迁定则中的一条。$W_{k'k}\neq0$ 是指跃迁矩阵元 $W_{k'k}=\langle k'|\hat{W}|k\rangle$ 不为零。而跃迁矩阵元不仅与微扰项有关，而且与发生跃迁的初态和末态的性质也有关。原则上通过对跃迁矩阵元的分析，可提取跃迁的选择定则。

下面我们讨论原子在光照下能够发生电偶极跃迁的条件。当原子受到光的照射时，原子受到光提供的交变电磁场作用，其中交变磁场对原子的作用远弱于交变电场对原子的作用。因此，在物理上，可将光与原子的作用近似为光提供的交变电场对原子的作用。设交变电场的电场强度

$$\vec{E}=\vec{E}_0\cos(\omega t-\vec{k}\cdot\vec{r})$$

其中，$\vec{E}_0$ 为波幅，ω 为光波的圆频率，$\vec{k}$ 为波矢，$\vec{r}$ 为电子的位置矢量。交变电场与原子中电子-原子核间电偶极矩相互作用，产生能量微扰项

$$H' = -\vec{D}\cdot\vec{E}_0\cos(\omega t - \vec{k}\cdot\vec{r})$$

其中，$\vec{D} = -e\vec{r}$为电偶极矩。注意到这一作用发生在原子尺度内，而原子的尺度很小，可认为交变的电场在原子尺度上是空间均匀分布的，故

$$H' \approx -\vec{D}\cdot\vec{E}_0\cos\omega t$$

令 $W = -\vec{D}\cdot\vec{E}$，并代入式(6.3.18)中，则跃迁的速率正比于$|\vec{r}_{k'k}|^2$，我们讨论电偶极跃迁的条件的就转变到讨论矩阵元$\vec{r}_{k'k}$不为零的条件。

在原子体系中，电子跃迁前后的态分别记为

$$|k\rangle = |nlm\rangle \tag{6.3.19}$$

$$|k'\rangle = |n'l'm'\rangle \tag{6.3.20}$$

那么

$$\vec{r}_{k'k} = \langle n'l'm'|\vec{r}|nlm\rangle \tag{6.3.21}$$

将这一矢量的矩阵元分成各个分量的矩阵元，则有

$$\begin{aligned} x_{k'k} &= \langle n'l'm'|x|nlm\rangle \\ y_{k'k} &= \langle n'l'm'|y|nlm\rangle \\ z_{k'k} &= \langle n'l'm'|z|nlm\rangle \end{aligned} \tag{6.3.22}$$

下面我们以 $z_{k'k}$为例讨论跃迁的选择定则。为了方便计算，我们选择球坐标。于是，将矩阵元 $z_{k'k}$表达式(6.3.22)中的 z 变换到球坐标系中，即

$$z = r\cos\theta \tag{6.3.23}$$

那么

$$\begin{aligned} z_{k'k} &= \iiint R^*_{n'l'}Y^*_{l'm'}r\cos\theta R_{nl}Y_{lm}r^2\sin\theta\mathrm{d}r\mathrm{d}\theta\mathrm{d}\varphi \\ &= \int_0^\infty R^*_{n'l'}r^3R_{nl}\mathrm{d}r\int_0^\pi\int_0^{2\pi}Y^*_{l'm'}(\theta,\varphi)\cos\theta Y_{lm}(\theta,\varphi)\mathrm{d}\Omega \end{aligned} \tag{6.3.24}$$

注意到球谐函数的递推关系：

$$\begin{aligned} \cos\theta Y_{lm} &= a_{lm}Y_{l+1,m} + a_{l-1,m}Y_{l-1,m} \\ a_{lm} &= \sqrt{\frac{(l+1)^2-m^2}{(2l+1)(2l+3)}} \end{aligned} \tag{6.3.25}$$

式(6.3.24)可进一步写成

$$z_{k'k} = \int_0^\infty R^*_{n'l'}r^3R_{nl}\mathrm{d}r\int_0^\pi\int_0^{2\pi}Y^*_{l'm'}(a_{lm}Y_{l+1,m} + a_{l-1,m}Y_{l-1,m})\mathrm{d}\Omega$$

$$= \left(\int_0^\infty R_{n'l'}^* r^3 R_{nl} \mathrm{d}r\right)\left[a_{lm}\int_0^\pi\int_0^{2\pi} Y_{l'm'}^* Y_{l+1,m} \mathrm{d}\Omega + a_{l-1,m}\int_0^\pi\int_0^{2\pi} Y_{l'm'}^* Y_{l-1,m} \mathrm{d}\Omega\right]$$

$$= \left(\int_0^\infty R_{n'l'}^* r^3 R_{nl} \mathrm{d}r\right)\left(a_{lm}\delta_{l',l+1}\delta_{m'm} + a_{l-1,m}\delta_{l',l-1}\delta_{m'm}\right) \tag{6.3.26}$$

从上式可以看出,矩阵元 $z_{k'k}$ 不为零的条件是

$$\begin{aligned} m' &= m \qquad \text{即 } \Delta m = 0 \\ l' &= \begin{cases} l+1 \\ l-1 \end{cases} \quad \text{即 } \Delta l = \pm 1 \end{aligned} \tag{6.3.27}$$

类似地计算式(6.3.22)中另外两个矩阵元,则可在式(6.3.27)中补充

$$\Delta m = \pm 1 \tag{6.3.28}$$

式(6.3.37)和式(6.3.28)就是我们在原子物理中所见到的电偶极跃迁的选择定则。

6.4 变分法

另一个常用的近似算法是基于变分原理的方法。在下面的介绍中,我们会发现,在数学形式上,该方法不像微扰论那样繁琐,但也很有效。在基于量子理论的大规模数值计算研究中,变分法有着非常广泛的应用。

6.4.1 薛定谔方程与变分原理

我们已从量子理论上认识到,薛定谔方程是研究微观体系的核心方程。对一个处于定态的物理体系,通过建立体系的能量本征方程,并予以求解,理论上完全可以获得体系的可能状态的性质。我们也已经知道,只要微观的体系稍微复杂,求解能量本征方程就变得非常复杂,甚至给不出解。尽管如此,我们已建立这样的图像:微观体系可观察量的物理解是量子理论预测的最可几的解。

另一方面,数学知识告诉我们,条件极值是数学上寻找极值的最常用的方法,该方法在物理上已有过广泛的应用。是否也能采用这一数学方法帮助我们求解微观体系的可能的能量状态呢?为了回答这一问题,我们首先应该考察数学上的条件极值方法与量子力学中的能量本征方程是否有某种等效性。如果果真存在着某种等效性,那会给我们的计算带来很大的方便。

设一个微观体系的哈密顿算符为 $\hat{H}$,该算符的本征方程为

$$\hat{H}\,|\,\psi\rangle = E\,|\,\psi\rangle \tag{6.4.1}$$

并令其本征态矢是归一的,即

$$\langle \psi \mid \psi \rangle = 1 \tag{6.4.2}$$

按平均值假设,体系的能量平均值

$$\bar{H} = \langle \psi \mid \hat{H} \mid \psi \rangle \tag{6.4.3}$$

我们来看数学上的条件极值。令实数 λ 为拉格朗日乘子,有

$$\delta \bar{H} - \lambda \delta \langle \psi \mid \psi \rangle = 0 \tag{6.4.4}$$

将式(6.4.3)代入式(6.4.4),有

$$\delta \langle \psi \mid \hat{H} \mid \psi \rangle - \lambda \delta \langle \psi \mid \psi \rangle = 0 \tag{6.4.5}$$

通常,对一个给定的体系,其哈密顿算符是确定的。于是,上式中的哈密顿算符可以认为是不变的,因而仅对欲求解的 ψ 及其复共轭 ψ^* 进行变分,得

$$\int \mathrm{d}\tau [(\delta \psi^* \hat{H} \psi + \psi^* \hat{H} \delta \psi) - \lambda (\delta \psi^* \cdot \psi + \psi^* \cdot \delta \psi)] = 0 \tag{6.4.6}$$

整理上面的方程,可得到

$$\int \mathrm{d}\tau [\delta \psi^* (\hat{H} \psi - \lambda \psi) + \delta \psi (\hat{H} \psi^* - \lambda \psi^*)] = 0 \tag{6.4.7}$$

因为 $\delta \psi$ 和 $\delta \psi^*$ 是任意的变分函数,并且彼此独立,那么,方程(6.4.7)在一般的情形下成立,就必然要求

$$\begin{aligned} \hat{H} \psi &= \lambda \psi \\ \hat{H} \psi^* &= \lambda \psi^* \end{aligned} \tag{6.4.8}$$

如果采用狄拉克记号,则式(6.4.8)中的两个方程改写成

$$\begin{aligned} \hat{H} \mid \psi \rangle &= \lambda \mid \psi \rangle \\ \langle \psi \mid \hat{H} &= \langle \psi \mid \lambda \end{aligned} \tag{6.4.9}$$

由于 λ 是实数,哈密顿算符 $\hat{H}$ 是厄米的,上面的第二个等式是第一个等式的复共轭形式。等式的数学形式与能量本征方程(6.4.1)的数学形式完全相同,它们的差别仅仅在于将能量本征方程中的本征值 E 换成了拉格朗日乘子 λ。于是,能量本征方程与变分的原则在数学形式上具有等价性,换言之,满足定态方程的归一化的本征函数一定使能量取极值。这样一来,对能量本征方程的求解可用变分原理求解来代替。

6.4.2 由变分原理求体系能量

下面我们探讨如何采用变分原理求解体系的能量。设体系的能量本征方程为

$$\hat{H} \mid \psi_n \rangle = E_n \mid \psi_n \rangle \quad (n = 0,1,2,\cdots) \tag{6.4.10}$$

为了方便，令其能级大小的次序为 $E_0 < E_1 < E_2 < \cdots$。显然，最低的能级 E_0 为体系的基态能量。

在变分原理中，我们不知道体系的本征态的形式，只能选取一个尝试态矢 $|\Phi\rangle$。该尝试态矢可在 $\hat{H}$ 表象中展开，即

$$\mid \Phi \rangle = \sum_n a_n \mid \psi_n \rangle \tag{6.4.11}$$

用尝试态矢计算能量的平均值

$$\begin{aligned}
\bar{H} &= \frac{\langle \Phi \mid \hat{H} \mid \Phi \rangle}{\langle \Phi \mid \Phi \rangle} \\
&= \frac{\sum\limits_{n,n'} a_n^* a_{n'} \langle \psi_n \mid \hat{H} \mid \psi_{n'} \rangle}{\sum\limits_{n,n'} a_n^* a_{n'} \langle \psi_n \mid \psi_{n'} \rangle} \\
&= \frac{\sum\limits_n \mid a_n \mid^2 E_n}{\sum\limits_n \mid a_n \mid^2} \\
&\geqslant \frac{\sum\limits_n \mid a_n \mid^2 E_0}{\sum\limits_n \mid a_n \mid^2}
\end{aligned} \tag{6.4.12}$$

此即

$$\bar{H} \geqslant E_0 \tag{6.4.13}$$

由此可知，变分法计算出的能量通常高于体系的真实的基态能量，只有当尝试态矢恰好为基态本征态矢时，$\bar{H} = E_0$。

有了近似的基态结果，我们可按下述的方案计算激发态的能量。

设第一激发态的尝试态矢为 $|\Phi_1\rangle$。该态矢应该与基态态矢正交(请读者思考为什么要有这个要求)。如果 $|\Phi_1\rangle$ 与基态态矢不正交，则可采用施密特正交化方案，重新构造出满足与基态态矢正交条件的第一激发态的尝试态矢。其正交化程序如下：

若

$$\langle \Phi_0 \mid \Phi_1 \rangle \neq 0$$

则可令

$$| \Phi_1' \rangle = | \Phi_1 \rangle - | \Phi_0 \rangle \langle \Phi_0 \mid \Phi_1 \rangle \tag{6.4.14}$$

于是

$$\langle \Phi_0 \mid \Phi_1' \rangle = \langle \Phi_0 \mid \Phi_1 \rangle - \langle \Phi_0 \mid \Phi_0 \rangle \langle \Phi_0 \mid \Phi_1 \rangle = 0 \quad (\langle \Phi_0 \mid \Phi_0 \rangle = 1) \tag{6.4.15}$$

即改造后的第一激发态的尝试态矢与基态的尝试态矢$|\Phi_0\rangle$正交了。类似地，我们可构造第二激发态的尝试态矢，它应该同时与基态态矢和第一激发态态矢$|\Phi_1'\rangle$正交。如此类推，可构造出高激发态的尝试态矢。

有了这些不同激发态的尝试态矢，在各自的"尝试"态下，按平均值假设计算体系的能量，获得相应激发态的能量近似解。

必须注意，在利用变分法求解体系基态和各个激发态的能量时，计算的结果与真实值之间误差的大小强烈地依赖着所选用的尝试态矢。在一般的意义下，我们没有能力预先选取一个与真实的基态态矢相同的尝试态矢。实际上，通常选择的尝试态矢与真实的基态态矢一定有差别。按式(6.4.12)可知，这必然导致变分的理论计算结果高于真实的基态能量。按此方案，不能获得体系基态的真实能量。我们所能做的是调整尝试态矢，尽可能地逼近体系的基态能量。

在处理激发态时，也同样面临着激发态的尝试态矢偏离其真实的态矢，致使计算的激发态的能量不准确。不仅如此，在构造第一激发态的尝试态矢时，正交化的程序中包含了与基态尝试态矢的关联。这势必在一定的程度上将描述基态的偏差也带入了第一激发态，从而加剧了第一激发态描述的不准确性。如果考虑更高能量的激发态，变分原理的结果也就更加不准确了。所以，变分法主要是用于对基态的近似处理，几乎不会用于计算体系的激发态。

6.4.3 Ritz 变分法

上面谈到可以选择不同的尝试态矢，以获取更接近真实基态能量的近似值。从理论上看是有必要的，似乎是可行的。但问题是，如何选择一个试探态矢呢？我们来回顾数学上的拟合技术：用带参数的函数拟合一组样品点，通过调节参数，使得拟合的函数与被拟合的样品点之间的统计误差尽可能地小。显然，带有可调参数的函数能更好地描述样品点的分布。我们也可以将这种带参数的函数的思想引入到变分法的尝试态矢中。通过改变引入的参量，态矢在空间上的变化行为就会随之而变化。也许参量为某一特殊值时，该含有参量的尝试态矢更加接近基态的真实行为。实际上，带有参量的态矢更具有"柔韧性"，

这有利于获得更优化的结果。显然,对一给定的函数形式,更优化的结果对应于“优化”的参数。在变分法中,如何确定出“优化”的参数呢?

设尝试态矢中的待定参量为$\{c_1, c_2, \cdots\}$,即

$$|\Phi_0\rangle \to |\Phi_0(c_1, c_2, \cdots)\rangle$$

在该“尝试态”下体系的能量也是依赖这些参量

$$\bar{H}(c_1, c_2, \cdots) = \frac{\langle\Phi_0(c_1, c_2, \cdots)|\hat{H}|\Phi_0(c_1, c_2, \cdots)\rangle}{\langle\Phi_0(c_1, c_2, \cdots)|\Phi_0(c_1, c_2, \cdots)\rangle} \tag{6.4.16}$$

令能量平均值的变分为零,即

$$\delta\bar{H}(c_1, c_2, \cdots) = 0 \tag{6.4.17}$$

注意到

$$\delta\bar{H}(c_1, c_2, \cdots) = \sum_i \frac{\partial\bar{H}}{\partial c_i}\delta c_i \tag{6.4.18}$$

由于δc_i是任意的,那么

$$\sum_i \frac{\partial\bar{H}}{\partial c_i}\delta c_i = 0 \tag{6.4.19}$$

成立的一般条件便是

$$\frac{\partial\bar{H}}{\partial c_i} = 0 \quad (i = 1, 2, \cdots) \tag{6.4.20}$$

式(6.4.20)是方程组,可解出参量$\{c_i\}$。将解出的参量$\{c_i\}$分别代入$|\Phi_0(c_1, c_2, \cdots)\rangle$和式(6.4.16),就获得了体系的基态近似态矢和相应的能量近似值。

在许多实际的计算中,常选用具体的表象开展计算。在所选择的表象中,上述的态矢均通过相应的态函数(或波函数)表示,于是,选择尝试态矢就变成了具体表象中的尝试波函数。显然,尝试波函数的选择有点“漫无边际”,但实际上是有限制的。这就是,在选取尝试波函数时应该考虑波函数具有单值、连续、平方可积的条件。另外,为了方便运算,尽可能地选择简单的函数形式。常见的尝试波函数有高斯函数和Slater函数:

$$e^{-\lambda x^2}, \quad e^{-\lambda x}$$

其中,λ为参量。这两类函数在量子化学的计算中有着非常广泛的应用。

【例 6.4】 变分法计算氢原子的能量

选取尝试波函数 $\psi = e^{-\lambda r^2}$ $(\lambda > 0)$，采用变分法计算氢原子的基态能量。

【解】 对给定的尝试波函数，氢原子的能量通过下列的平均值获得

$$E = \frac{\langle \psi \mid \hat{H} \mid \psi \rangle}{\langle \psi \mid \psi \rangle} \tag{1}$$

其中，氢原子的哈密顿算符

$$\hat{H} = -\frac{\hbar^2}{2m}\frac{1}{r^2}\frac{\partial}{\partial r}r^2\frac{\partial}{\partial r} - \frac{e^2}{r}$$

$$\begin{aligned}\langle \psi \mid \psi \rangle &= \iiint \psi^* \psi r^2 \sin\theta \mathrm{d}r\mathrm{d}\theta\mathrm{d}\varphi \\ &= \iiint e^{-2\lambda r^2} r^2 \sin\theta \mathrm{d}r\mathrm{d}\theta\mathrm{d}\varphi \\ &= \frac{1}{2\sqrt{2}}\left(\frac{\pi}{\lambda}\right)^{\frac{3}{2}}\end{aligned} \tag{2}$$

$$\begin{aligned}\langle \psi \mid \hat{H} \mid \psi \rangle &= \iiint \psi^* \left(-\frac{\hbar^2}{2m}\frac{1}{r^2}\frac{\partial}{\partial r}r^2\frac{\partial}{\partial r} - \frac{e^2}{r}\right)\psi r^2 \sin\theta \mathrm{d}r\mathrm{d}\theta\mathrm{d}\varphi \\ &= 4\pi e^2\left[\frac{3a_0}{16\sqrt{2}}\left(\frac{\pi}{\lambda}\right)^{\frac{1}{2}} - \frac{1}{4\lambda}\right]\end{aligned} \tag{3}$$

$a_0 = \frac{\hbar^2}{me^2}$。

如果试探波函数选为 $e^{-\lambda r}$，结果又如何呢？

将式(2)和式(3)代入式(1)，体系的基态能量表达成

$$E = \frac{3}{2}a_0 e^2 \lambda - 2\sqrt{2}e^2\left(\frac{\lambda}{\pi}\right)^{\frac{1}{2}} \tag{4}$$

将能量对参量 λ 求极值，有

$$\frac{\mathrm{d}}{\mathrm{d}\lambda}E = 0 \tag{5}$$

即

$$\frac{\mathrm{d}}{\mathrm{d}\lambda}\left[\frac{3}{2}a_0 e^2 \lambda - 2\sqrt{2}e^2\left(\frac{\lambda}{\pi}\right)^{\frac{1}{2}}\right] = 0 \tag{6}$$

得到

$$\lambda = \frac{8}{9\pi} \cdot \frac{1}{{a_0}^2} \tag{7}$$

将式(7)代入式(4),得到体系的基态能量的近似值

$$E = -\frac{4}{3\pi}\frac{e^2}{a_0} \tag{8}$$

6.5 密度泛函理论简介

量子力学的建立不能仅仅停留在概念的提出、形式化理论的完善上,也不能仅仅求解简单的物理模型,而是要尽可能地用于对复杂的物理体系的研究上。这里“复杂的物理体系”包含复杂的分子(化学分子、生物分子)、团簇、纳米线、纳米管、固体、固体表面、液体等。这些体系都是由较多的粒子组成,是典型的多体物理问题。由于粒子间存在着相互作用,薛定谔方程不能按单个粒子分离求解。面对这样的多粒子体系的方程,我们没有办法进行数学上的解析求解。可是,这些多粒子体系又需要采用量子力学进行研究。

在量子理论中,只要知道了微观体系的波函数,原则上就能确定该体系的可测量的物理量。于是,我们来考察波函数。对多粒子体系,其总波函数是各个粒子的空间坐标的函数,即波函数的自由度$\{\vec{r}_1,\vec{r}_2,\cdots\}$太多。为了处理多粒子多自由度的体系,人们发展了密度泛函理论(Density Functional Theory, DFT)。下面对密度泛函理论的要点进行介绍。

6.5.1 Thomas-Fermi 理论

多粒子体系内部的相互作用是非常复杂的。在理论上研究这类体系时,常常作一些近似,使得我们可以从简单的却又能反映所关心的某个(或某些)问题的模型出发,建立理论构架。特别是凝聚体系,如分子、固体材料等,均含有大量的电子。在量子理论建立之前,P. Drude 就对金属材料中的电子进行了经验性地处理。他将金属材料中大量的传导电子看成气体——电子气,这些电子的传导行为就按经典的气体分子运动论那样处理。有趣的是,这样的模型解释了某些实验现象。由此可见,“电子气”模型似乎包含着某些有价值的信息。既然如此,这种“电子气”的概念能否推广到凝聚体系(例如分子和固态材料等)中的电子呢?1927年,L. Thomas 和 E. Fermi 对此进行了尝试。他们首先做了三个假设:

(1) 体系中的众多电子彼此无相互作用;

(2) 电子在相空间中均匀分布;

(3) 体系处于基态。

如果这样一个均匀的电子气体系有 N 个电子，它们在位形空间中占据的体积为 V，则平均电子密度

$$\rho_0 = \frac{N}{V} \tag{6.5.1}$$

我们知道，在经典的分子运动论中，粒子的状态应该在相空间中描述。基于此，上面仅给出 N 个电子在位形空间中分布的体积是不全面的，应该还要知道这 N 个电子在动量空间中占据多大的体积。为了讨论这一问题，选择自由电子来讨论是合适的。对质量为 m 波矢为 $\vec{k}$ 的自由电子，其总能量 E 等于其动能，即

体系中的电子之间无相互作用。

$$E = \frac{\vec{p}^2}{2m} = \frac{\hbar^2\vec{k}^2}{2m} = \frac{\hbar^2}{2m}(k_x^2 + k_y^2 + k_z^2) \tag{6.5.2}$$

上式改写成

$$\left(\sqrt{\frac{2mE}{\hbar^2}}\right)^2 = k_x^2 + k_y^2 + k_z^2 \tag{6.5.3}$$

显然，该式是在三维的波矢空间中以坐标原点为球心、半径为$\sqrt{\frac{2mE}{\hbar^2}}$的球面方程。该球的球面上各点均具有相同的能量值 E，故称该球面为等能面。如果电子的最大能量为 E_{F}，此时所对应的球面或球面以内的波矢均为体系中电子的波矢，而球面以外的波矢并没有赋予电子。换言之，对半径为$\sqrt{\frac{2mE_{\mathrm{F}}}{\hbar^2}}$的球，球内占满了电子，而球外没有电子，此时，半径为$\sqrt{\frac{2mE_{\mathrm{F}}}{\hbar^2}}$的球面将波矢空间中电子占据的区域与没有电子占据的区域分开。物理上，将这个球面称为费米面。费米球的半径记为

$$K_{\mathrm{F}} = \frac{\sqrt{2mE_{\mathrm{F}}}}{\hbar} \tag{6.5.4}$$

显然，当电子的波矢小于或等于 K_{F} 时，电子才对体系的能量有贡献。利用波矢与动量的关系，对应于 K_{F}，也就有最大的动量 $P_{\mathrm{F}} = \hbar K_{\mathrm{F}}$，这里的 P_{F} 称为费米动量。到这里，我们可写出 N 个电子在动量空间中的体积

$$V_P = \frac{4}{3}\pi P_{\mathrm{F}}^3 \tag{6.5.5}$$

既然有了 N 个电子在位形空间和动量空间中占据的体积，我们就能获得这 N 个电子在相空间中占据的体积，该体积为

$$V_{相空间} = V_{动量空间} \cdot V_{位形空间} = \left(\frac{4}{3}\pi P_F^3\right)V \qquad (6.5.6)$$

另一方面,从不确定性关系式可知

$$\Delta x \cdot \Delta p_x \sim h$$

将上面的关系式进行三次方,有

$$\Delta x^3 \cdot \Delta p_x^3 \sim h^3 \qquad (6.5.7)$$

式(6.5.7)中的 Δx^3 为单个电子在位形空间中占据的体积,Δp_x^3 为单个电子在动量空间中占据的体积。在上面的关系式中没有计入电子自旋。如果计入电子自旋,则式(6.5.7)应写为

$$2\Delta x^3 \cdot \Delta p_x^3 \sim h^3 \qquad (6.5.8)$$

式(6.5.8)的物理意义是单个电子在相空间中占据的体积为 $h^3/2$,这恰好满足如下的关系:

$$\frac{h^3}{2} = \frac{V_{相空间}}{N} \qquad (6.5.9)$$

将式(6.5.6)和式(6.5.9)代入式(6.5.1),则有

$$\rho_0 = \frac{N}{V} = \frac{8\pi}{3} \cdot \frac{P_F^3}{h^3} \qquad (6.5.10)$$

上式是均匀电子气中的电子密度表示式,电子密度只依赖于电子的费米动量。在实际的微观体系中,电子气的密度在空间的分布是不均匀的。因此,有必要将上述的公式向实际情形修正。实际上,描述电子状态的参量 P 不是恒定的,而是依赖电子的空间坐标$\vec{r}$,即 $P_F = P_F(\vec{r})$。既然如此,电子气中电子密度 ρ_0 也不再是常量,而是关于空间坐标$\vec{r}$的函数。于是,式(6.5.10)改写为

$$\rho(\vec{r}) = \frac{8\pi}{3} \cdot \frac{P_F^3(\vec{r})}{h^3} \qquad (6.5.11)$$

在不同的空间位置电子密度可以不相同,这恰好表达出电子气的非均匀分布性。式(6.5.11)又称为局域密度近似。

对一个受外场 $V(\vec{r})$作用的电子,其化学势 μ 与外场和电子的最大动能之间满足

$$\mu = \frac{1}{2m}P_F^2(\vec{r}) + V(\vec{r}) \qquad (6.5.12)$$

将 $P_F(\vec{r})$与化学势 μ 和外场 $V(\vec{r})$的关系代入式(6.5.11),则有

$$\rho(\vec{r}) = \frac{1}{3\pi^2\hbar^3}\left[2m(\mu - V(\vec{r}))\right]^{3/2}$$

取原子单位,即 $m=1,\hbar=1$,那么,上式可写为

$$\rho(\vec{r}) = \frac{1}{3\pi^2}2^{3/2}[\mu - V(\vec{r})]^{3/2} \tag{6.5.13}$$

6.5.2 非均匀电子气的能量

一个微观体系的机械能为动能和势能之和。下面考察非均匀电子气的动能。在理论上,只要知道了体系在位形空间中的动能密度 t,体系的总动能可通过如下的积分获得

$$T = \int t\mathrm{d}\vec{r} \tag{6.5.14}$$

现在的问题是如何表述非均匀电子气的动能密度。

令 $\vartheta_{\vec{r}}(p)\mathrm{d}p$ 为位于$\vec{r}$处电子的动量在 $p\sim p+\mathrm{d}p$ 之间的概率。则

$$\vartheta_{\vec{r}}(p)\mathrm{d}p = \begin{cases} \dfrac{4\pi p^2\mathrm{d}p}{\dfrac{4}{3}\pi P_{\mathrm{F}}^3(\vec{r})}, & p \leqslant P_{\mathrm{F}}(\vec{r}) \\ 0, & p > P_{\mathrm{F}}(\vec{r}) \end{cases} \tag{6.5.15}$$

电子气的动能密度为

$$\begin{aligned} t &= \int_0^{P_{\mathrm{F}}(\vec{r})} \rho(\vec{r}) \cdot \frac{p^2}{2} \cdot \vartheta_{\vec{r}}(p)\mathrm{d}p \\ &= \int_0^{P_{\mathrm{F}}(\vec{r})} \frac{P_{\mathrm{F}}^3(\vec{r})}{3\pi^2} \cdot \frac{p^2}{2} \cdot \frac{3p^2}{P_{\mathrm{F}}^3(\vec{r})}\mathrm{d}p \\ &= \frac{1}{2\pi^2}\int_0^{P_{\mathrm{F}}(\vec{r})} p^4\mathrm{d}p \\ &= \frac{1}{10\pi^2}P_{\mathrm{F}}^5 \\ &= C_{\mathrm{K}}[\rho(\vec{r})]^{5/3} \end{aligned} \tag{6.5.16}$$

其中,$C_{\mathrm{K}} = \frac{3}{10}(3\pi^2)^{2/3}$。

将式(6.5.16)代入式(6.5.14),电子气的总动能为

$$T = \int t\mathrm{d}\vec{r} = C_{\mathrm{K}}\int[\rho(\vec{r})]^{5/3}\mathrm{d}\vec{r} \tag{6.5.17}$$

上式显示出非均匀电子气的总动能完全由电子气密度 $\rho(\vec{r})$决定!

紧接着,我们考虑静电作用所贡献的势能。其中,电子气与原子核相互作用贡献的库仑能为

$$U_{\mathrm{e-i}} = \int V_N(\vec{r})\rho(\vec{r})\mathrm{d}\,\vec{r} \tag{6.5.18}$$

电子气中电子之间相互作用的库仑能为

$$U_{\mathrm{e-e}} = \frac{1}{2}\int \frac{\rho(\vec{r})\rho(\vec{r}')}{|\vec{r}-\vec{r}'|}\mathrm{d}\,\vec{r}\mathrm{d}\,\vec{r}' \tag{6.5.19}$$

在这里，电子密度 $\rho(\vec{r})$ 是位置矢量 $\vec{r}$ 的函数，而能量 $E[\rho]$ 表达成了电子密度 ρ 的函数。在数学上，称能量为电子密度的泛函。

至此，体系的总能量可表述为

$$\begin{aligned} E &= T + U_{\mathrm{e-i}} + U_{\mathrm{e-e}} \\ &= C_{\mathrm{K}}\int [\rho(\vec{r})]^{5/3}\mathrm{d}\,\vec{r} + \int V_N(\vec{r})\rho(\vec{r})\mathrm{d}\,\vec{r} \\ &\quad + \frac{1}{2}\int \frac{\rho(\vec{r})\rho(\vec{r}')}{|\vec{r}-\vec{r}'|}\mathrm{d}\,\vec{r}\mathrm{d}\,\vec{r}' \end{aligned} \tag{6.5.20}$$

显然，电子气的总能也是电子密度的唯一泛函，即

$$E = E[\rho] \tag{6.5.21}$$

泛函不同于复合函数。例如，对复合函数 $g(f(x))$，每给一个自变量 x，不仅有一个 $f(x)$ 值，而且函数 g 也只有一个值。但对泛函，则是 x 取遍某一区间的值，函数 g 却只有一个值。

必须强调式(6.5.21)的意义是重大的！这是因为 Thomas-Fermi(T-F)理论将多自由度(毫不夸张地说，是巨大数目的自由度)的量子物理问题的求解转化成了单一自由度——电子密度——的量子物理问题的求解。这大大地简化了对多电子系统的量子力学求解，意义非凡。

6.5.3 Hohenberg-Kohn 定理

上述的物理过程固然揭示出微观体系的能量是体系电子密度的泛函，但这样的泛函是否具有普遍性？是否有一般性的理论来支持上述的结论？1964 年，P. Hohenberg 和 W. Kohn 证明了两个重要的定理，为密度泛函理论奠定了坚实的理论基础。下面我们介绍这两个定理。

定理 6.1 对于一个共同的外部势 $V(\vec{r})$，相互作用的多粒子系统的所有基态性质都由非简并基态的电子密度 $\rho(\vec{r})$ 唯一地决定。

通俗地说，这个定理告诉我们：给定一个外部势场[如 $V(\vec{r})$]，体系电子密度也就随之有一种分布[$\rho(\vec{r})$]；如果改变外部势场[如 $V'(\vec{r})$]，则体系电子密度的分布也随之而改变[$\rho'(\vec{r})$]。对该体系，不同的势场 $V(\vec{r})$ 和 $V'(\vec{r})$ 不可能产生相同的电子密度分布，即 $\rho(\vec{r})\neq\rho'(\vec{r})$。所以 $V(\vec{r})$ 是 $\rho(\vec{r})$ 的唯一泛函。

定理 6.2 如果 $\rho(\vec{r})$ 是体系基态的严格的电子密度分布，则 $E[\rho(\vec{r})]$ 是体系的基态能量。

该定理指出，如果选择的尝试电子密度分布 $\tilde{\rho}(\vec{r})$ 不是真正的基态电子密度分布，那么，此时体系的能量 $E[\tilde{\rho}(\vec{r})]$ 便不是真正的基态能量，而是 $E[\tilde{\rho}(\vec{r})]>E[\rho(\vec{r})]$。另一方面，既然 $\tilde{\rho}(\vec{r})$ 是试探的电子密度分布，当然可以使用变分原理，将体系的能量泛函对 $\tilde{\rho}(\vec{r})$ 进行变分，取极小值，获得能量值。

定理 6.2 为求解复杂体系的能量提供了理论方法上的指导。

6.5.4 理论的改进

无疑,电子气中的电子是全同粒子;而全同粒子间的交换对称性导致费米子间存在着交换作用。但上述的理论中没有考虑全同粒子间的交换作用。P. A. M. Dirac 对 N 个电子的交换势进行了计算,提出

$$V_{\mathrm{x}} = -\left(\frac{3}{\pi}\right)^{1/3} \rho^{1/3}(\vec{r}) \tag{6.5.22}$$

而交换势所贡献的能量密度为

$$\varepsilon_{\mathrm{x}} = -\left(\frac{3}{4}\right)\left(\frac{3}{\pi}\right)^{4/3} \rho^{4/3}(\vec{r}) \tag{6.5.23}$$

除了电子间的交换效应,电子之间的库仑相互作用会导致“库仑穴”,从而引起能量上的修正,此即电子间的相关能。将交换效应和相关效应贡献的能量记为 E_{xc}。于是,体系的总能表达成以下的四部分之和:

$$E = C_{\mathrm{K}}\int [\rho(\vec{r})]^{5/3}\mathrm{d}\,\vec{r} + \int V_N(\vec{r})\rho(\vec{r})\mathrm{d}\,\vec{r} + \frac{1}{2}\int \frac{\rho(\vec{r})\rho(\vec{r}')}{|\vec{r} - \vec{r}'|}\mathrm{d}\,\vec{r}\mathrm{d}\,\vec{r}' + E_{\mathrm{xc}}[\rho] \tag{6.5.24}$$

显然,体系的总能也是电子密度 ρ 的唯一泛函。

6.5.5 Kohn-Sham 方程

尽管上面的理论方案中比较细致地考虑了多电子体系中可能的相互作用对系统能量的贡献,但采用式(6.5.24)计算实际体系时,仍然遇到问题。第一,如果不考虑相关能,所计算的结果与实验结果相差很远;第二,如何计算电子的交换相关能。当然,还有其他的问题。W. Kohn 和 L. J. Sham 认为 T-F 理论中对电子气的动能处理是导致计算结果不好的原因之一。他们放弃了 T-F 理论中动能的形式,提出了基态动能的精确形式。

Kohn 和 Sham 也是从 N 个非相互作用电子的体系出发。对这样的体系,哈密顿算符为各个单电子的哈密顿之和:

$$\hat{H} = \sum_i^N \left(-\frac{1}{2}\nabla_i^2 + v(\vec{r}_i)\right) = \sum_i^N \hat{h}_i \tag{6.5.25}$$

其中

$$\hat{h}_i = -\frac{1}{2}\nabla_i^2 + v(\vec{r}_i) \tag{6.5.26}$$

单电子的能级和相应的态矢满足下列本征方程：

$$\left(-\frac{1}{2}\nabla^2+v(\vec{r})\right)\phi_i=\varepsilon_i\phi_i \tag{6.5.27}$$

根据费米子体系波函数满足反对称的要求，这里的多电子体系的波函数应表示成如下的行列式：

$$\varphi_s=\frac{1}{\sqrt{N!}}\det|\phi_1\phi_2\cdots\phi_N| \tag{6.5.28}$$

Kohn 和 Sham 提出多电子体系的基态动能为

$$T[\rho]=\langle\varphi_s|\sum_i\left(-\frac{1}{2}\nabla_i^2\right)|\varphi_s\rangle \tag{6.5.29}$$

其次，由于相互作用电子体系的交换关联能 $E[\rho]$无法精确得到，这使得具有交换相关修正的理论计算不能付诸实施。为了解决这一问题，Kohn 和 Sham 提出了局域密度近似（Local Density Approximation，LDA），将交换相关能表达成

$$E_{\text{xc}}^{\text{LDA}}[\rho]=\int\varepsilon_{\text{xc}}(\rho)\rho(\vec{r})\mathrm{d}\vec{r} \tag{6.5.30}$$

相应的交换相关势为

$$v_{\text{xc}}^{\text{LDA}}=\frac{\delta E_{\text{xc}}^{\text{LDA}}}{\delta\rho}=\varepsilon_{\text{xc}}(\rho)+\rho(\vec{r})\frac{\partial\varepsilon_{\text{xc}}(\rho)}{\partial\rho} \tag{6.5.31}$$

其中，交换相关能密度可以取以下的形式：

$$\varepsilon_{\text{xc}}[\rho(\vec{r})]=-\frac{0.458}{r_s}-0.0666G\cdot\frac{r_s}{11.4} \tag{6.5.32}$$

式中，r_s 是 Wigner-Seits 半径，$G(x)=\frac{1}{2}\left[(1+x^3)\log(1-x^{-1})-x^2+\frac{x}{2}-\frac{1}{3}\right]$。

基于上述的考虑，体系基态的能量泛函可表达成

$$E_v[\rho]=T[\rho]+\int v(\vec{r})\rho(\vec{r})\mathrm{d}\vec{r}+\frac{1}{2}\int\frac{\rho(\vec{r})\rho(\vec{r}')}{|\vec{r}-\vec{r}'|}\mathrm{d}\vec{r}\mathrm{d}\vec{r}'+E_{\text{xc}}[\rho] \tag{6.5.33}$$

上式右边第一项为动能，第二项和第三项是总静电势能，第四项是交换相关能。

由于体系应该保持粒子数守恒，所以电子密度应该满足下面的约束条件

$$\int\rho(\vec{r})\mathrm{d}\vec{r}=N \tag{6.5.34}$$

将式(6.5.33)对电子密度进行变分,有

$$\delta\left\{E_v[\rho]-\mu\left[\int\rho(\vec{r})\mathrm{d}\vec{r}-N\right]\right\}=0 \tag{6.5.35}$$

式中,μ 为拉格朗日乘子。我们有

$$\frac{\delta T[\rho]}{\delta\rho(\vec{r})}+v(\vec{r})+\int\frac{\rho(\vec{r}')}{|\vec{r}-\vec{r}'|}\mathrm{d}\vec{r}'+\frac{\delta E_{\mathrm{xc}}[\rho(\vec{r})]}{\delta\rho(\vec{r})}-\mu=0 \tag{6.5.36}$$

令

$$v_{\mathrm{xc}}(\vec{r})=\frac{\delta E_{\mathrm{xc}}[\rho(\vec{r})]}{\delta\rho(\vec{r})} \tag{6.5.37}$$

式(6.5.36)中的第二、三、四项为作用到单电子的势场,可将这三项定义为单电子的有效势场

$$v_{\mathrm{eff}}(\vec{r})=v(\vec{r})+\int\frac{\rho(\vec{r}')}{|\vec{r}-\vec{r}'|}\mathrm{d}\vec{r}'+v_{\mathrm{xc}}(\vec{r}) \tag{6.5.38}$$

于是,方程(6.5.27)可改写为

$$\left(-\frac{1}{2}\nabla^2+v_{\mathrm{eff}}(\vec{r})\right)\phi_i=\varepsilon_i\phi_i \tag{6.5.39}$$

这就是著名的 Kohn-Sham(KS)方程。原则上,该方程可进行自洽求解,获得逼近基态时的电子密度 ρ。

其自洽求解的基本过程如下:提供初始电子密度 ρ,它一般可由孤立原子的电子密度叠加而成。有了电子密度,就能求出有效势,求解 KS 单电子方程,获得 KS 能量和 KS 波函数。再由 KS 波函数构造新的电子密度分布,依据新的电子密度获得有效势。再求解 KS 方程。如此循环。比较每次迭代前后的电子密度分布。如果电子密度收敛了(小于设定的阈值,如 0.00001),就可以计算出体系的总能,同时输出所有的结果。

密度泛函理论在原子物理、分子物理、材料物理、核工程、凝聚态物理、量子化学、量子生物学等领域有着广泛的应用。通过密度泛函理论计算,可解释实验观测到的物理体系的稳定性、振动谱、光吸收谱、化学反应的微观过程及其内在的物理机理、生物分子中质子转移所导致的信息传递等。更有趣的是,在实验研究许多物理体系之前,理论计算研究可先行开展,为实验研究提供指导。随着计算机的计算能力高速发展,密度泛函理论计算将会在一些与量子物理相关的工业技术领域(如催化、核材料的研制等)有着实际的应用。

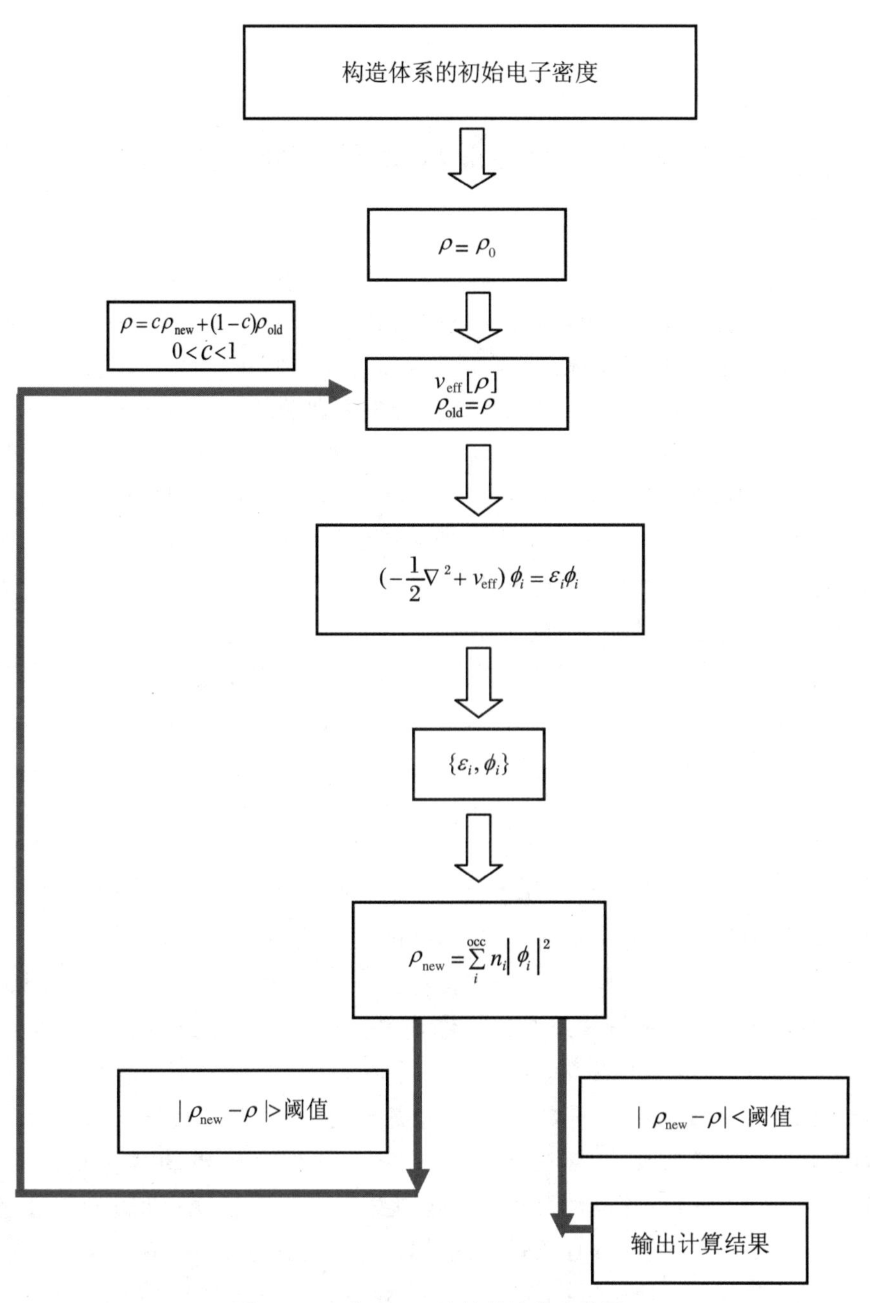

图 6.1 密度泛函理论计算流程示意图

6.6 拓展阅读：第一性原理计算与分析举例

下面，我们介绍一个基于第一性原理的计算实例——加速器驱动次临界洁净核能系统（Accelerator Driven Subcritical System，ADS）中液态铅铋与氧的相互作用。从这个例子中体会实际的计算工作是如何开展的。

发展安全的洁净核能是全世界关注的重大课题。目前国际上已有不少的核电站提供核能，然而，核电站不能将核燃料“燃烧”干净，所产生的核废料中仍然含有许多半衰期较长的放射性元素。这些核废料主要被深埋地下，以减少对环境的污染。尽管如此，这些被深埋的废料仍然是人类生存环境的安全隐患：如果地震发生在埋有废料的地方，就可能发生核泄露。显然，核废料是个“烫手的山芋”，如何处理好核废料也是个挑战性的问题。

近年来，人们提出了一个“变废为宝”的方案：采用加速器驱动的次临界核能系统，将核电站中的核废料进行核反应。核反应后产生的核废料就很少了。这既能释放出核能，又能解决核电站产生的核废料的存放问题。

什么是加速器驱动的次临界核能系统？该系统采用加速器对质子加速，高能质子轰击适当的重核靶，使重核靶发生散裂反应，产生中子。用散裂产生的中子作为中子源来驱动次临界包层系统，使次临界包层系统维持链式反应以便得到能量和利用多余的中子增殖核材料和嬗变核废物。

一旦加速器停止工作，就停止了高能质子的输入，从而切断了中子源。于是，次临界包层系统的链式反应也就停止了。显然，这种核能系统的安全可控性远比现在的核电站可靠得多。

在 ADS 复杂系统中需要重核靶，也需要将核反应释放的热能传递出来。目前，在这类系统的设计中，一个可能的方案是采用液态 PbBi 作为重核靶，同时，利用液态 PbBi 的流动性，帮助传递热能。实验表明，液态 PbBi 对封装它的结构材料如 Fe-Cr 基钢具有较强的腐蚀性，这严重地制约着 ADS 系统的服役寿命，因而是建造 ADS 系统需要解决的关键问题之一。为了解决这一难题，实验发现在液态 PbBi 中通入适量的氧气，可在结构材料的表面形成尖晶石层，并在尖晶石的外侧又形成铁的氧化层。这两个薄膜层可在一定的程度上减弱液态 PbBi 对结构材料的腐蚀。值得注意的是，如果液态 PbBi 中的氧含量过多，液态 PbBi 中会形成氧化铅和氧化铋微结构，从而严重影响了液态 PbBi 的性质；如果氧的含量过少，在结构材料的表面不能有效形成上述的保护层。从物理的角度看，所关注的问题与：

（1）氧在液态 PbBi 中的状态；

（2）氧如何在空间中迁移

是密切关联的。我们可采用密度泛函理论研究这两个有意思的问题。[①]

步骤 1:原子化结构模型

首先选取图 6.2 所示的超原胞，这个超原胞中 Pb 与 Bi 原子数之比满足实验上液态 PbBi 共晶点的要求。再将单个氧分子随机地置入超原胞中。建立直角坐标系，在该坐标系中写出各个原子的坐标，将这些坐标值输入到计算程序的输入文件中。

在对实际材料进行理论计算研究时，常常需要知道材料的原子化结构。不同的结构会有不同的物理性质。所以，我们需要建立原子化结构模型。

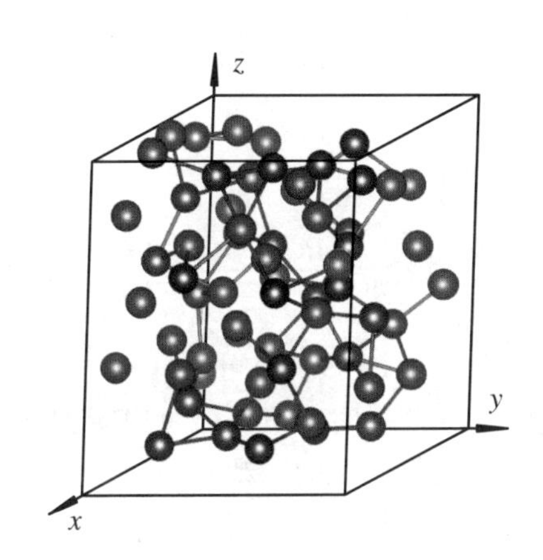

图 6.2 超原胞原子结构示意图
淡紫色小球表示 Bi 原子，黑色小球表示 Pb 原子。

步骤 2:计算中，选择局域密度泛函近似

对每一给定结构的体系采用 DFT 理论的中 K-S 方程求解出能量本征值 $\{\varepsilon_i\}$ 和相应的本征态 $\{\psi_i\}$。必须注意的是，所解出的 $\{\varepsilon_i,\psi_i\}$ 是对应于 $\tilde{\rho}_0(\vec{r}_i)$ 的本征能量和本征态，不是最终的结果。按自洽场方案，由所解出的本征态，可构造出新的电子密度 $\tilde{\rho}(\vec{r}_i)=|\psi_i|^2$。进行适当地混合，获得新的电子密度分布 $\rho(\vec{r}_i)$，再进行计算，获得最终的结果 $\{\varepsilon_i,\psi_i\}$。再按式(6.4.33)计算体系的总能量 E。

在实际的计算中，是以原子轨道波函数为基，表述体系的波函数，因而使用了表象理论。

步骤 3:分子动力学模拟

有了体系的总能 E，就可按下式计算出体系中任意一个原子所受到的力

$$\vec{F}_i=-\frac{\partial E}{\partial \vec{R}_i} \tag{6.6.1}$$

式中，$\vec{R}_i$ 和 $\vec{F}_i$ 为第 i 个原子的位置矢量和所受到的力。将力代入牛顿运动方程，可获得各个原子的加速度，即

$$m_i\vec{a}_i=\vec{F}_i \tag{6.6.2}$$

求力公式中的能量是来自量子力学计算的结果。因此，所求解的力又被称为量子力学力。

① Li D D, Song C, He H Y, et al. The Behavior of Oxygen in Liquid Lead-Bismuth Eutectic[J]. J. Nuclear Materials, 2013, 437: 62.

其中，m_i 和 $\vec{a}_i$ 分别是原子 i 的质量和加速度。

L. Verlet 提出将原子的两个不同时刻的位矢进行级数展开：

$$\vec{R}_i(t+\delta t)=\vec{R}_i(t)+\delta t\cdot\dot{\vec{R}}_i(t)+\frac{1}{2}(\delta t)^2\cdot\ddot{\vec{R}}_i(t)+\cdots \quad (6.6.3)$$

$$\vec{R}_i(t-\delta t)=\vec{R}_i(t)-\delta t\cdot\dot{\vec{R}}_i(t)+\frac{1}{2}(\delta t)^2\cdot\ddot{\vec{R}}_i(t)-\cdots \quad (6.6.4)$$

在通常的分子动力学模拟中，时间步长 δt 为飞秒量级。

如果时间步长 δt 是个小量，那么，我们可以忽略高阶项，近似得到

$$\vec{a}_i(t)=\ddot{\vec{R}}_i(t)=\frac{\vec{R}_i(t+\delta t)+\vec{R}_i(t-\delta t)-2\vec{R}_i(t)}{(\delta t)^2} \quad (6.6.5)$$

以及

$$\vec{v}_i(t)=\dot{\vec{R}}_i(t)=\frac{\vec{R}_i(t+\delta t)+\vec{R}_i(t-\delta t)}{2\delta t} \quad (6.6.6)$$

原子间的运动规律遵从经典的牛顿运动定律。所以，基于量子理论的分子动力学是半量子半经典的理论，其中，电子间、电子与原子核间的相互作用按量子理论描述，而原子的运动则按牛顿定律描述。

联合式(6.6.2)、式(6.6.5)和式(6.6.6)，可以看出：如果得到了体系中每个原子的受力情况，由当前时刻和前一时刻位矢就可以得到下一时刻各原子的位移矢量，再由不同时刻的位矢求出原子的运动速度。

另外，通过体系中原子动能与温度之间的关系

$$\frac{1}{2}\sum_i m_i v_i^2=\frac{3}{2}Nk_{\mathrm{B}}T \quad (6.6.7)$$

当对体系进行控温计算时，就等效于给体系施加了一个热源，此时，对应于正则系综中的计算；如果拆除热源，体系是独立的，与外界没有能量交换，此时的模拟是在微正则系综中进行的。

可将温度与原子的运动速度耦合起来，对体系进行有限温度下的分子动力学模拟。

步骤 4：分析零温下计算数据

(1) 对每一个分子动力学步，输出体系的原子坐标，再画出两个氧原子间距随时间的改变，如图 6.3 所示。从图中可以看出：在零温下，液态 PbBi 中氧分子中的键长自发地变大，最终氧分子分解。分解后的氧原子分别与金属原子成键。这显示液态 PbBi 中的氧分子是不能稳定存在的，而是由金属原子将它催化离解。

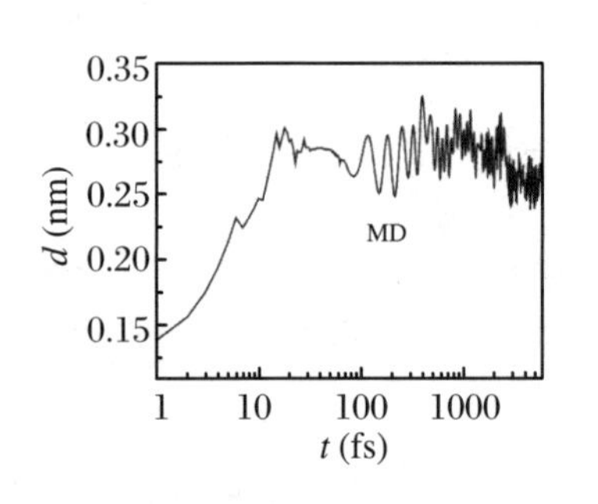

图 6.3　氧分子中两个氧原子的距离随时间的演化关系

(2) 分析氧分子在离解过程中的电子电荷量的变化。如图 6.4 所示，在氧分子离解过程中，氧原子不断获得电子电荷，呈现出氧的阴离子态。这些电子电荷来自于金属原子。所以，在氧分子被催化离解的过程中，氧的价态在发生变化。

(3) 查看氧分子完全分解后，每个氧原子与其周围金属原子间的几何配位。我们发现，氧原子主要与四个 Pb 原子成键，形成扭曲的四面体结构(见图 6.5)。

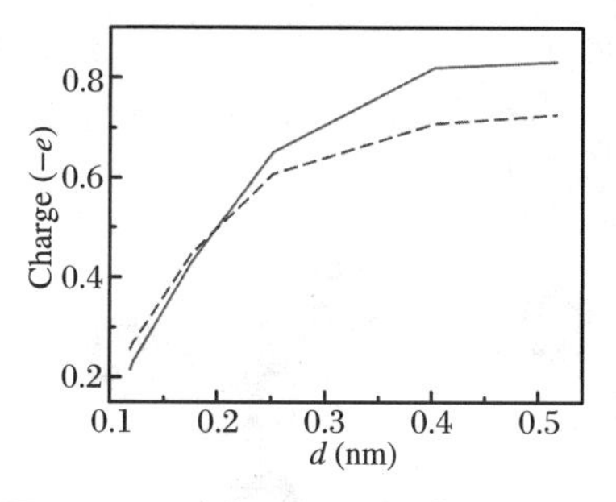

图 6.4 两个氧原子分别获得的电子电荷量与氧原子间距的关系

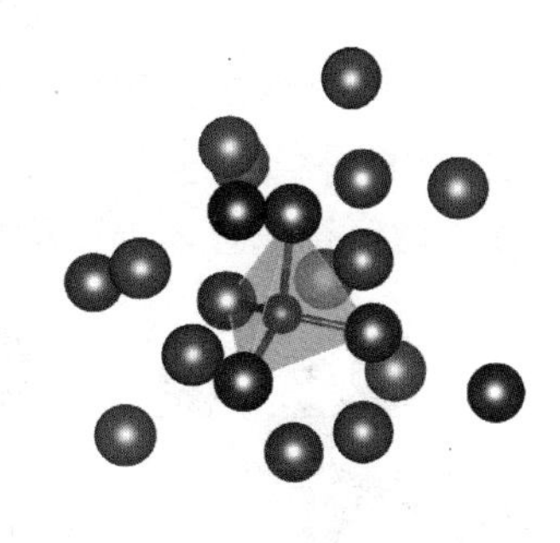

图 6.5 氧原子(浅黄色小球)与其周围金属原子的配位

步骤 5:分析有限温度下氧的扩散行为

对不同的温度,分别进行长时间的分子动力学模拟,使得体系在各个温度下达到热平衡。输出达到热平衡后每一个分子动力学步的原子位置。选取输出的第一个时刻为参考时刻,计算原子的位置改变量 $\vec{R}_i(t)-\vec{R}_i(t_0)$。图 6.6 给出了在三个不同温度下,液态 PbBi 中氧离子扩散时的 $|\vec{R}_i(t)-\vec{R}_i(t_0)|^2$ 随 t 的变化关系。按爱因斯坦关系式

$$3D=\lim_{t\to\infty}\frac{|\vec{R}_i(t)-\vec{R}_i(t_0)|^2}{2t} \tag{6.6.8}$$

计算出液态 PbBi 中氧在有限温度下的扩散系数 D。

凝聚态体系中粒子的扩散行为和机理总是令人感兴趣的课题。

进一步提取有限温度下,每一个分子动力学步输出的所有原子坐标。依据这些坐标,按时间顺序画出一些不同时刻的原子结构图。我们发现氧离子的迁移不能单独进行,而是氧与它最近邻的 Pb 原子一起迁移。其迁移的微观图像是:在大部分的时间里,氧与四个金属离子构成扭曲的四面体结构[见图 6.7(a)];虽然如此,在热效应的作用下,氧铅复合体不停地发生形变,在某一瞬间,复合体中的一个铅离子远离复合体,复合体呈现类平面结构[见图 6.7(b)];此时,复合体附近的一个金属原子与复合体作用,驱动复合体向该金属原子靠近,这个金属原子融入复合体,复合体由刚才的平面结构转变成类四面体结构[见图 6.7(c)]。伴随着复合体在空间上的移动,亦即氧离子在空间中发生了迁移。在这个迁移的过程中,复合体中的一个金属离子要与其近邻的金属原子发生交换,正是这种交换才实现了氧离子的迁移。通过分析这种金属原子间发生交换所需要的时间长度,我们就能知道这种交换不是连续发生的,而是断断续续地进行。于是,氧离子的扩散行为在时间上也不是连续的,而是类似于“蛙跳”。

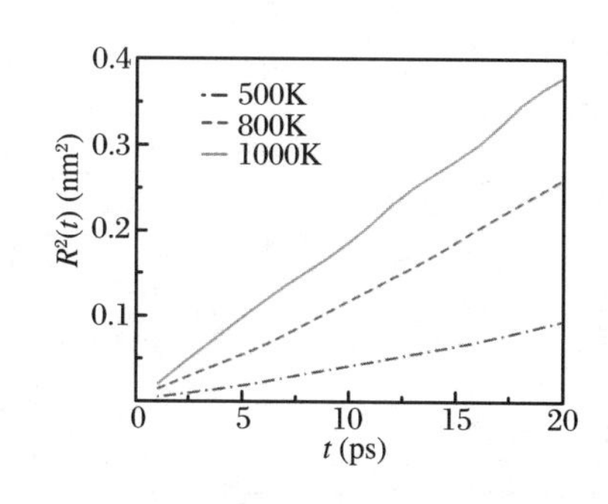

图 6.6 液态 PbBi 中氧离子 $|\vec{R}(t)-\vec{R}(t_0)|^2$ 随时间的变化

这些计算结果有什么意义呢?首先,我们从原子的尺度上揭示了液态 PbBi 中氧的扩散行为,丰富了人们的认识。其次,在工程上需要探测液态 PbBi 中的

氧。在制备探测器时，应该注意探测器的表面与氧铅复合体的作用，而不是氧离子直接与探测器的表面作用。再者，液态 PbBi 中的部分氧会与包裹液态 PbBi的结构材料进行化学反应，产生氧化层。在研究这种氧化层的形成过程时，也应该考虑氧铅复合体与结构材料表面的作用。

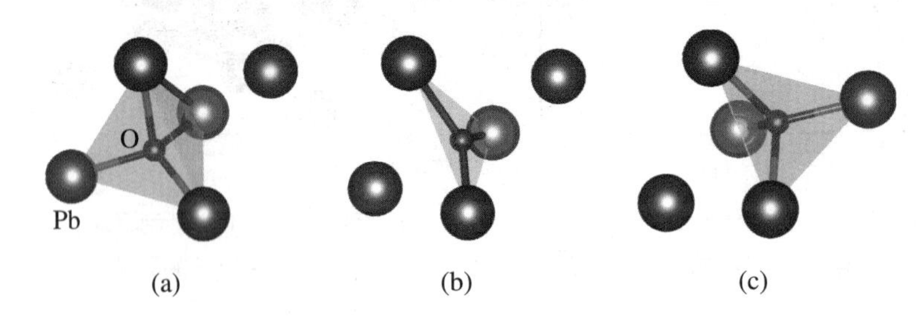

图 6.7 氧铅复合体在迁移过程中的形变和原子交换
红色小球为氧原子，其他的是金属原子。

本章小结

(1) 微扰论是各种近似方法中最基本的一种。该方法要求体系的哈密顿 $\hat{H}$ 能够分解成 $\hat{H}=\hat{H}_0+\hat{H}'$。其中，$\hat{H}_0$ 是主体部分，可精确求解，而 $\hat{H}'$ 是个小量，这个小量就是微扰。在计算的技术上，对波函数和体系的能量进行逐级近似，其中各级微扰项的波函数都是在 $\hat{H}_0$ 表象中表示。

(2)对含时微扰，计算出量子态跃迁的跃迁速率。这是原子、分子和材料体系发光学的理论基础之一。

(3)满足定态方程的归一化的本征函数使能量取极值，因而，对能量本征方程的求解可用变分原理求解来代替。变分法适用于研究体系的基态性质。

(4)密度泛函理论是研究实际体系的重要理论。该理论的核心是将体系的能量表达成体系的电子密度的唯一泛函。通过能量对电子密度的变分，获得单粒子近似下的 K-S 方程。这个方程已被广泛应用于科学研究中。

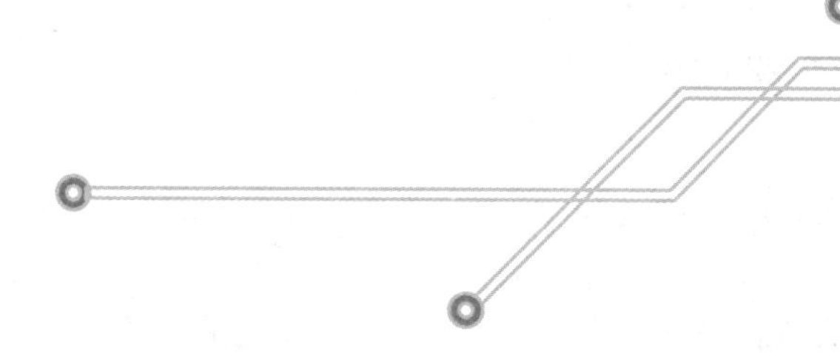

思考题与习题

第1章 概率波与薛定谔方程

思考题

1.1 通过Young双缝的单个电子是如何产生干涉的？

1.2 你能检测到电子如何通过Young双缝的吗？

1.3 请比较：微观粒子的粒子性与宏观粒子的粒子性；比较微观粒子的波动性与经典物理中的波动性。

1.4 什么是态叠加原理？它的意义是什么？

1.5 请设计一个实验方案测定普朗克常数。

1.6 你能设计一个实验显示出电子的波动性吗？

1.7 波函数有确定的物理意义吗？那么，波函数的模平方呢？

1.8 对一个物理体系，研究其物理性质时，判断是采用量子力学的理论还是采用经典物理的理论进行研究的依据是什么？

1.9 请区别概率幅、概率密度、概率、概率流密度。

1.10 什么是简谐近似？如何理解一维谐振子的零点能？

1.11 什么是定态？体系处于定态时的波函数含时吗？定态有什么性质？两个能量不同的定态叠加后仍是定态吗？为什么？

1.12 如果$\psi_1(x)$是描述电子运动状态的归一化波函数，问$\psi_2=\psi_1 e^{i\pi}$；$\psi_3=\psi_1 e^{i(\pi+\chi)}$；$\psi_4=\psi_1+\psi_2+\psi_3$是否与$\psi_1(x)$描述同一状态？

习题

Part A:

1.1 估算百米赛跑的运动员的德布罗意波长。

1.2 试求温度为0℃的氢分子在最可几运动速度时的波长。

1.3 证明：一个自由运动的微观粒子所对应的德布罗意波的群速度等于粒子的速度。

1.4 一直线上运动的粒子有$E=\dfrac{1}{2}mV^2$。证明：$\Delta E\Delta t\geqslant\dfrac{\hbar}{2}$。这里$\Delta t=\dfrac{\Delta x}{V}$。

1.5 讨论下列波函数的归一化问题：

(1) $\psi(x)=e^{-\lambda|x|},\lambda>0,-\infty<x<\infty$；

(2) $\psi(r)=e^{-\frac{r}{\lambda}},\lambda>0,0<r<\infty$；

(3) $\psi(x)=e^{ikx},k>0,-\infty<x<\infty$。

1.6 求证：不含时波函数的一阶导数，即使在$V(x)$的有限间断点上也是连续的。

1.7 设粒子在宽度为a的一维无限深势阱

$$V(x)=\begin{cases}\infty, & x\leqslant 0,x\geqslant a\\ 0, & 0<x<a\end{cases}$$

中运动。

(1) 确定粒子分别处于基态和第一激发态时概率最大值的位置；

(2) 求粒子的概率流密度。

1.8 一个粒子处于一维无限深势阱

$$V(x)=\begin{cases}\infty, & x\leqslant 0,x\geqslant a\\ 0, & 0<x<a\end{cases}$$

中运动，阱宽为a。在初始时刻，它的状态波函数为

$$\psi(x,0)=\frac{4}{\sqrt{a}}\sin\frac{\pi}{a}x\cdot\cos^2\frac{\pi}{a}x,\quad 0\leqslant x\leqslant a$$

求在t时刻粒子的态函数和能量可能值相应的概率。

1.9 一个一维粒子处于定态束缚态，若其3个能量本征态函数为

$$\psi_A(x)=(ax+b)e^{-ax/2}$$
$$\psi_B(x)=(ax^2+bx+c)e^{-ax/2}$$
$$\psi_C(x)=e^{-ax/2}$$

其中，a,b,c均为非零的实数。这3个本征函数所对应的本征能量大小的次序是什么？

1.10 质量为M的电子被限制在宽为a的一维无限深方势阱中

运动，φ_1 和 φ_2 分别为归一化了的基态和第一激发态波函数。开始时电子处于状态 $\Psi(t=0)=A(\varphi_1+2\mathrm{i}\varphi_2)$，求电子以后回到初始位置概率分布的最早时间。

1.11 讨论三维无限深势阱

$$V(x,y,z)=\begin{cases}0, & 0<x<a,0<y<b,0<z<c\\ \infty, & \text{其余区域}\end{cases}$$

中粒子的能级和定态函数。a,b 和 c 分别为势阱在3个不同维度 (x,y,z) 上的宽度。

1.12 将氯化钠晶体中的电子看成束缚在一个立方体的箱子中。利用上题的结果估算室温下氯化钠晶体中电子能强烈吸收的电磁波波长。

1.13 一个CO分子具有转动惯量 I。求其基态在 t 时刻的转动态波函数。

1.14 能量为 E_0 的电子入射到矩形势垒上，势垒高为 $2E_0$，为使电子的穿透概率为0.001，势垒的宽度应为多少？

1.15 如果势垒的高为 $\frac{9E}{10}$，宽度为 D，以能量为 E 入射的电子受到势垒反射的概率为多大？

1.16 一个质量为 μ 的粒子沿 x 轴的正向入射（见下图）。粒子的能量 E 大于势垒的高度 V_0。求势垒对粒子的反射系数和透射系数。若粒子的入射方向是沿 x 轴的负方向，结果如何？

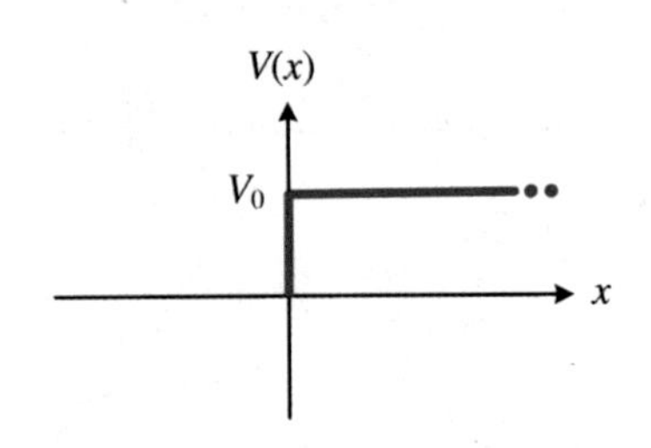

1.17 频率为 ω 的谐振子处于下列定态：

(1) $\psi(x)=A\mathrm{e}^{-a^2x^2}$；

(2) $\psi(x)=Bx\mathrm{e}^{-a^2x^2}$

A,B,a 均为常数。试利用薛定谔方程求出谐振子的能量。

1.18 试计算受到力 $F=-kx+k_0(k=m\omega^2)$ 作用的一个粒子的波函数和能量的允许值。

1.19 设氢原子处于基态，求电子在经典禁区（$V>E$ 的区域）出现的概率。

1.20 在球形势场中的粒子，其态函数为 $\psi(r,\theta,\varphi)$。

(1) 写出在径向 r_1 到 $r_2=r_1+a(a>0)$ 区域中发现粒子的概率；

(2) 写出在立体角 Ω_1 到 $\Omega_2(\Omega_2>\Omega_1)$ 中发现粒子的概率。

1.21 对氢原子，如不求解薛定谔方程，如何理解电子不会落入原子核内？

1.22 如果粒子处于在空间上均匀分布但随时间变化的外场 $V(t)$ 中，请讨论粒子的态 $\psi(\bar{r},t)$。如果 $V(t)=V_0\cos(\omega t)$ 呢？

1.23 一维运动的粒子处于态

$$\psi(x)=\begin{cases}Ax\mathrm{e}^{-\lambda x}, & x>0\\ 0, & x<0\end{cases}$$

其中 $\lambda>0$，A 为待定常数。求：

(1) 粒子坐标的概率分布函数；

(2) 粒子坐标的平均值和坐标平方的平均值；

(3) 粒子动量的概率分布函数；

(4) 粒子动量的平均值和动量平方的平均值。

Part B:

1.24 有两个原子A，B分别处于以下量子态，当两个原子如何靠近才能形成化学上的二聚物？

A：$n=1$，$l=0$； B：$n=2$，$l=1$

1.25 一个质量为 μ 的粒子被限制在径向间隔为 Δr 的两个刚性球壳之间。求粒子的基态能量及相应的波函数。

1.26 在三维空间中，一质量为 m 的粒子仅在 z 方向受到势能函数为

$$V(z)=-\frac{K}{z}$$

的势场的作用。其中，K 为正的常数。假设受如此作用的粒子只能在 $z>0$ 的空间中运动，不得穿越到 $z\leqslant 0$ 的空间。

(1) 写出体系的哈密顿量和粒子波函数满足的边界条件；

(2) 求解粒子的能级，并写出粒子的基态能量。

1.27 一个质量为 m 的粒子，在一维势场 $V(x)=A(\mathrm{e}^{-2Bx}-2\mathrm{e}^{-Bx})$ 中运动，式中，A 和 B 均为正实数。

(1) 把势场展开，用谐振子近似，求基态近似能量和对应的近似波函数。

(2) 试说明这种近似在什么能量范围内是比较好。

第2章 力学量与算符

思考题

2.1 算符在量子力学中的意义是什么？

2.2 请陈述平均值假设的意义。

2.3 可测量力学量的算符应该具有什么性质？
2.4 力学量算符的本征方程中本征值的物理意义是什么？
2.5 如何理解力学量完全集？

习题

Part A:

2.1 已知$[\hat{x},\hat{p}_x]=\mathrm{i}\hbar$，证明：

$$[\hat{x}^2,\hat{p}_x^2]=2\mathrm{i}\hbar(\hat{p}_x\hat{x}+\hat{x}\hat{p}_x)$$

2.2 证明：

$$\frac{1}{r^2}\frac{d}{dr}\left(r^2\frac{d}{dr}\right)=\frac{1}{r}\frac{d^2}{dr^2}r$$

2.3 设$[\hat{p},\hat{q}]=-\mathrm{i}\hbar$，证明：

(1) $[\hat{p},\hat{q}^n]=-\mathrm{i}\hbar n\hat{q}^{n-1}$；

(2) $[\hat{p}^n,\hat{q}]=-\mathrm{i}\hbar n\hat{p}^{n-1}$。

2.4 证明：

(1) $\hat{\vec{L}}\times\hat{\vec{r}}+\hat{\vec{r}}\times\hat{\vec{L}}=2\mathrm{i}\hbar\hat{\vec{r}}$；

(2) $\hat{\vec{L}}\times\hat{\vec{p}}+\hat{\vec{p}}\times\hat{\vec{L}}=2\mathrm{i}\hbar\hat{\vec{p}}$。

2.5 设$\hat{A}$和$\hat{B}$均为线性算符，并有

$$\hat{C}=[\hat{A},\hat{B}]$$

(1) 证明$\hat{C}$也是线性算符；

(2) 若$\hat{A}$和$\hat{B}$有共同的本征函数ψ，即

$$\hat{A}\psi=a\psi,\quad \hat{B}\psi=b\psi$$

证明：$\hat{A}$和$\hat{B}$的对易子可让态它们的共同本征态消失，即$\hat{C}\psi=0$。

(3) 设$\hat{A}$和$\hat{B}$共轭。$\hat{A}$的所有本征函数也一定是$\hat{B}$的本征函数吗？

2.6 一个一维自由粒子，质量为m，其哈密顿算符为

$$\hat{H}=\frac{\hat{p}_x^2}{2m}$$

在$t=0$时刻，该粒子处于下列波函数描述的状态：

$$\psi(x)=\frac{1}{\pi^{1/4}a^{1/2}}\mathrm{e}^{-\frac{x^2}{2a^2}+\mathrm{i}k_0x}$$

其中，a和k_0是正的常数。

(1) $\psi(x)$是哈密顿算符的本征函数吗？证明你的结论；

(2) 计算x和x^2的期望值；

(3) 计算$\hat{p}_x$和$\hat{p}_x^2$的期望值；

(4) 计算$\hat{p}_xx+x\hat{p}_x$和$\hat{H}$的期望值；

(5) 证明：$\frac{\mathrm{d}\langle x^2\rangle}{\mathrm{d}t}=\frac{1}{m}\langle\hat{p}_xx+x\hat{p}_x\rangle$；

(6) 证明：$\frac{\mathrm{d}^2\langle x^2\rangle}{\mathrm{d}t^2}=\frac{4}{m}\langle H\rangle$。

2.7 证明Feynman-Hellmman定理。

设一束缚定态体系的哈密顿算符$\hat{H}$中包含有任意的一个参量λ。其中，$\hat{H}\mid\psi_n\rangle=E_n\mid\psi_n\rangle$。

求证：$\frac{\partial E_n}{\partial\lambda}=\left\langle\psi_n\left|\frac{\partial\hat{H}}{\partial\lambda}\right|\psi_n\right\rangle$。

2.8 粒子处在Y_{lm}态，求L_x和L_y的平均值。

2.9 证明：为了保证$\hat{L}_z=-\mathrm{i}\hbar\frac{\partial}{\partial\varphi}$是厄米算符，其定义域中的波函数$\varphi(r,\theta,\varphi)$必须满足单值性条件：$\varphi(r,\theta,\varphi)=\varphi(r,\theta,\varphi+2\pi)$。

2.10 证明：对任意的可微函数$F(x)$，有

$$[F(x),\hat{p}_x]=\mathrm{i}\hbar\frac{\partial F(x)}{\partial x}$$

2.11 粒子在一维势场$V(x)$中运动，且处于束缚定态$\psi_n(x)$。试证明：粒子所受势场作用的力的期望值等于零。

2.12 空间转子处于状态$Y(\theta,\varphi)=A(\cos\theta+\sin\theta\cos\varphi)$中，试分别求轨道角动量$\hat{\vec{L}}^2$和$\vec{L}_z$取各可能情况的概率及期望值。

2.13 平面转子处于状态$\Phi(\varphi)=A\sin^2\varphi$中，试求体系的能量取各可能情况的概率及期望值。

2.14 设一个粒子处于态$\varphi=A(\mathrm{e}^{kx}+B\mathrm{e}^{-kx})$($A,B,k$为实数)，求粒子的概率流密度，并对结果予以讨论。

2.15 设$\hat{H}$是能量算符。如果$\mid\varphi_n\rangle$是属于能量E_n的非简并本征函数。证明：对任意的线性厄米算符$\hat{A}$一定有

$$\langle\varphi_n\mid[\hat{H},\hat{A}]\mid\varphi_n\rangle=0$$

2.16 给定$\hat{H}=\frac{\hat{\vec{p}}^2}{2m}+A\hat{L}_z$，下列力学量中哪些是守恒量？为什么？

$\hat{H}$, $\hat{p}_x$, $\hat{p}_y$, $\hat{p}_z$, $\hat{\vec{p}}^2$, $\hat{L}_x$, $\hat{L}_y$, $\hat{L}_z$, $\hat{L}^2$, x, y, z

2.17 用不确定性关系估算原子核中质子和中子的动能的数量级。

2.18 试求使$\mathrm{e}^{-\alpha x^2}$为算符$\frac{\mathrm{d}^2}{\mathrm{d}x^2}-Bx^2$的本征函数的$\alpha$值是什么？该本征函数的本征值是什么？

2.19 若算符$\hat{k}$有属于本征值为λ的本征函数φ，并且有$\hat{k}=\hat{L}\hat{M}$和$[\hat{L},\hat{M}]=1$，证明：$V=\hat{L}\varphi$和$U=\hat{M}\varphi$也是$\hat{k}$的本征函数，对应的本征值分别为$\lambda-1$和$\lambda+1$。

Part B:

2.20 证明动量算符的本征值构成连续谱。

2.21 对一维谐振子体系，定义如下两个算符：

$$\begin{cases}\hat{a}=\sqrt{\frac{m\omega}{2\hbar}}\left(\hat{x}+\frac{\mathrm{i}}{m\omega}\hat{p}_x\right)\\ \hat{a}^\dagger=\sqrt{\frac{m\omega}{2\hbar}}\left(\hat{x}-\frac{\mathrm{i}}{m\omega}\hat{p}_x\right)\end{cases}$$

其中，$\hat{a}$ 为发射算符，$\hat{a}^\dagger$ 为吸收算符。

(1) 证明：$[\hat{a},\hat{a}^\dagger]=1$；

(2) 定义粒子数算符 $\hat{N}=\hat{a}^\dagger\hat{a}$，证明：一维谐振子体系的哈密顿量可写为

$$\hat{H}=\hbar\omega\left(\hat{N}+\frac{1}{2}\right)$$

(3) 若已知 $\hat{N}|n\rangle=n|n\rangle$，证明：

$$\hat{a}^\dagger|n\rangle=\sqrt{n+1}|n+1\rangle$$
$$\hat{a}|n\rangle=\sqrt{n}|n-1\rangle$$

(4) 求解 $\langle n|\hat{H}|n\rangle$。

第3章　量子态与力学量的表象

思考题

3.1　力学量的本征态在该力学量自身的表象中的矩阵表示是什么？

3.2　左矢与右矢能相加吗？

3.3　一个力学量算符在一个表象中表示成一个矩阵，该矩阵的维度由什么决定？

3.4　如果一个表象是无穷维，而实际的数值计算中又不能进行无穷维的计算，那该怎么办？

3.5　在第一章介绍了薛定谔方程，其中的波函数是在什么表象中的表示？

3.6　比较力学量分别为连续谱和离散谱时，它们的本征函数簇作为基组的完备性和归一性关系式。

习题

Part A:

3.1　一个质量为 μ 的粒子处于一维无限深势阱(阱宽为 a) 中的基态。现在突然将阱壁的一侧移动，使得阱宽变为原来的一半。试求在新的基态中发现粒子处于原来基态的概率。

3.2　写出动量表象中的薛定谔方程。

3.3　写出动量表象中粒子在常力作用下的运动方程。

3.4　粒子在一维无限深势阱

$$V(x)=\begin{cases}0, & 0\leqslant x\leqslant a\\ \infty, & x<0,x>a\end{cases}$$

中运动。求动量算符在该体系能量表象中的矩阵。

3.5　设氢原子在初始时刻处于

$$\psi(r,0)=\frac{1}{2}R_{21}Y_{10}-\frac{1}{2}R_{10}Y_{00}+\frac{1}{\sqrt{2}}R_{21}Y_{1-1}$$

(1) 求 $t=0$ 时刻氢原子的 $E,\hat{L}^2,\hat{L}_z$ 的可能取值及其相应的概率，这些物理量的平均值分别是多少？

(2) 求 $t>0$ 时，氢原子的 $E,\hat{L}^2,\hat{L}_z$ 的可能取值及其相应的概率。这些物理量的平均值分别是多少？

3.6　设一个在一维空间中粒子的哈密顿量为 $\hat{H}_0$，本征方程为

$$\hat{H}_0|\psi_i\rangle=E_i|\psi_i\rangle\quad(i=1,2)$$

该粒子受到某种作用，此时体系的哈密顿量在 $\hat{H}_0$ 表象中的表示为

$$H=\begin{pmatrix}E_1 & \lambda\\ \lambda & E_2\end{pmatrix}\quad(\lambda\neq0)$$

(1) 求 H 的本征值和本征态；

(2) 当受扰动体系在 $t=0$ 时刻处于 $\begin{pmatrix}0\\1\end{pmatrix}$ 态，试求 $t>0$ 时粒子的量子态。

3.7　设一算符在某一表象中的表示为

$$\begin{pmatrix}0 & 1 & 0\\ 1 & 0 & 1\\ 0 & 1 & 0\end{pmatrix}$$

(1) 求出该矩阵的本征值和归一化本征函数。

(2) 将该矩阵对角化的幺正变换矩阵是什么？

3.8　已知体系的哈密顿算符 H 和另一力学量算符 A 在能量表象中的矩阵分别为

$$H=\hbar\omega_0\begin{bmatrix}1 & 0 & 0\\ 0 & 2 & 0\\ 0 & 0 & 2\end{bmatrix}$$

$$A=a\begin{bmatrix}0 & 1 & 0\\ 1 & 0 & 0\\ 0 & 0 & 1\end{bmatrix}$$

式中，ω_0 和 a 均为正的实数。在初始时刻，体系在能量表象中的态矢量为

$$|\psi(t=0)\rangle=\frac{1}{2}\begin{bmatrix}\sqrt{2}\\ 1\\ 1\end{bmatrix}$$

求：

(1) 体系在能量表象中的态矢量 $|\psi(t)\rangle$；

(2) 体系的能量可能值及相应的概率；

(3) 体系能量的期望值；

(4) 力学量 A 的可能取值及相应的概率；

(5) 力学量 A 的期望值；

(6) 体系态矢量 $|\psi(t)\rangle$ 在 A 表象中的矩阵表示；

(7) 能量表象与 A 表象间的变换矩阵。

3.9　已知体系的哈密顿算符在某一表象中的矩阵表示为

$$H = \varepsilon\begin{bmatrix}2 & 0 & 1\\0 & 2 & 0\\1 & 0 & 2\end{bmatrix}$$

(1) 求体系能量的本征值和相应的本征态矢；

(2) 求出将 H 对角化的幺正变换矩阵。

3.10 证明任何一个厄米矩阵都能被一个幺正矩阵对角化。

3.11 请在 F 表象中写出含时的薛定谔方程的矩阵形式。

Part B:

3.12 有4个相同的原子排列成长方形。原子1与原子2和原子3与原子4之间的相互作用为 J_1，原子1与原子3和原子2与原子4之间的相互作用为 J_2。假设第 i 个原子的电子态为 $\varphi(i)$，并假定不同原子间的电子态相互正交。

(1) 写出体系的单电子哈密顿量。

(2) 将哈密顿量的本征态用$\{\varphi(1),\varphi(2),\varphi(3),\varphi(4)\}$展开，求解体系的基态能量。

3.13 非负定的算符的定义：对厄米算符 $\hat{F}$，如果对任意矢量 $|u\rangle$，有 $\langle u|\hat{F}|u\rangle\geqslant 0$，则厄米算符 $\hat{F}$ 为非负定的算符。请证明：如果 $\hat{A}$ 是任一线性算符，则 $\hat{A}^+\hat{A}$ 是非负定的厄米算符，并且它的迹 $Tr(\hat{A}^+\hat{A})$ 等于 $\hat{A}$ 在任何表象中的矩阵元的模方之和。

第4章　角动量与自旋

思考题

4.1 我们知道$[\hat{\vec{j}}^2,\hat{j}_x]=0$，$[\hat{\vec{j}}^2,\hat{j}_y]=0$，$[\hat{\vec{j}}^2,\hat{j}_z]=0$。为什么在$\hat{j}_z$ 表象中不能同时检测出 $\hat{j}_x$ 和 $\hat{j}_y$ 的本征值？

4.2 角动量无耦合表象和耦合表象有什么不同？它们的基矢相互展开时，其展开系数有什么意义？

4.3 带电粒子在由两个相同点电荷形成的库仑场中运动。以两粒子的连线为 Z 轴，下列的哪些力学量是守恒量？

$$\hat{H},\hat{L}_x,\hat{L}_y,\hat{L}_z,\hat{p}_x,\hat{p}_y,\hat{p}_z,\hat{x},\hat{y},\hat{z}$$

4.4 如果有三个角动量进行耦合，怎么耦合？

4.5 什么是 α 电子？什么是 β 电子？

4.6 原子中电子的自旋与轨道耦合的经典物理图像是什么？

4.7 两个电子自旋耦合，会出现单态和三重态。这两种态对粒子交换分别具有什么对称性？

习题

Part A:

4.1 计算$[\hat{\vec{j}},\hat{j}_z]$。

4.2 设体系处于 $\psi=c_1Y_{10}+c_2Y_{11}$ 态，其中，Y_{10} 和 Y_{11} 均为$(\hat{L}^2,\hat{L}_z)$的共同本征态，c_1 和 c_2 为常数。

(1) ψ 是否为$\hat{L}^2$ 和 $\hat{L}_z$ 的本征态？论证你的结论。

(2) 在 ψ 态下 $\hat{L}^2$ 和 $\hat{L}_z$ 的平均值分别是多少？

4.3 设矢量算符$\hat{\vec{A}}$和$\hat{\vec{B}}$分别与泡利算符$\hat{\vec{\sigma}}$对易，但$\hat{\vec{A}}$与$\hat{\vec{B}}$不一定对易。

则$(\hat{\vec{\sigma}}\cdot\hat{\vec{A}})(\hat{\vec{\sigma}}\cdot\hat{\vec{B}})=\hat{\vec{A}}\cdot\hat{\vec{B}}+\mathrm{i}\,\hat{\vec{\sigma}}\cdot(\hat{\vec{A}}\times\hat{\vec{B}})$，由此证明：

(1) $(\hat{\vec{\sigma}}\cdot\hat{\vec{r}})^2=\hat{r}^2$；

(2) $(\hat{\vec{\sigma}}\cdot\hat{\vec{p}})^2=\hat{p}^2$；

(3) $(\hat{\vec{\sigma}}\cdot\hat{\vec{L}})^2=\hat{\vec{L}}^2-\hbar\,\hat{\vec{\sigma}}\cdot\hat{\vec{L}}$。

4.4 在 $\hat{\sigma}_z$ 表象中，求$\hat{\vec{\sigma}}\cdot\vec{n}$ 的本征态，其中，$\vec{n}=(\sin\theta\cos\varphi,\sin\theta\sin\varphi,\cos\theta)$，$(\theta,\varphi)$ 为球坐标系中的方向角。

4.5 已知

$$\hat{L}_+=\hat{L}_x+\mathrm{i}\hat{L}_y$$

$$\hat{L}_-=\hat{L}_x-\mathrm{i}\hat{L}_y$$

$$\hat{L}_\pm Y_{lm}=\sqrt{(l\pm m+1)(l\mp m)}\hbar Y_{lm\pm1}$$

求下列状态中算符$\hat{\vec{j}}^2$，$\hat{j}_z$ 的本征值。

$$\psi=\frac{1}{\sqrt{3}}\left[\sqrt{2}\chi_{\frac{1}{2}}(s_z)Y_{10}(\theta,\varphi)+\chi_{-\frac{1}{2}}(s_z)Y_{11}(\theta,\varphi)\right]$$

4.6 讨论 $\psi=\chi_{\frac{1}{2}}(s_z)Y_{11}(\theta,\varphi)$ 下$\hat{\vec{J}}^2$ 和 $\hat{J}_z$ 的可能观测值。

4.7 在 $\hat{s}_z$ 表象中，求在 $\hat{s}_z$ 的自旋向上本征态中 $\hat{s}_x$ 的可能取值及相应的概率。

4.8 对氢原子，考虑自旋后其束缚态的能量本征函数为

$$\psi(\vec{r},s_z)=\frac{1}{\sqrt{2}}\begin{pmatrix}R_{21}Y_{10}\\R_{32}Y_{21}\end{pmatrix}$$

(1) 在薄球壳层$(r,r+\mathrm{d}r)$内找到粒子的概率是多少？

(2) 在薄球壳层$(r,r+\mathrm{d}r)$内找到粒子处于 $S_x=\dfrac{\hbar}{2}$ 自旋态的概率是多少？

(3) 将自旋与轨道角度量耦合，即$\hat{\vec{j}}=\hat{\vec{l}}+\hat{\vec{s}}$。计算在$\psi(\vec{r},s_z)$态下$\hat{j}_z$ 的平均值。

4.9 一个微观尺度上的均匀小球，球心被约束在原点，能绕球心自由转动。设球面上各点是不可分辨的，如果它的波函数 $|\psi(\theta,\varphi)|^2$ 与角度无关，那么球的角动量的各容许值是什么？

4.10 中子的自旋为$\dfrac{1}{2}$，磁矩为 $\vec{\mu}=g_n\vec{s}$。若对体系施加一沿 y 方向的均匀磁场 $\vec{B}$。求中子的自旋态。

4.11 对自旋为$\frac{1}{2}$的费米子，求$\hat{\sigma}_x+\hat{\sigma}_y$的本征值和相应的本征函数。并在其最低本征值对应的自旋态下求测量$\sigma_y=\frac{1}{2}$的概率。

4.12 定义：$\hat{\sigma}_\pm=\hat{\sigma}_x\pm i\hat{\sigma}_y$。求$\hat{\sigma}_\pm^2$。

4.13 对自旋角动量与轨道角动量耦合的情况，当$l=1,s=\frac{1}{2}$时，求$\hat{\vec{L}}\cdot\hat{\vec{S}}$的所有可能值。

Part B:

4.14 两个中子均处于各自的自旋单态，它们的泡利算符分别记为$\hat{\vec{\sigma}}_1$和$\hat{\vec{\sigma}}_2$。设有任意两个与空间坐标有关的矢量$\vec{a}$和$\vec{b}$，它们与泡利算符构成$\hat{\vec{C}}=(\vec{a}\cdot\hat{\vec{\sigma}}_1)(\vec{b}\cdot\hat{\vec{\sigma}}_2)$。求$\hat{\vec{C}}$的平均值。

4.15 一微观体系处于状态$\psi(\varphi)=\cos\varphi$，在该态中测量体系$\hat{L}_z$的可能值有哪些？测量的$\bar{L}_z$是多少？

4.16 在一均匀磁场$\vec{B}=(0,0,B)$中有一个电子。电子在初始时刻时其自旋沿x轴正向。在该磁场中，该电子的自旋运动的哈密顿量为

$$\hat{H}=g\frac{e}{2mc}\hat{\vec{S}}\cdot\vec{B}=\frac{eB}{mc}\hat{S}_z$$

当$t>0$时，求电子处于下列情况的概率：

(1) $\bar{S}_x=\frac{1}{2}\hbar$；

(2) $\bar{S}_z=-\frac{1}{2}\hbar$。

4.17 三维空间中质量为m的无自旋单粒子系统哈密顿量为$\hat{H}=\frac{\hat{\vec{p}}^2}{2m}+V(r)+g\hat{L}_zB_z$，$r$为坐标的径向分量，$V(r)$只是$r$的函数，$\hat{L}_z$为轨道角动量的$z$分量，$g$和$B_z$都是常数。

(1) 下列哪些组算符可以作为描述该系统的对易力学量的完全集，哪一组是对易守恒量的完全集？其中，$\hat{L}_x$，$\hat{L}_y$，$\hat{L}_z$是x,y,z轨道角动量算符在x,y方向的分量，$\hat{L}^2=\hat{L}_x^2+\hat{L}_y^2+\hat{L}_z^2$。

(a) $\hat{H},\hat{L}^2,\hat{L}_x$；

(b) $\hat{L}_x,\hat{p}_y,\hat{p}_z$；

(c) $\hat{p}_x,\hat{p}_y,\hat{p}_z$；

(d) $\hat{H},\hat{L}^2,\hat{L}_z$；

(e) r^2,y,z；

(f) $\hat{p}^2,\hat{p}_x,\hat{p}_y$。

(2) 在上问中所选的对易守恒量完全集对应的表象下，正交归一基矢为各守恒量的共同本征态，求：在此表象下算符$\hat{L}_x\hat{L}_y$的矩阵元，用各守恒量的本征值表示。

第5章 多粒子体系与全同性原理

思考题

5.1 全同粒子不可分辨的物理原因是什么？

5.2 由偶数个费米子耦合成的体系会具有玻色子的特征吗？

5.3 如何理解“玻色吸引”和“泡利排斥”是纯粹的量子效应？

5.4 全同粒子间能发生干涉吗？

习题

Part A:

5.1 有4个不可分辨的玻色子在一个半径为R的圆环上成正四边形分布。求体系的能量。

5.2 由3个玻色子组成一个全同粒子系，试写出体系所有可能状态的波函数。如果是3个费米子呢？

5.3 处于位势$\frac{1}{2}m\omega^2x^2$中的两个无相互作用的粒子，试分别给出它们的基态、第一激发态和第二激发态的能量和简并度，

(1) 非全同粒子；

(2) 自旋为$\frac{1}{2}$的全同粒子；

(3) 自旋为0的全同粒子。

5.4 证明全同粒子系中粒子交换算符与体系的哈密顿量是对易的。这种对易说明了什么呢？

5.5 一维无限深势阱中，势能

$$V(x)=\begin{cases}0, & 0\leqslant x\leqslant a\\ \infty, & x<0,x>a\end{cases}$$

阱中无相互作用的3个电子的最低平均能量为E，若为4个无相互作用的电子，其最低平均能量是多少？

5.6 在一维谐振子势场中有两个无相互作用的粒子，已经使得一个粒子处于基态$\varphi_0(x_1)$，另一个粒子处于第一激发态$\varphi_1(x_2)$，其中

$$\varphi_0(x)=\sqrt{\frac{1}{\rho\sqrt{\pi}}}\mathrm{e}^{-\frac{x^2}{2\rho^2}},\quad \varphi_1(x)=\sqrt{\frac{2}{\rho\sqrt{\pi}}}\left(\frac{x}{\rho}\right)\mathrm{e}^{-\frac{x^2}{2\rho^2}}$$

(1) 当这两个粒子①不是全同粒子，②是全同费米子，③是全同玻色子时写出每种情况下两粒子体系的波函数；

(2) 在(1)的基础上，使用两粒子体系波函数分别计算各粒子位置的平均值$\langle x_1\rangle$和$\langle x_2\rangle$；

(3) 在(1)的基础上，使用两粒子体系波函数计算$\langle(x_1-x_2)^2\rangle$，并对结果进行讨论。

已知：$x\varphi_n(x) = \rho\left[\sqrt{\frac{n}{2}}\varphi_{n-1}(x) + \sqrt{\frac{n+1}{2}}\varphi_{n+1}(x)\right]$；

$x^2\varphi_n(x) = \frac{\rho^2}{2}[\sqrt{n(n-1)}\varphi_{n-2}(x) + (2n+1)\varphi_n(x) + \sqrt{(n+1)(n+2)}\varphi_{n+2}(x)]$。

Part B:

5.7 两个自旋都是$\frac{1}{2}$的粒子1和2组成的系统，处于由波函数

$$|\psi\rangle = \alpha|0\rangle_1|1\rangle_2 + \beta|1\rangle_1|0\rangle_2$$

描写的状态，其中$|0\rangle$表示自旋朝下(沿$-z$方向)，$|1\rangle$表示自旋朝上。当数α和β都不为0时，此态不能表示成两个单粒子状态的直接乘积形式$|\rangle_1|\rangle_2$，称为纠缠态。试求在上面的纠缠态中，

(1) 两个粒子的自旋互相反平行的概率；

(2) 此系统处于总自旋为0的概率；

(3) 测量得到粒子1自旋朝下的概率；发现粒子1自旋朝下时，粒子2处于什么状态。

第6章 微扰论与变分法

思考题

6.1 在量子理论中，为什么要发展近似算法？

6.2 微扰论的基本思想是什么？

6.3 从数学的角度如何考察微扰的有效性？从物理上如何考察微扰的有效性？

6.4 变分法的主要思想是什么？

6.5 在变分法中，选取试探波函数的依据是什么？

习题

Part A:

6.1 一个CO分子具有转动惯量I，其电偶极矩为$\vec{D}$，置于均匀电场$\vec{\varepsilon}$中。设电场强度很弱，并且不考虑重力场。用微扰法求解CO分子的基态能量(精确到二级修正)。

6.2 设体系的哈密顿算符为

$$\hat{H} = \begin{bmatrix} \varepsilon_1 + a & b \\ b & \varepsilon_2 + a \end{bmatrix} \quad (a, b\text{为实数，并为小量})$$

试用微扰论求体系的能量(精确到二级修正)。

6.3 体系哈密顿算符为

$$\hat{H}_0 = \begin{bmatrix} \varepsilon_1 & 0 & 0 \\ 0 & \varepsilon_2 & 0 \\ 0 & 0 & \varepsilon_3 \end{bmatrix}$$

当对体系施加一个微扰

$$\hat{H}' = \begin{bmatrix} 0 & 0 & a \\ 0 & 0 & b \\ a^* & b^* & 0 \end{bmatrix}$$

求能级的二级近似值。

6.4 粒子在一维无限深方势阱$(0 \leqslant x \leqslant a)$中运动，受到微扰：$\hat{H}' = V_0 (0 \leqslant x \leqslant a)$的作用，求第$n$个能级的一级近似表示。

6.5 一维势阱，其势函数为

$$V(x) = \begin{cases} \kappa\left(x - \frac{a}{2}\right), & 0 \leqslant x \leqslant a \\ \infty, & x < 0, x > a \end{cases}$$

其中$0 < \kappa \ll 1$。试计算质量为m的粒子在该势阱中的基态能量(能量精确到二级微扰)。

6.6 设质量为μ的粒子在吸引δ势$V(x) = -A\delta(x)(A > 0)$中运动，请以谐振子基态型波函数(高斯型波函数)为试探函数，用变分法求束缚态的近似能量。

Part B:

6.7 一个质量为m的粒子被限制在半径为a和$b(a < b)$的两个不可穿越的同心球面之间的区域。粒子处于基态。

(1) 当势场为$V(r) = \begin{cases} 0, & a < r < b \\ \infty, & r < a, r > b \end{cases}$时，求粒子基态的能量和本征函数。

(2) 沿球体的径向施加一微弱的势场$V(r) = A\delta\left(r - \frac{a+b}{2}\right)(A > 0)$，该势场不足以激发同心球面间的粒子。求在该势场作用下粒子能量的一级微扰近似值。

6.8 两个基态氢原子相距R，彼此有微弱的相互作用。令两原子连线为Z轴。试用变分法求两原子的相互作用能。尝试波函数为

$$\psi = N\varphi_0(r_1)\varphi_0(r_2)(1 + \alpha z_1 z_2)$$

其中，$\varphi_0(r) = \frac{1}{\sqrt{\pi a^3}}e^{-\frac{r}{a}}$为原子的基态径向波函数。

6.9 质量为m的粒子在下列的势场中运动

$$V(r) = -V_0\frac{e^{-\frac{r}{a}}}{\frac{r}{a}}, \quad V_0 > 0, a > 0$$

采用尝试波函数

$$\psi(r, \lambda) = Ne^{-\frac{\lambda r}{2a}}$$

给出计算体系的基态能量的方程。

部分习题参考答案

第1章　概率波与薛定谔方程

Part A:

1.2　$\lambda = 1.324\ \text{Å}$。

1.5　(1) $\psi(x) = \dfrac{1}{\sqrt{\lambda}} e^{-2\lambda|x|}$；

(2) $\psi(r) = \sqrt{\dfrac{2}{\lambda}} e^{-\frac{2}{\lambda}r}$；

(3) 不能归一化成1。

1.7　(1) $x = \dfrac{a}{2}, x = \dfrac{a}{4}$ 和 $x = \dfrac{3a}{4}$；

(2)概率流密度为0。

1.8　$\psi(x,t) = \dfrac{\sqrt{2}}{2}\left(\psi_3(x,0) e^{-iE_3 t/\hbar} + \psi_1(x,0) e^{-iE_1 t/\hbar}\right)$

对应的能量可能值为 E_1, E_3，并且取 E_1、E_3 的概率均为1/2，取其他能量的概率为0。

1.10　$t = \dfrac{2ma^2}{3\pi\hbar}$。

1.11　能级为

$$E_{n_x n_y n_z} = \frac{\hbar^2}{2m}\left[\left(n_x \frac{\pi}{a}\right)^2 + \left(n_y \frac{\pi}{b}\right)^2 + \left(n_z \frac{\pi}{c}\right)^2\right]$$

式中，$n_x, n_y, n_z = 1,2,3\cdots$。

定态函数为

$$\psi_{n_x n_y n_z}(x,y,z) = \sqrt{\frac{2}{a}\frac{2}{b}\frac{2}{c}} \sin\left(\frac{n_x \pi}{a}x\right) \sin\left(\frac{n_y \pi}{b}y\right) \sin\left(\frac{n_z \pi}{c}z\right)$$

其中，E_{111} 为基态，$E_{121}, E_{112}, E_{211}$ 当 a, b, c 相同时为三重简并，当 $a \neq b \neq c$ 时为退简并。

1.12　$\lambda = \dfrac{\hbar c}{\Delta E} = \dfrac{2\pi\hbar c}{\Delta E} = \dfrac{4cma^2}{\pi\hbar(n_x^2 + n_y^2 + n_z^2 - 3)}$。

1.13　$\psi = Y_{00} e^{iE_0 t} = \sqrt{\dfrac{1}{4\pi}}$。

1.14　$3.24 \times 10^{-19} / \sqrt{E_0}$。

1.15　$\dfrac{\frac{81}{40}\sin^2\left(\frac{\sqrt{mE/5}D}{\hbar}\right)}{1 + \frac{81}{40}\sin^2\left(\frac{\sqrt{mE/5}D}{\hbar}\right)}$。

1.16　$R = 1 - \dfrac{4k_1 k_2}{(k_1 + k_2)^2}$，　$T = \dfrac{4k_1 k_2}{(k_1 + k_2)^2}$。

1.17　(1) $E = \dfrac{1}{2}\hbar\omega$；

(2) $E = \dfrac{3}{2}\hbar\omega$。

1.18　$\varphi_n(x) = A_n e^{-\alpha^2\left(x - \frac{k_0}{m\omega^2}\right)^2/2} H_n\left[\alpha\left(x - \dfrac{k_0}{m\omega^2}\right)\right]$

$E_n = \left(\dfrac{1}{2} + n\right)\hbar\omega, n = 0,1,\cdots$

其中，$A_n = \sqrt{\dfrac{\alpha}{\sqrt{\pi} \cdot 2^n \cdot n!}}, \alpha = \sqrt{m\omega/\hbar}$。

1.19　$P = 13e^{-4}$。

1.22　$\psi(x,t) = A\exp\left(\pm \dfrac{i\sqrt{2mE}}{\hbar}x + \displaystyle\int \dfrac{E + V(t)}{i\hbar}dt\right)$。

当 $V(t) = V_0 \cos\omega t$ 时，$\psi(x,t) = A\exp\left(\pm \dfrac{i\sqrt{2mE}}{\hbar}x + \dfrac{Et + \frac{V_0}{\omega}\sin\omega t}{i\hbar}\right)$。

1.23　(1) $f(x) = \begin{cases} 4\lambda^3 x^2 e^{-2\lambda x}, & x > 0 \\ 0, & x < 0 \end{cases}$；

(2) $\bar{x}=\frac{3}{2\lambda},\bar{x^2}=\frac{3}{\lambda^2}$；

(3) $g(p)=|\psi(p)|^2=\frac{2\lambda^3}{\pi\hbar}\frac{1}{(\lambda^2+(p/\hbar)^2)^2}$；

(4) $\bar{p}=0,\bar{p^2}=\lambda^2\hbar^2$。

Part B:

1.25 $E_1=\frac{\hbar^2\pi^2}{2m\Delta r}$，$\psi_{100}=\sqrt{\frac{2}{\Delta r}}\frac{\sin\left(\frac{\pi r}{\Delta r}\right)}{r}$。

1.26 (1) $\hat{H}=-\frac{\hbar^2}{2m}\left(\frac{d^2}{dx^2}+\frac{d^2}{dy^2}+\frac{d^2}{dz^2}\right)-\frac{K}{z}$；

$\psi(z=0)=0$。

(2) $E_{n,k_x,k_y}=-\frac{mK^2}{32\hbar^2n^2}+\frac{\hbar^2k_x^2}{2m}+\frac{\hbar^2k_y^2}{2m}$，

基态

$E_{min}=-\frac{mK^2}{32\hbar^2}$。

1.27 (1)基态近似能量为$\frac{1}{2}\hbar\omega-A$，对应的近似基态波函数为

$\frac{\sqrt{\alpha}}{\pi^{1/4}}\exp\left(-\frac{1}{2}\alpha^2x^2\right),\alpha=\sqrt{\frac{2AB}{\hbar}}$。

第2章 力学量与算符

Part A:

2.6 (2) $\bar{x}=0,\overline{x^2}=\frac{a^2}{2}$；

(3) $\overline{\hat{p}}_x=\hbar k_0,\overline{\hat{p}_x^2}=\hbar^2\left(k_0^2+\frac{1}{2a^2}\right)$；

(4) $0,\frac{\hbar^2}{2m}\left(k_0^2+\frac{1}{2a^2}\right)$。

2.8 0;0。

2.12 $\hat{L}^2$ 的可能取值为 $l(l+1)\hbar^2=2\hbar^2$，取该值概率为1，期望值为$2\hbar^2$。$\hat{L}_z$ 的可能取值为$\hbar,0,-\hbar$，$\hat{L}_z$ 取这3个值的相应概率为$\frac{1}{4},\frac{1}{2},\frac{1}{4}$，期望值为0。

2.13 能量可能的取值为0和$\frac{2\hbar^2}{I}$，对应的概率分别为$\frac{2}{3},\frac{1}{3}$；期望值为$\bar{E}=\frac{2\hbar^2}{3I}$。

2.14 0。

2.16 守恒量为$\hat{H},p_z,p^2,\hat{L}_z,\hat{L}^2$。

2.18 $a=\frac{\sqrt{B}}{2}$，本征值$\lambda=-\sqrt{B}$。

Part B:

2.21 (4) $\langle n|\hat{H}|n\rangle=\left(n+\frac{1}{2}\right)\hbar\omega,n=0,1,2,\cdots$。

第3章 量子态与力学量的表象

Part A:

3.1 $\frac{32}{9\pi^2}$。

3.4 $p_{nn}=0,m=n;p_{mn}=\frac{2i\hbar}{a}[\frac{(-1)^{m+n}-1}{m^2-n^2}]mn,m\neq n$。

3.5 (1) $\bar{E}=-5.95\text{ eV},E_1=-13.6\text{ eV},P=\frac{1}{4}$。能量$E$的可能取值及其概率为$E_2=-3.4\text{ eV},P=\frac{3}{4}$；

$\bar{L}^2=\frac{3}{2}\hbar^2,L^2=2\hbar^2,P=\frac{3}{4}$。

$\hat{L}^2$ 的可能取值及其概率为 $\hat{L}^2=0,P=\frac{1}{4}$。

$\bar{L}_z=-\frac{1}{2}\hbar,L_z=0,P=\frac{1}{2}$。

$\hat{L}^2$ 的可能取值及其概率为 $\hat{L}_z=-\hbar,P=\frac{1}{2}$。

(2) 答案同(1)。

3.6 (1) $\tilde{E}_1=\frac{E_1+E_2-\sqrt{(E_1-E_2)^2+4\lambda^2}}{2}$，

$\tilde{E}_2=\frac{E_1+E_2+\sqrt{(E_1-E_2)^2+4\lambda^2}}{2}$。

$\varphi_1=\left(-\frac{1}{2\lambda}(-E_1+E_2+\sqrt{(E_1-E_2)^2+4\lambda^2}),1\right)^{\mathrm{T}}$，

$\varphi_2=\left(-\frac{1}{2\lambda}(-E_1+E_2-\sqrt{(E_1-E_2)^2+4\lambda^2}),1\right)^{\mathrm{T}}$。

(2) $t>0$时，$\psi=a\varphi_1e^{-i\tilde{E}_1t/\hbar}+b\varphi_2e^{-i\tilde{E}_2t/\hbar}$，其中

$a=-\frac{-E_1+E_2-\sqrt{(E_1-E_2)^2+4\lambda^2}}{2\sqrt{(E_1-E_2)^2+4\lambda^2}}$，

$b=\frac{-E_1+E_2+\sqrt{(E_1-E_2)^2+4\lambda^2}}{2\sqrt{(E_1-E_2)^2+4\lambda^2}}$。

3.7 $\lambda_1=0,\frac{1}{\sqrt{2}}(1,0,-1)^T$,

$\lambda_2=\sqrt{2},\frac{1}{2}(1,\sqrt{2},1)^T$,

$\lambda_3=-\sqrt{2},\frac{1}{2}(1,-\sqrt{2},1)^T$。

幺正变换矩阵为$\begin{pmatrix}\frac{1}{\sqrt{2}} & \frac{1}{2} & \frac{1}{2}\\ 0 & \frac{\sqrt{2}}{2} & -\frac{\sqrt{2}}{2}\\ -\frac{1}{\sqrt{2}} & \frac{1}{2} & \frac{1}{2}\end{pmatrix}$。

3.8 (1) $|\psi(t)\rangle=\frac{1}{2}\begin{pmatrix}\sqrt{2}e^{-i\omega_0 t}\\ e^{-2i\omega_0 t}\\ e^{-2i\omega_0 t}\end{pmatrix}$;

(2) 能量本征值为 $\hbar\omega_0,2\hbar\omega_0$，概率均为 1/2;

(3) $\frac{3}{2}\hbar\omega_0$;

(4) 本征值 a 的概率为$\frac{5}{8}+\frac{\sqrt{2}}{4}$,对应本征值 $-a$ 概率$\frac{3}{8}-\frac{\sqrt{2}}{4}$;

(5) $\left(\frac{\sqrt{2}}{2}+\frac{1}{4}\right)a$;

(6) $\frac{1}{2}\begin{pmatrix}e^{-i\omega t}+\frac{\sqrt{2}}{2}e^{-2i\omega t}\\ e^{-2i\omega t}\\ e^{-i\omega t}-\frac{\sqrt{2}}{2}e^{-2i\omega t}\end{pmatrix}$;

(7) $\begin{pmatrix}\frac{\sqrt{2}}{2} & \frac{\sqrt{2}}{2} & 0\\ 0 & 0 & 1\\ \frac{\sqrt{2}}{2} & -\frac{\sqrt{2}}{2} & 0\end{pmatrix}$。

3.9 (1) $\varepsilon\to\begin{pmatrix}\frac{\sqrt{2}}{2}\\ 0\\ -\frac{\sqrt{2}}{2}\end{pmatrix},2\varepsilon\to\begin{pmatrix}0\\1\\0\end{pmatrix},3\varepsilon\to\begin{pmatrix}\frac{\sqrt{2}}{2}\\ 0\\ \frac{\sqrt{2}}{2}\end{pmatrix}$;

(2) $\begin{pmatrix}\frac{\sqrt{2}}{2} & 0 & \frac{\sqrt{2}}{2}\\ 0 & 1 & 0\\ -\frac{\sqrt{2}}{2} & 0 & \frac{\sqrt{2}}{2}\end{pmatrix}$。

第 4 章　角动量与自旋

Part A:

4.2 (1) ψ 不是 $\hat{L}_z$ 的本征态;

(2) $\overline{L^2}=2\hbar^2$, $\overline{L_z}=\frac{c_2^2}{c_1^2+c_2^2}\hbar$。

4.4 $\varphi_1(\theta,\varphi)=\begin{pmatrix}e^{i\delta}\cos\frac{\theta}{2}\\ e^{i\delta}\sin\frac{\theta}{2}e^{i\varphi}\end{pmatrix}$,$\delta$ 为任意实数;

$\varphi_{-1}(\theta,\varphi)=\begin{pmatrix}e^{i\delta}\sin\frac{\theta}{2}\\ -e^{i\delta}\cos\frac{\theta}{2}e^{i\varphi}\end{pmatrix}$, δ 为任意实数。

4.5 $\hat{j}^2$ 的可能观测值为$\frac{15}{4}\hbar^2$;$\hat{j}_z$ 的可能观测值为$\frac{1}{2}\hbar$。

4.6 $\hat{j}^2$ 的可能观测值为$\frac{15}{4}\hbar^2$;$\hat{j}_z$ 的可能观测值为$\frac{3}{2}\hbar$。

4.7 $\hat{s}_x$ 取值为$-\frac{\hbar}{2}$的概率为$\left|\frac{\sqrt{2}}{2}(1,-1)\begin{pmatrix}1\\0\end{pmatrix}\right|^2=\frac{1}{2}$。

4.8 (1) $P_1=2\pi r^2(R_{21}^2+R_{32}^2)dr$;

(2) $P_2=\pi r^2(R_{21}^2+R_{32}^2)^2dr$;

(3) $\overline{\hat{j}_z}=\frac{\hbar}{2}$。

4.9 $l=0,m=0$。

4.10 $|\psi\rangle=\begin{pmatrix}A\sin\left(\frac{\mu_0 B}{\hbar}t\right)+\lambda\\ A\cos\left(\frac{\mu_0 B}{\hbar}t\right)+\lambda\end{pmatrix}$,$A$ 为归一化常数,λ 由粒子初始状态确定。

4.11 本征值和相应的本征矢量为

$\lambda_1=\frac{1}{2}$,　$|\chi_1\rangle=\frac{\sqrt{2}}{2}(1,-i)^T$

$\lambda_2=-\frac{1}{2}$,　$|\chi_2\rangle=\frac{\sqrt{2}}{2}(-i,-1)^T$

概率为 $P=\frac{2+\sqrt{2}}{4}$。

4.12 $\sigma_+=\begin{pmatrix}0&2\\0&0\end{pmatrix}$，$\sigma_-=\begin{pmatrix}0&0\\2&0\end{pmatrix}$；

$\sigma_+^2=\begin{pmatrix}4&0\\0&0\end{pmatrix}$，$\sigma_-^2=\begin{pmatrix}0&0\\0&4\end{pmatrix}$。

4.13 对于 $j=\frac{1}{2}$ 的情形：$-\hbar^2$；

对于 $j=\frac{3}{2}$ 的情形：$\frac{1}{2}\hbar^2$。

Part B:

4.14 $\overline{\hat{C}}=-\vec{a}\cdot\vec{b}$。

4.15 可能的测量值为 $\hbar$ 和 $-\hbar$；$\overline{L}_z=0$。

4.16 (1) $\overline{S}_x=\frac{1}{2}\hbar$ 时，它的本征态为 $|\psi_x\rangle=\begin{pmatrix}\frac{1}{\sqrt{2}}\\\frac{1}{\sqrt{2}}\end{pmatrix}$，

概率 $P=\frac{1}{2}(1+\cos 2\omega t)$，其中，$\omega=\frac{eB}{2mc}$。

(2) $\overline{S}_z=-\frac{1}{2}\hbar$ 时，它的本征态为 $|\psi_z\rangle=\begin{pmatrix}0\\1\end{pmatrix}$，

概率 $P=\frac{1}{2}$。

4.17 (1) 略；

(2) $\langle Y_{lm-1}|\hat{L}_x|Y_{lm}\rangle=\frac{\hbar}{2}(\sqrt{l(l+1)-m(m-1)})$；

$\langle Y_{lm+1}|\hat{L}_y|Y_{lm}\rangle=\frac{\hbar}{2}(\sqrt{l(l+1)-m(m+1)})$；

$\langle Y_{lm-1}|\hat{L}_y|Y_{lm}\rangle=-\frac{\hbar}{2}(\sqrt{l(l+1)-m(m-1)})$。

第5章 多粒子体系与全同性原理

Part A:

5.1 $E_n=\frac{8n^2\hbar^2}{I}$，$n=0,\pm1,\pm2,\cdots$。

5.2 (1) 3个玻色子组成的全同粒子体系。设有 n_1 个处于 k_1 态，有 n_2 个处于 k_2 态，有 n_3 个处于 k_3 态，分3种情况讨论如下：

① $n_1=n_2=n_3=1$

$$\begin{aligned}\psi_{111}^S(q_1q_2q_3)=\frac{1}{\sqrt{6}}[&\varphi_1(q_1)\varphi_2(q_2)\varphi_3(q_3)\\&+\varphi_1(q_2)\varphi_2(q_3)\varphi_3(q_1)\\&+\varphi_1(q_3)\varphi_2(q_1)\varphi_3(q_2)\\&+\varphi_1(q_1)\varphi_2(q_3)\varphi_3(q_2)\\&+\varphi_1(q_2)\varphi_2(q_1)\varphi_3(q_3)\\&+\varphi_1(q_3)\varphi_2(q_2)\varphi_3(q_1)]\end{aligned}$$

② $n_1=2,n_2=1,n_3=0$

$$\begin{aligned}\psi_{210}^S(q_1q_2q_3)=\frac{1}{\sqrt{3}}[&\varphi_1(q_1)\varphi_1(q_2)\varphi_2(q_3)\\&+\varphi_1(q_1)\varphi_1(q_3)\varphi_2(q_2)\\&+\varphi_1(q_2)\varphi_1(q_3)\varphi_2(q_1)]\end{aligned}$$

③ $n_1=3,n_2=n_3=0$

$$\psi_{300}^S(q_1q_2q_3)=\varphi_1(q_1)\varphi_1(q_2)\varphi_1(q_3)$$

(2) 3个费米子组成的全同粒子体系。

$$\begin{aligned}\psi_{111}^S(q_1q_2q_3)&=\frac{1}{\sqrt{3!}}\begin{vmatrix}\varphi_1(q_1)&\varphi_1(q_2)&\varphi_1(q_3)\\\varphi_2(q_1)&\varphi_2(q_2)&\varphi_2(q_3)\\\varphi_3(q_1)&\varphi_3(q_2)&\varphi_3(q_3)\end{vmatrix}\\&=\frac{1}{\sqrt{3!}}[\varphi_1(q_1)\varphi_2(q_2)\varphi_3(q_3)\\&\quad+\varphi_1(q_2)\varphi_2(q_3)\varphi_3(q_1)\\&\quad+\varphi_1(q_3)\varphi_2(q_1)\varphi_3(q_2)\\&\quad-\varphi_1(q_3)\varphi_2(q_2)\varphi_3(q_1)\\&\quad-\varphi_1(q_2)\varphi_2(q_1)\varphi_3(q_3)\\&\quad-\varphi_1(q_1)\varphi_2(q_3)\varphi_3(q_2)]\end{aligned}$$

5.3 (1) 基态为

$n_1=0,n_2=0,E_0'=\hbar\omega$；

第一激发态为

$n_1=0,n_2=1$ 或 $n_1=1,n_2=0,E_1'=2\hbar\omega$；

第二激发态为

$n_1=0,n_2=2$ 或 $n_1=2,n_2=0$ 或 $n_1=1,n_2=1$，$E_2'=3\hbar\omega$。

(2) 基态为

$n_1=0,n_2=1$ 或 $n_1=1,n_2=0,E_0'=2\hbar\omega$；

第一激发态为

$n_1=0, n_2=2$ 或 $n_1=2, n_2=0, E_1'=3\hbar\omega$；

第二激发态为

$n_1=0, n_2=3$ 或 $n_1=3, n_2=0$ 或 $n_1=1, n_2=2$ 或 $n_1=2, n_2=1, E_2'=4\hbar\omega$。

（3）基态为

$n_1=0, n_2=0, E_0'=\hbar\omega$；

第一激发态为

$n_1=0, n_2=1$ 或 $n_1=1, n_2=0, E_1'=2\hbar\omega$

第二激发态为

$n_1=0, n_2=2$ 或 $n_1=2, n_2=0$ 或 $n_1=1, n_2=1$，$E_2'=3\hbar\omega$。

5.6 （1）对非全同粒子：

$\psi_D(x_1,x_2)=\varphi_0(x_1)\varphi_1(x_2)$

对全同费米子：

$$\psi_F(x_1,x_2)=\frac{1}{\sqrt{2}}[\varphi_0(x_1)\varphi_1(x_2)-\varphi_1(x_1)\varphi_0(x_2)]$$

对全同玻色子：

$$\psi_B(x_1,x_2)=\frac{1}{\sqrt{2}}[\varphi_0(x_1)\varphi_1(x_2)+\varphi_1(x_1)\varphi_0(x_2)]$$

（2）对非全同粒子：$\langle x_1\rangle=0, \langle x_2\rangle=0$；

对全同费米子：$\langle x_1\rangle=0, \langle x_2\rangle=0$；

对全同玻色子：$\langle x_1\rangle=0, \langle x_2\rangle=0$。

（3）对非全同粒子：$\langle (x_1-x_2)^2\rangle=2\rho^2$；

对全同费米子：$\langle (x_1-x_2)^2\rangle=1\rho^2$；

对全同玻色子：$\langle (x_1-x_2)^2\rangle=3\rho^2$。

Part B:

5.7 （1）概率是1；

（2）概率是1；

（3）概率为 α^2。

第6章　微扰论与变分法

Part A:

6.1 $E=-D\varepsilon-\dfrac{9\pi^2D^2\varepsilon^2 I}{\hbar^2}$。

6.2 $E_1=\varepsilon_1+a-\dfrac{b^2}{\varepsilon_2-\varepsilon_1}, E_2=\varepsilon_2+a+\dfrac{b^2}{\varepsilon_2-\varepsilon_1}$。

6.3 $E_1=\varepsilon_1+\dfrac{|a|^2}{\varepsilon_1-\varepsilon_3}, E_2=\varepsilon_2+\dfrac{|b|^2}{\varepsilon_2-\varepsilon_3}, E_3=\varepsilon_3+\dfrac{|a|^2}{\varepsilon_3-\varepsilon_1}+\dfrac{|b|^2}{\varepsilon_3-\varepsilon_2}$。

6.4 $E_n^{(0)}=\dfrac{n^2\pi^2\hbar^2}{2ua^2}, \psi_n^{(0)}=\begin{cases}\sqrt{\dfrac{2}{a}}\sin\dfrac{n\pi x}{a}, & 0<x<a\\ 0, & x<0, x>a\end{cases}$。

$E_n=E_n^{(0)}+\hat{H}'_{nn}=\dfrac{n^2\pi^2\hbar^2}{2ua^2}+V_0$。$(n=1,2,\cdots)$

6.5 $E=\dfrac{\pi^2\hbar^2}{2ma^2}$。

6.6 $E=-\dfrac{\mu A^2}{\pi\hbar^2}$。

Part B:

6.7 （1）$E_n=\dfrac{n^2\pi^2\hbar^2}{2m(b-a)^2}(n=1,2,3,\cdots)$；

$$\psi(r,\theta,\varphi)=\sqrt{\frac{1}{2\pi(b-a)}}\frac{1}{r}\sin\left(\frac{r-a}{b-a}\pi\right)。$$

（2）$E\approx\dfrac{n^2\pi^2\hbar^2}{2m(b-a)^2}+\dfrac{2A}{b-a}\sin\left(\dfrac{b-3a}{2(b-a)}\pi\right)(n=1,2,3,\cdots)$。

6.8 $E'\approx-\dfrac{e^2a^5}{\pi\varepsilon_0R^6}$。

6.9 $\dfrac{\lambda(3+\lambda)}{(1+\lambda)^3}=\eta\equiv\dfrac{\hbar^2}{2ma^2V_0}$，其中，$0<\eta\leqslant\dfrac{1}{2}$。

$E(\lambda)$最小值为

$$E_{\min}=\frac{V_0\lambda_0^2}{2}\left[\frac{\eta}{2}-\frac{\lambda_0}{(\lambda_0+1)^2}\right]=\frac{V_0}{4}\frac{(\lambda_0-1)\lambda_0^3}{(1+\lambda_0)^3}$$

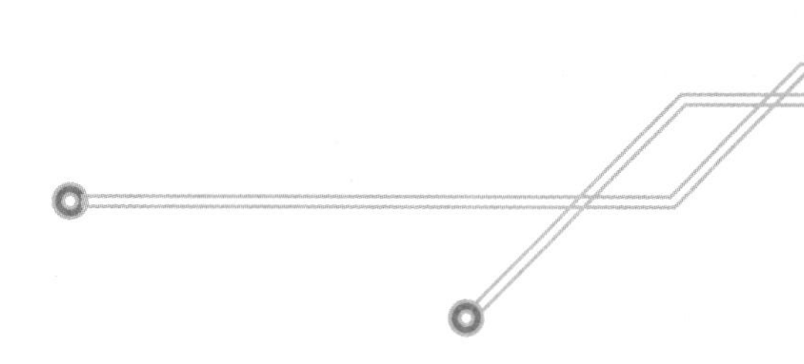

参考书目

[1] 夏建白，葛惟昆，常凯. 半导体自旋电子学[M]. 北京：科学出版社，2008.

[2] 费曼 R P. 物理定律的本性[M]. 关洪，译. 长沙：湖南科学技术出版社，2005.

[3] 张永德. 量子菜根谭[M]. 北京：清华大学出版社，2012.

[4] 张永德. 量子力学[M]. 北京：科学出版社，2001.

[5] 曾瑾言. 量子力学导论[M]. 2 版. 北京：科学出版社，2011.

[6] 黑・安东尼，沃尔特顿・帕特里克. 新量子世界[M]. 雷奕安，译. 长沙：湖南科学技术出版社，2009.

[7] 王怀玉. 物理学中的数学方法[M]. 北京：科学出版社，2013.

[8] 梁昆淼. 数学物理方法[M]. 北京：人民教育出版社，1978.

[9] 张永德. 量子信息物理原理[M]. 北京：科学出版社，2006.

[10] 朱栋培，陈宏芳，石名俊. 原子物理与量子力学[M]. 北京：科学出版社，2014.

[11] 喀兴林. 高等量子力学[M]. 2 版. 北京：高等教育出版社，2001.

[12] 朱林繁，彭新华. 原子物理学[M]. 合肥：中国科学技术大学出版社，2015.

附录A 产生量子概念的历史背景

在19世纪初末，科技界的主流观点认为经典物理学的理论基本完善，以后的任务只需对已有的物理理论进行修修补补。这主要是因为在那个时代一些物理理论已经被成功地应用于对许多宏观上可观测现象的理解了。然而，具有敏锐洞察力的开尔文却深刻地指出：物理学的天空并非晴空万里，在远处飘来了两朵乌云！

一朵乌云是探测以太漂移的实验总是显示出负结果。

以太是一种理想的介质。实验上试图寻找存在以太的证据，为此，迈克尔逊－莫雷发明了迈克尔逊－莫雷干涉仪，并且采用这个仪器在长达十几年的时间里试图探测以太风。但很遗憾的是，实验没有获得以太存在的证据，这就是物理学中一个著名的负实验结果。基于这个实验结果，爱因斯坦提出了光速不变原理。

另一朵乌云是指“紫外灾难”。

19世纪，随着工业的大规模发展，人们对冶金技术提出了更高的要求，其中，需要控制冶炼金属的温度及其空间分布，因而需要探测高温。但那时没有哪个测温的仪器能满足如此的要求。生活中的经验提醒人们：火焰的颜色与温度的高低是相关的。而火焰的颜色就是火焰热辐射的谱。于是，从物理上寻找物体的温度与其热辐射的规律便成为了一个研究的课题。另一方面，探索宇宙中更多的未知星体及其运行规律也是人类长久的科技活动之一。探索星体的最直接的有效手段就是观测和分析来自星体的光谱。这也驱动着科技界揭示发光体温度与其光谱的关系。在研究物体的热辐射规律中，人们提出了描述吸收光和辐射光的物体的模型——黑体。科学家将只吸收光而不辐射光的黑体称为绝对黑体，然而，通常的黑体是既吸收光也辐射光。当在单位时间内黑体吸收光与辐射光的能量密度相等时，黑体就处于了热平衡状态。以下介绍黑体处于热平衡时辐射场的物理规律。

1. 维恩位移定律

黑体处于某一温度 T 而达到热平衡时，黑体辐射的能量密度 u 是随着辐射的波长而变化的(图A.1)。黑体处于不同温度的热平衡状态时，$u(\lambda)$随波长 λ 变化的曲线不同，其曲线的形状和最大能量密度处的波长 λ_{max}只与黑体的绝对温度 T 有关，并且

$$\lambda_{max} T = b \tag{1}$$

其中，常数 $b=0.2898\times10^{-2}$ m·K。式(1)所表述的规律称为维恩(W. Wien)位移定律。

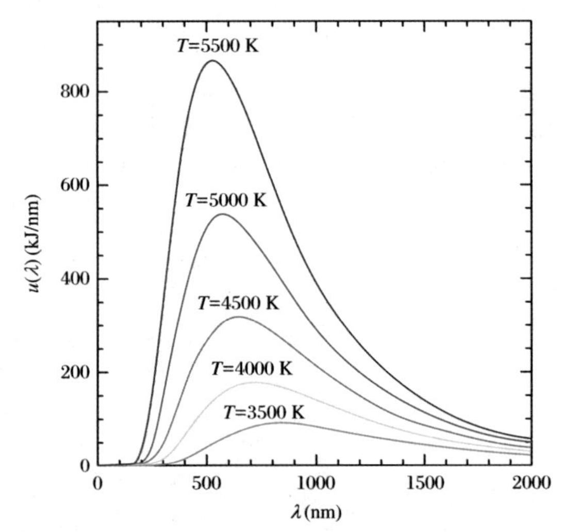

图A.1 不同温度时黑体辐射的能量密度随辐射波长的变化曲线

维恩位移定律所表述的物理规律与黑体的形状和材料无关，因而是普适性的物理规律。如果我们测量到来自太阳表面的热辐射的 λ_{max}，由维恩位移定律就可方便地计算出太阳表面的温度。

2. 维恩公式

为什么黑体辐射的能量密度随波长呈现出图A.1所示的变化规律呢？为了解释这一规律，维恩基于热力学和电动力

学的理论，提出了一个含有经验参数的黑体辐射能量密度的经验公式，即在辐射频率区间 $\nu \sim \nu + d\nu$ 能量密度为

$$u_\nu d\nu = C_1 \nu^3 e^{-C_2 \nu / T} d\nu \tag{2}$$

其中，C_1 和 C_2 是经验参数。

如图 A.2 所示，维恩公式的计算结果只与高频区的实验数据符合。这表明，维恩公式有其可取之处，但不适合解释实验的低频区结果。

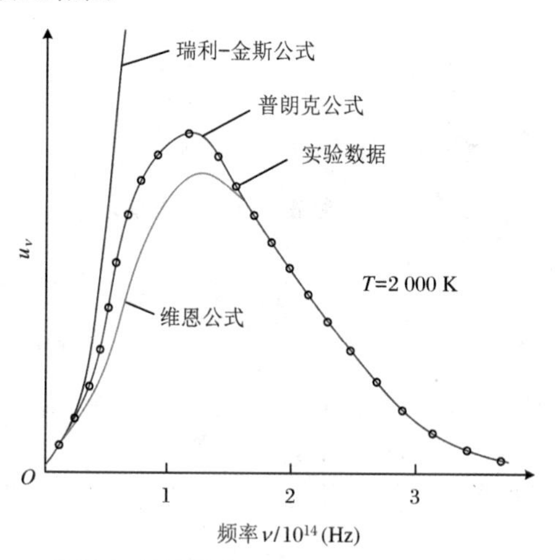

图 A.2 黑体辐射能量密度实验曲线与理论结果的对比

3. 瑞利-金斯公式

瑞利（J. W. Rayleigh）和金斯（J. H. Jeans）对黑体辐射采用了3个模型化的假设：

（1）黑体辐射的平衡态相当于电磁波驻波所表达的平衡态。于是，黑体辐射场可看成是电磁波驻波的集合。

（2）驻波的每一种振动的平均动能为 $\frac{1}{2} k_B T$，k_B 为玻尔兹曼常数。每个振子的平均势能与其平均动能是相等的，于是，振子的单位频率的平均能量为 $k_B T$。

（3）振子能量的变化是连续的，遵从 Maxwell 分布律。

依据上述的假设并采用经典的统计物理学和经典电动力学理论，瑞利和金斯推导出了辐射能量密度的表达式：

$$u_\nu d\nu = \frac{8\pi}{c^3} k_B T \nu^2 d\nu \tag{3}$$

该公式中没有任何经验参数。将该公式计算的结果与实验结果进行对比（图 A.2），可知在低频区与实验结果相符，而高频区不符。更严重的是，当频率趋于无限大时，辐射能量密度也趋于无限大。这就是著名的“紫外灾难”。

必须强调如下两点：

（1）瑞利-金斯的3点假设在经典物理理论的框架内是非常合理的。

（2）瑞利-金斯的理论结果中包含的高频发散在经典物理上是不能容忍的，因为物理量的值均为有限值，不可能趋于无限大。

维恩公式是一个包含有经验参数的经验公式，探讨包含着经验参数的经验公式不能完美解释实验结果的物理内涵，意义不大。然而，瑞利-金斯公式是在“合理的假设”和“完善的经典物理理论”的基础上严格推导出来的公式，却居然出现了物理量发散的结果。出现如此非物理结果的原因或是“完善的经典物理理论”并非完善，或是源自“合理的假设”中有不合理的因素。可是，当我们认为“假设是合理”时，也是依据经典物理思想和理论基础对假设的合理性所做出的判断；如果假设中有不合理的内容，则意味着经典物理的某些思想或理论基础是不完美的。于是，瑞利-金斯公式出现的危机是关乎到经典物理是否完美的大是大非的问题。

4. 普朗克公式

有鉴于维恩公式和瑞利-金斯公式能分别解释实验上辐射能量密度曲线的低频和高频区域的结果，普朗克采用数学上的插值技术，获得如下的公式：

$$u_\nu d\nu = \frac{8\pi}{c^3} \frac{h\nu^3}{e^{h\nu/k_B T} - 1} d\nu \tag{4}$$

该公式的计算结果与实验结果能很好地符合。于是，普朗克试图推导这一公式。他将瑞利-金斯的第三条假设改为振子的能量分布不是连续的，每个振子的能量是单位能量 ε 的整数倍，即能量量子化。其中，单位能量与辐射的频率 ν 成正比，即

$$\varepsilon = h\nu \tag{5}$$

式中，h 为普朗克常数。单位能量被称为能量量子。结合这一能量量子化的假设，普朗克推导出了式(4)。

能量量子化的意思是能量的分布是不连续的，这一思想与经典物理中能量连续分布的基本思想是相冲突的。因而，能量量子化的思想动摇了经典物理的“完美性”，颠覆了人类对物质世界的认知。

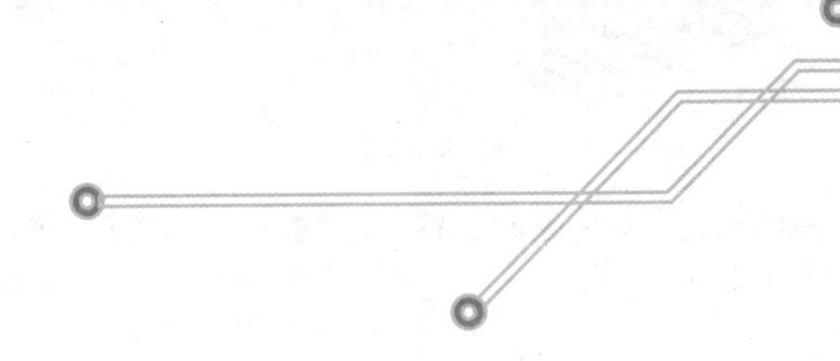

附录B 一维谐振子的求解过程

一维线性谐振子的能量本征方程为

$$\left(-\frac{\hbar^2}{2m}\frac{d^2}{dx^2}+\frac{1}{2}m\omega^2x^2\right)\psi(x)=E\psi(x) \tag{1}$$

引入如下的无量纲参量：

$$\begin{cases}\xi=\alpha x\\ \lambda=\dfrac{E}{\frac{1}{2}\hbar\omega}\end{cases} \tag{2}$$

其中，

$$\alpha=\sqrt{\frac{m\omega}{\hbar}} \tag{3}$$

方程(1)化为

$$\frac{d^2\psi}{d\xi^2}+(\lambda-\xi^2)\psi=0 \tag{4}$$

注意：当 $x\to\pm\infty$ 时，$\xi\to\pm\infty$。$\xi\to\pm\infty$ 为方程(4)的奇点。对这种方程，数学求解的常规方法是先找出方程在奇点处的渐近解，再构造一般解。

求方程在 $\xi\to\pm\infty$ 时的渐近解：

渐近方程为

$$\frac{d^2\psi}{d\xi^2}-\xi^2\psi=0 \tag{5}$$

方程(5)的平方可积的解为

$$\psi\sim e^{-\frac{\xi^2}{2}} \tag{6}$$

构造一般形式解：

令

$$\psi(\xi)=e^{-\frac{\xi^2}{2}}\varphi(\xi) \tag{7}$$

将式(7)代入方程(4)，则方程(4)化成了如下的常微分方程：

$$\varphi''(\xi)-2\xi\varphi'(\xi)+(\lambda-1)\varphi(\xi)=0 \tag{8}$$

通常用级数方法求解常微分方程。于是，将 $\varphi(\xi)$ 展开成无穷级数

$$\varphi(\xi)=\sum_{n=0}^{\infty}a_n\xi^n \tag{9}$$

将式(9)代入方程(8)，有

$$\sum_{n=2}^{\infty}n(n-1)a_n\xi^{n-2}-2\sum_{n=1}^{\infty}na_n\xi^n+(\lambda-1)\sum_{n=0}^{\infty}a_n\xi^n=0 \tag{10}$$

比较 ξ 的同幂次前的系数，有

$$(n+2)(n+1)a_{n+2}=(1+2n-\lambda)a_n \tag{11}$$

该式包含了奇数项间的相互递推关系和偶数项间的相互递推关系。

下面讨论级数式(9)的收敛行为。

$$\frac{a_{n+2}}{a_n}=\frac{1+2n-\lambda}{(n+1)(n+2)}=\frac{1+2n-\lambda}{n^2+3n+2}\xrightarrow{n\text{很大}}\frac{2}{n} \tag{12}$$

值得注意的是，数学上有如下的级数：

$$e^x=1+x+\frac{x^2}{2!}+\cdots=\sum_{n=0}^{\infty}\frac{x^n}{n!} \tag{13}$$

令 $x=2\xi^2$，则有

$$e^{2\xi^2}=\sum_{n=0}^{\infty}\frac{2^n}{n!}\xi^{2n} \tag{14}$$

级数式(14)的收敛性

$$\frac{a_{n+1}}{a_n}=\frac{n!}{(n+1)!}\frac{2^{n+1}}{2^n}\xrightarrow{n\text{很大}}\frac{2}{n} \tag{15}$$

比较式(12)和式(15)可知，式(9)中 $\varphi(\xi)$ 与 $e^{2\xi^2}$ 有相同的收敛

性,故可取

$$\varphi(\xi) = e^{2\xi^2} \tag{16}$$

将式(16)代入式(7),有

$$\psi(\xi) = e^{-\frac{\xi^2}{2}} e^{2\xi^2} = e^{\frac{3}{2}\xi^2} \tag{17}$$

当 $\xi \to \pm\infty$ 时,式(17)所表达的 $\psi(\xi)$ 是发散的,这不符合物理上的要求!式(17)发散的根本原因是 $\varphi(\xi)$ 的发散;如果将无穷级数 $\varphi(\xi)$ 截断成有限项的级数,则不会发散了。为此,对式(11),令

$$\lambda = 1 + 2n \tag{18}$$

则方程(10)终止在有限项(第 n 项)。将式(18)代入方程(8),有

$$\varphi''(\xi) - 2\xi\varphi'(\xi) + 2n\varphi(\xi) = 0 \tag{19}$$

该方程为 n 阶 Hermite 方程。这一特殊方程的解为 Hermite 多项式:

$$\varphi(\xi) = H_n(\xi) = (-1)^n e^{\xi^2} \frac{d^n}{d\xi^n} e^{-\xi^2} \tag{20}$$

再将式(20)代入式(7),可得

$$\psi_n(\xi) = e^{-\frac{\xi^2}{2}} H_n(\xi) \tag{21}$$

将 $\xi = \alpha x$ 代入式(21),并将 $\psi_n(x)$ 进行归一化,最终的本征函数为

$$\psi_n(x) = \left(\frac{m\omega}{\pi\hbar}\right)^{\frac{1}{4}} (2^n \cdot n!)^{-\frac{1}{2}} e^{-\frac{m\omega}{2\hbar}x^2} H_n\left(\sqrt{\frac{m\omega}{\hbar}}x\right), \quad n = 0,1,2,\cdots \tag{22}$$

结合式(2)与式(18),有

$$\frac{E}{\frac{1}{2}\hbar\omega} = 1 + 2n \tag{23}$$

即

$$E = E_n = \left(\frac{1}{2} + n\right)\hbar\omega, \quad n = 0,1,2,\cdots \tag{24}$$

至此,解出了一维谐振子的能量本征值。

附录C　平面波的归一化

式(2.3.15)和式(2.3.16)中留下了待确定的常数 c_{p_x}，c_{p_y}，c_{p_z} 和 c。因为 $c = c_{p_x} c_{p_y} c_{p_z}$，所以只需要确定 c_{p_x}，c_{p_y}，c_{p_z} 这三个待定常数。从式(2.3.15)中三个自由度上的波函数的数学形式来看，我们只要确定了其中的一个待定的常数，另外两个就能采用完全相同的方法获得。下面我们以式(2.3.15)中 $\psi_{p_x}(x)$为例讨论如何确定待定常量 c_{p_x}。

将式(2.3.15)中 $\psi_{p_x}(x)$的表达式代入式(2.3.18)的左边，得

$$
\begin{aligned}
&\int \psi_{p'_x}^{*}(x)\psi_{p_x}(x)\mathrm{d}x \\
&= c_{p'_x}^{*} c_{p_x} \int_{-\infty}^{\infty} \mathrm{e}^{-\mathrm{i}p'_x x/\hbar} \mathrm{e}^{\mathrm{i}p_x x/\hbar} \mathrm{d}x \\
&= c_{p'_x}^{*} c_{p_x} \int_{-\infty}^{\infty} \mathrm{e}^{-\mathrm{i}(p'_x - p_x)x/\hbar} \mathrm{d}x \\
&= c_{p'_x}^{*} c_{p_x} \left[-\frac{\hbar}{\mathrm{i}(p'_x - p_x)} \right] \\
&\quad \times \int_{-\infty}^{\infty} \mathrm{e}^{-\mathrm{i}(p'_x - p_x)x/\hbar} \mathrm{d}\left[\frac{-\mathrm{i}(p'_x - p_x)x}{\hbar} \right] \\
&= c_{p'_x}^{*} c_{p_x} \left[-\frac{\hbar}{\mathrm{i}(p'_x - p_x)} \right] \lim_{n\to\infty} \mathrm{e}^{-\mathrm{i}(p'_x - p_x)x/\hbar} \Big|_{x=-n}^{x=n} \\
&= c_{p'_x}^{*} c_{p_x} \hbar \lim_{n\to\infty} \frac{2\sin(p'_x - p_x)n}{p'_x - p_x} \\
&= c_{p'_x}^{*} c_{p_x} 2\pi \hbar \delta(p'_x - p_x)
\end{aligned}
\tag{1}
$$

[在运算中要应用 $\lim\limits_{n\to\infty} \dfrac{\sin(nx)}{x} = \pi\delta(x)$。]

将式(1)的结果与式(2.3.18)的右边对比，可得

$$|c_{p_x}|^2 2\pi\hbar = 1$$

(在归一化的积分中，$p'_x = p_x$，因而，$c_{p'_x}^{*} c_{p_x} = |c_{p_x}|^2$。)

于是

$$c_{p_x} = \frac{1}{\sqrt{2\pi\hbar}} \tag{2}$$

则有

$$\psi_{p_x}(x) = \frac{1}{\sqrt{2\pi\hbar}} \mathrm{e}^{\mathrm{i}p_x x/\hbar} \tag{3}$$

类似地，我们可以获得

$$\psi_{p_y}(y) = \frac{1}{\sqrt{2\pi\hbar}} \mathrm{e}^{\mathrm{i}p_y y/\hbar} \tag{4}$$

$$\psi_{p_z}(z) = \frac{1}{\sqrt{2\pi\hbar}} \mathrm{e}^{\mathrm{i}p_z z/\hbar} \tag{5}$$

此时，式(2.3.16)可写为

$$
\begin{aligned}
\psi(\vec{r}) &= \psi_{p_x}(x)\psi_{p_y}(y)\psi_{p_z}(z) \\
&= \left(\frac{1}{2\pi\hbar}\right)^{\frac{3}{2}} \mathrm{e}^{\mathrm{i}p_x x/\hbar} \cdot \mathrm{e}^{\mathrm{i}p_y y/\hbar} \cdot \mathrm{e}^{\mathrm{i}p_z z/\hbar} \\
&= \left(\frac{1}{2\pi\hbar}\right)^{\frac{3}{2}} \mathrm{e}^{\mathrm{i}\frac{\vec{p}\cdot\vec{r}}{\hbar}}
\end{aligned}
\tag{6}
$$

附录 D　动量表象中的坐标算符的数学形式

$$
\begin{aligned}
\langle p \mid \hat{x} \mid p' \rangle &= \left\langle p \middle| \left(\int \middle| x \rangle \langle x \mid \mathrm{d}x \right) \hat{x} \left(\int \mid x' \rangle \langle x' \mid \mathrm{d}x' \right) \middle| p' \right\rangle \\
&= \iint \langle p \mid x \rangle \langle x \mid \hat{x} \mid x' \rangle \langle x' \mid p' \rangle \mathrm{d}x \mathrm{d}x' \\
&= \frac{1}{2\pi\hbar} \iint \mathrm{e}^{-\mathrm{i}px/\hbar} x' \delta(x - x') \mathrm{e}^{\mathrm{i}p'x'/\hbar} \mathrm{d}x \mathrm{d}x' \\
&= \frac{1}{2\pi\hbar} \int \mathrm{e}^{-\mathrm{i}px/\hbar} x \mathrm{e}^{\mathrm{i}p'x/\hbar} \mathrm{d}x \\
&= \frac{1}{2\pi\hbar} \int \left(-\frac{\hbar}{\mathrm{i}} \right) \frac{\partial}{\partial p} \mathrm{e}^{\mathrm{i}(p'-p)x/\hbar} \mathrm{d}x \\
&= (\mathrm{i}\hbar) \frac{\partial}{\partial p} \left(\frac{1}{2\pi\hbar} \int_{-\infty}^{+\infty} \mathrm{e}^{\mathrm{i}(p'-p)x/\hbar} \mathrm{d}x \right) \\
&= \left(\mathrm{i}\hbar \frac{\partial}{\partial p} \right) \delta(p - p')
\end{aligned}
$$

所以，$\hat{x} = \mathrm{i}\hbar \dfrac{\partial}{\partial p}$。

附录E $\hat{\vec{j}}^2$ 的本征值为 $j(j+1)\hbar^2$ 的证明

因为$[\hat{\vec{j}}^2,\hat{j}_z]=0$，$\hat{\vec{j}}^2$ 和 $\hat{j}_z$ 有共同的本征态。设它们的共同本征态为$|\lambda m\rangle$，$\hat{\vec{j}}^2$ 的本征值为 λ。则有如下的本征方程：

$$\hat{\vec{j}}^2|\lambda m\rangle=\lambda|\lambda m\rangle \tag{1}$$

在下面的证明过程中要用到几个关键的对易式。我们就以这几个关键的对易式为线索，逐步推演，获得这个算符的本征值。

(1) 利用式(4.1.8)，$\hat{\vec{j}}^2\hat{j}_\pm=\hat{j}_\pm\hat{\vec{j}}^2$

将该对易式作用到$|\lambda m\rangle$上，有

$$\hat{\vec{j}}^2\hat{j}_\pm|\lambda m\rangle=\hat{j}_\pm\hat{\vec{j}}^2|\lambda m\rangle=\hat{j}_\pm\lambda|\lambda m\rangle=\lambda\hat{j}_\pm|\lambda m\rangle$$

即

$$\hat{\vec{j}}^2(\hat{j}_\pm|\lambda m\rangle)=\lambda(\hat{j}_\pm|\lambda m\rangle) \tag{2}$$

所以，$(\hat{j}_\pm|\lambda m\rangle)$也是$\hat{\vec{j}}^2$ 算符的一个本征态，并且属于同一个本征值 λ。

(2) 利用式(4.1.9)，$\hat{j}_z\hat{j}_\pm=\hat{j}_\pm(\hat{j}_z\pm\hbar)$

将该对易式作用到$|\lambda m\rangle$上，有

$$\begin{aligned}\hat{j}_z\hat{j}_\pm|\lambda m\rangle&=\hat{j}_\pm(\hat{j}_z\pm\hbar)|\lambda m\rangle=\hat{j}_\pm(m\hbar\pm\hbar)|\lambda m\rangle\\&=(m\pm1)\hbar\hat{j}_\pm|\lambda m\rangle\end{aligned}$$

即

$$\hat{j}_z(\hat{j}_\pm|\lambda m\rangle)=(m\pm1)\hbar(\hat{j}_\pm|\lambda m\rangle) \tag{3}$$

于是，$(\hat{j}_\pm|\lambda m\rangle)$也是 $\hat{j}_z$ 算符的本征态，只不过本征值为$(m\pm1)\hbar$ 而不是$m\hbar$。这表明 $\hat{j}_\pm$ 对态$|\lambda m\rangle$的作用导致$|\lambda m\rangle$发生改变，使该态变为属于本征值为$(m\pm1)\hbar$ 的态。换句话说，$\hat{j}_\pm$ 的作用使本征值变化了 $\pm\hbar$。

(3) 利用$\hat{\vec{j}}^2=\hat{j}_x^2+\hat{j}_y^2+\hat{j}_z^2$

在态$|\lambda m\rangle$下作如下的平均：

$$\begin{aligned}\langle\lambda m|\hat{\vec{j}}^2|\lambda m\rangle&=\langle\lambda m|\hat{j}_x^2+\hat{j}_y^2+\hat{j}_z^2|\lambda m\rangle\\&=\langle\lambda m|\hat{j}_x^2|\lambda m\rangle+\langle\lambda m|\hat{j}_y^2|\lambda m\rangle\\&\quad+\langle\lambda m|\hat{j}_z^2|\lambda m\rangle\\&=\langle\lambda m|\hat{j}_x^2|\lambda m\rangle+\langle\lambda m|\hat{j}_y^2|\lambda m\rangle+(m\hbar)^2\\&\geqslant(m\hbar)^2\end{aligned}$$

利用方程(1)，则有

$$\lambda\geqslant(m\hbar)^2>0 \tag{4}$$

从该式可知，$\hat{\vec{j}}^2$ 算符的本征值 λ 一定是正数。既然 $\lambda\geqslant(m\hbar)^2$，那么 m 应有上界和下界。不妨设其上界为 $m_{\max}$，下界为 $m_{\min}$。那么，属于本征值 $m_{\max}$ 的态为$|\lambda m_{\max}\rangle$，属于本征值 $m_{\min}$ 的态为$|\lambda m_{\min}\rangle$。根据 $\hat{j}_\pm$ 对态$|\lambda m\rangle$作用的性质，我们有

$$\hat{j}_+|\lambda m_{\max}\rangle=|0\rangle \tag{5}$$

$$\hat{j}_-|\lambda m_{\min}\rangle=|0\rangle \tag{6}$$

(4) 利用式(4.1.10)，有

$$\hat{j}_+\hat{j}_-|\lambda m_{\min}\rangle=(\hat{\vec{j}}^2-\hat{j}_z^2+\hbar\hat{j}_z)|\lambda m_{\min}\rangle \tag{7}$$

$$\hat{j}_-\hat{j}_+|\lambda m_{\max}\rangle=(\hat{\vec{j}}^2-\hat{j}_z^2-\hbar\hat{j}_z)|\lambda m_{\max}\rangle \tag{8}$$

根据升降算符的性质，上两式左边分别为

$$\hat{j}_+\hat{j}_-|\lambda m_{\min}\rangle=0 \tag{9}$$

$$\hat{j}_-\hat{j}_+|\lambda m_{\max}\rangle=0 \tag{10}$$

[对式(7)，注意到

$$\hat{j}_+\hat{j}_-|\lambda m_{\min}\rangle=\hat{j}_+(\hat{j}_-|\lambda m_{\min}\rangle)$$

$$\hat{j}_- \mid \lambda m_{\min}\rangle = \mid 0\rangle, \quad \hat{j}_+ \mid 0\rangle = \mid 0\rangle$$

于是有式(9)的结果。类似地可理解式(10)。]

而式(7)和式(8)两式的右边分别是

$$(\hat{\vec{j}}^2 - \hat{j}_z^2 + \hbar\hat{j}_z) \mid \lambda m_{\min}\rangle$$
$$= (\lambda - m_{\min}^2 \hbar^2 + m_{\min} \hbar^2) \mid \lambda m_{\min}\rangle \tag{11}$$

和

$$(\hat{\vec{j}}^2 - \hat{j}_z^2 - \hbar\hat{j}_z) \mid \lambda m_{\max}\rangle$$
$$= (\lambda - m_{\max}^2 \hbar^2 - m_{\max} \hbar^2) \mid \lambda m_{\max}\rangle \tag{12}$$

所以,有

$$(\lambda - m_{\min}^2 \hbar^2 + m_{\min} \hbar^2) \mid \lambda m_{\min}\rangle = 0 \tag{13}$$
$$(\lambda - m_{\max}^2 \hbar^2 - m_{\max} \hbar^2) \mid \lambda m_{\max}\rangle = 0 \tag{14}$$

这要求

$$\lambda = (m_{\min}^2 - m_{\min})\hbar^2 = m_{\min}(m_{\min} - 1)\hbar^2 \tag{15}$$
$$\lambda = (m_{\max}^2 + m_{\max})\hbar^2 = m_{\max}(m_{\max} + 1)\hbar^2 \tag{16}$$

必须注意的是,上面两式中的 λ 是相同的,于是有

$$m_{\min}(m_{\min} - 1) = m_{\max}(m_{\max} + 1) \tag{17}$$

这等价于

$$m_{\min}(m_{\min} - 1) = (-m_{\max})[(-m_{\max}) - 1] \tag{18}$$

所以

$$m_{\min} = -m_{\max} \tag{19}$$

据此,m 的上下界在数值上是互为相反数。我们不妨令

$$-m_{\min} = m_{\max} \equiv j \quad (j \geqslant 0) \tag{20}$$

代入式(16),有

$$\lambda = j(j+1)\hbar^2 \tag{21}$$

至此,我们获得

$$\hat{\vec{j}}^2 \mid jm\rangle = j(j+1)\hbar^2 \mid jm\rangle$$

另一方面,m 的取值应不大于 $m_{\max}$,也不小于 $m_{\min}$,即

$$-j \leqslant m \leqslant j \tag{22}$$

如前所述,升算符的每次作用都使 $m \to m+1$;那么 m 从 $m_{\min} = -j$ 变到 $m_{\max} = j$,需要升算符作用($m_{\max} - m_{\min}$)次,即 $2j$ 次。于是,$2j$ 为整数,j 只能是整数或半整数。

根据这些分析,我们知道 $-j \leqslant m \leqslant j$ 中的 m 是按如下的规则变化的:

$$m = -j, -j+1, -j+2, \cdots, j-2, j-1, j \tag{23}$$

附录 F　j_1 是任意值、$j_2=\frac{1}{2}$时的 C-G 系数公式的推导

首先给出量子数间的关系。

对给定的 j_1，有

$$m_1=-j_1,-j_1+1,\cdots,j_1 \tag{1}$$

对 $j_2=\frac{1}{2}$，有

$$m_2=-\frac{1}{2},\frac{1}{2} \tag{2}$$

$\hat{\vec{j}}_1$ 与 $\hat{\vec{j}}_2$ 耦合后，总角动量量子数

$$j=j_1+j_2,j_1+j_2-1,\cdots,|j_1-j_2|=j_1+\frac{1}{2}\text{ 或 }j_1-\frac{1}{2} \tag{3}$$

并且

$$\begin{aligned}m&=j,j-1,\cdots,-j\\&=\begin{cases}\left(j_1+\frac{1}{2}\right),\left(j_1+\frac{1}{2}\right)-1,\cdots,-\left(j_1+\frac{1}{2}\right),\\ \qquad\text{当 }j=j_1+\frac{1}{2}\text{ 时；}\\ \left(j_1-\frac{1}{2}\right),\left(j_1-\frac{1}{2}\right)-1,\cdots,-\left(j_1-\frac{1}{2}\right),\\ \qquad\text{当 }j=j_1-\frac{1}{2}\text{ 时}\end{cases}\end{aligned} \tag{4}$$

上面出现的 m 与 m_1 和 m_2 之间满足 $m=m_1+m_2$。

对式(4.1.48)，我们有

$$\begin{aligned}\left|j_1j_2jm\right\rangle&=\sum_{m_2}C_{m_2}\left|j_1m-m_2j_2m_2\right\rangle\\&=C_1\left|j_1,m-\frac{1}{2},j_2,\frac{1}{2}\right\rangle\\&\quad+C_2\left|j_1,m+\frac{1}{2},j_2,-\frac{1}{2}\right\rangle\\&=C_1\left|j_1,m-\frac{1}{2},\frac{1}{2},\frac{1}{2}\right\rangle\\&\quad+C_2\left|j_1,m+\frac{1}{2},\frac{1}{2},-\frac{1}{2}\right\rangle\end{aligned} \tag{5}$$

式中，C_1 和 C_2 是当求和中的 m_2 分别为$\frac{1}{2}$和$-\frac{1}{2}$时的展开系数。因为 $j_2=\frac{1}{2}$，而 j 取两个值，如式(4)所示，于是，式(5)中的 $|j_1j_2jm\rangle$应该有两种情形，即

$$|j_1j_2jm\rangle=\begin{cases}\left|j_1,\frac{1}{2},j_1+\frac{1}{2},m\right\rangle & (6)\\ \left|j_1,\frac{1}{2},j_1-\frac{1}{2},m\right\rangle & (7)\end{cases}$$

先考虑 $j=j_1+\frac{1}{2}$：

将式(6)代入式(5)，有

$$\begin{aligned}\left|j_1,\frac{1}{2},j_1+\frac{1}{2},m\right\rangle&=C_1\left|j_1,m-\frac{1}{2},\frac{1}{2},\frac{1}{2}\right\rangle\\&\quad+C_2\left|j_1,m+\frac{1}{2},\frac{1}{2},-\frac{1}{2}\right\rangle\end{aligned} \tag{8}$$

又因为

$$\begin{aligned}\hat{\vec{j}}^2&=(\hat{\vec{j}}_1+\hat{\vec{j}}_2)^2\\&=\hat{\vec{j}}_1^2+\hat{\vec{j}}_2^2+2\hat{\vec{j}}_1\cdot\hat{\vec{j}}_2\end{aligned}$$

$$= \hat{\vec{j}}_1^2 + \hat{\vec{j}}_2^2 + 2(\hat{j}_{1z}\hat{j}_{2z} + \hat{j}_{1x}\hat{j}_{2x} + \hat{j}_{1y}\hat{j}_{2y})$$

$$= \hat{\vec{j}}_1^2 + \hat{\vec{j}}_2^2 + 2\hat{j}_{1z}\hat{j}_{2z} + \hat{j}_{1-}\hat{j}_{2+} + \hat{j}_{1+}\hat{j}_{2-} \tag{9}$$

于是

$$\hat{\vec{j}}^2 \left| j_1, \frac{1}{2}, j_1 + \frac{1}{2}, m \right\rangle$$

$$= (\hat{\vec{j}}_1^2 + \hat{\vec{j}}_2^2 + 2\hat{j}_{1z}\hat{j}_{2z} + \hat{j}_{1-}\hat{j}_{2+} + \hat{j}_{1+}\hat{j}_{2-}) \left(C_1 \left| j_1, m - \frac{1}{2}, \frac{1}{2}, \frac{1}{2} \right\rangle + C_2 \left| j_1, m + \frac{1}{2}, \frac{1}{2}, -\frac{1}{2} \right\rangle \right) \tag{10}$$

式(10)的左边

$$= \left(j_1 + \frac{1}{2}\right)\left(j_1 + \frac{1}{2} + 1\right) \left| j_1, \frac{1}{2}, j_1 + \frac{1}{2}, m \right\rangle$$

$$= \left(j_1 + \frac{1}{2}\right)\left(j_1 + \frac{3}{2}\right)\left(C_1 \left| j_1, m - \frac{1}{2}, \frac{1}{2}, \frac{1}{2} \right\rangle + C_2 \left| j_1, m + \frac{1}{2}, \frac{1}{2}, -\frac{1}{2} \right\rangle \right) \tag{11}$$

式(10) 的右边

$$\begin{aligned}
&= C_1 \hat{\vec{j}}_1^2 \left| j_1, m - \frac{1}{2}, \frac{1}{2}, \frac{1}{2} \right\rangle + C_2 \hat{\vec{j}}_1^2 \left| j_1, m + \frac{1}{2}, \frac{1}{2}, -\frac{1}{2} \right\rangle \\
&\quad + C_1 \hat{\vec{j}}_2^2 \left| j_1, m - \frac{1}{2}, \frac{1}{2}, \frac{1}{2} \right\rangle \\
&\quad + C_2 \hat{\vec{j}}_2^2 \left| j_1, m + \frac{1}{2}, \frac{1}{2}, -\frac{1}{2} \right\rangle \\
&\quad + 2C_1 \hat{j}_{1z}\hat{j}_{2z} \left| j_1, m - \frac{1}{2}, \frac{1}{2}, \frac{1}{2} \right\rangle \\
&\quad + 2C_2 \hat{j}_{1z}\hat{j}_{2z} \left| j_1, m + \frac{1}{2}, \frac{1}{2}, -\frac{1}{2} \right\rangle \\
&\quad + C_1 \hat{j}_{1-}\hat{j}_{2+} \left| j_1, m - \frac{1}{2}, \frac{1}{2}, \frac{1}{2} \right\rangle \\
&\quad + C_2 \hat{j}_{1-}\hat{j}_{2+} \left| j_1, m + \frac{1}{2}, \frac{1}{2}, -\frac{1}{2} \right\rangle \\
&\quad + C_1 \hat{j}_{1+}\hat{j}_{2-} \left| j_1, m - \frac{1}{2}, \frac{1}{2}, \frac{1}{2} \right\rangle \\
&\quad + C_2 \hat{j}_{1+}\hat{j}_{2-} \left| j_1, m + \frac{1}{2}, \frac{1}{2}, -\frac{1}{2} \right\rangle \\
&= C_1 j_1(j_1 + 1) \left| j_1, m - \frac{1}{2}, \frac{1}{2}, \frac{1}{2} \right\rangle \\
&\quad + C_2 j_1(j_1 + 1) \left| j_1, m + \frac{1}{2}, \frac{1}{2}, -\frac{1}{2} \right\rangle \\
&\quad + C_1 \frac{1}{2}\left(\frac{1}{2} + 1\right) \left| j_1, m - \frac{1}{2}, \frac{1}{2}, \frac{1}{2} \right\rangle \\
&\quad + C_2 \frac{1}{2}\left(\frac{1}{2} + 1\right) \left| j_1, m + \frac{1}{2}, \frac{1}{2}, -\frac{1}{2} \right\rangle \\
&\quad + 2C_1 \left(m - \frac{1}{2}\right)\frac{1}{2} \left| j_1, m - \frac{1}{2}, \frac{1}{2}, \frac{1}{2} \right\rangle \\
&\quad + 2C_2 \left(m + \frac{1}{2}\right)\left(-\frac{1}{2}\right) \left| j_1, m + \frac{1}{2}, \frac{1}{2}, -\frac{1}{2} \right\rangle \\
&\quad + C_1 \hat{j}_{1-}\hat{j}_{2+} \left| j_1, m - \frac{1}{2}, \frac{1}{2}, \frac{1}{2} \right\rangle \\
&\quad + C_2 \hat{j}_{1-}\hat{j}_{2+} \left| j_1, m + \frac{1}{2}, \frac{1}{2}, -\frac{1}{2} \right\rangle \\
&\quad + C_1 \hat{j}_{1+}\hat{j}_{2-} \left| j_1, m - \frac{1}{2}, \frac{1}{2}, \frac{1}{2} \right\rangle \\
&\quad + C_2 \hat{j}_{1+}\hat{j}_{2-} \left| j_1, m + \frac{1}{2}, \frac{1}{2}, -\frac{1}{2} \right\rangle \\
&= \left[C_1 j_1(j_1 + 1) + \frac{3}{4}C_1 + C_1\left(m - \frac{1}{2}\right) + C_2\sqrt{\left(j_1 + m + \frac{1}{2}\right)\left(j_1 - m + \frac{1}{2}\right)} \right] \\
&\quad \times \left| j_1, m - \frac{1}{2}, \frac{1}{2}, \frac{1}{2} \right\rangle \\
&\quad + \left[C_2 j_1(j_1 + 1) + \frac{3}{4}C_2 + C_2\left(m + \frac{1}{2}\right) + C_1\sqrt{\left(j_1 - m + \frac{1}{2}\right)\left(j_1 + m - \frac{3}{2}\right)} \right] \\
&\quad \times \left| j_1, m + \frac{1}{2}, \frac{1}{2}, -\frac{1}{2} \right\rangle
\end{aligned} \tag{12}$$

式(11)=式(12),则有

$$C_1\left(-j_1 + m - \frac{1}{2}\right) + C_2\sqrt{\left(j_1 + m + \frac{1}{2}\right)\left(j_1 - m + \frac{1}{2}\right)} = 0 \tag{13}$$

再加上归一化条件

$$|C_1|^2 + |C_2|^2 = 1 \tag{14}$$

可解出

$$C_1 = \sqrt{\frac{j_1 + m + \frac{1}{2}}{2j_1 + 1}}, \quad C_2 = \sqrt{\frac{j_1 - m + \frac{1}{2}}{2j_1 + 1}} \tag{15}$$

对 $j = j_1 - \frac{1}{2}$：

$$\left| j_1, \frac{1}{2}, j_1 - \frac{1}{2}, m \right\rangle = C_3 \left| j_1, m - \frac{1}{2}, \frac{1}{2}, \frac{1}{2} \right\rangle + C_4 \left| j_1, m + \frac{1}{2}, \frac{1}{2}, -\frac{1}{2} \right\rangle \tag{16}$$

类似 $j = j_1 + \frac{1}{2}$ 的情况，解出

$$C_3 = -\sqrt{\frac{j_1 - m + \frac{1}{2}}{2j_1 + 1}}, \quad C_4 = \sqrt{\frac{j_1 + m + \frac{1}{2}}{2j_1 + 1}} \tag{17}$$

于是，C-G 系数 $C_{m_1 m_2}^{j_1 j_2 jm} = \langle j_1 m_1 j_2 m_2 \mid j_1 j_2 jm \rangle = \left\langle j_1 m_1 \frac{1}{2} m_2 \middle| j_1 \frac{1}{2} jm \right\rangle$，可总结成表 F.1。

表 F.1　C-G 系数

	$m_2 = \frac{1}{2}$	$m_2 = -\frac{1}{2}$
$j = j_1 + \frac{1}{2}$	$\sqrt{\frac{j_1 + m + \frac{1}{2}}{2j_1 + 1}}$	$\sqrt{\frac{j_1 - m + \frac{1}{2}}{2j_1 + 1}}$
$j = j_1 - \frac{1}{2}$	$-\sqrt{\frac{j_1 - m + \frac{1}{2}}{2j_1 + 1}}$	$\sqrt{\frac{j_1 + m + \frac{1}{2}}{2j_1 + 1}}$

（这个例子的结论将会直接应用到第 4 章中，讨论两个电子自旋角动量的耦合。）

附录 G　二级近似下的能量

$$(\hat{H}_0 - E_n^{(0)})\sum_k b_{nk} \mid \psi_k^{(0)}\rangle$$

$$= (E_n^{(1)} - \hat{W})\sum_k a_{nk} \mid \psi_k^{(0)}\rangle + E_n^{(2)} \mid \psi_n^{(0)}\rangle \qquad (1)$$

用$\langle \psi_{k'}^{(0)} |$左乘上面等式的各项，得

$$\langle \psi_{k'}^{(0)} \mid (\hat{H}_0 - E_n^{(0)})\sum_k b_{nk} \mid \psi_k^{(0)}\rangle$$

$$= \langle \psi_{k'}^{(0)} \mid (E_n^{(1)} - \hat{W})\sum_k a_{nk} \mid \psi_k^{(0)}\rangle + \langle \psi_{k'}^{(0)} \mid E_n^{(2)} \mid \psi_n^{(0)}\rangle$$

$$\langle \psi_{k'}^{(0)} \mid \hat{H}_0 \sum_k b_{nk} \mid \psi_k^{(0)}\rangle - \langle \psi_{k'}^{(0)} \mid E_n^{(0)} \sum_k b_{nk} \mid \psi_k^{(0)}\rangle$$

$$= \langle \psi_{k'}^{(0)} \mid E_n^{(1)} \sum_k a_{nk} \mid \psi_k^{(0)}\rangle - \langle \psi_{k'}^{(0)} \mid \hat{W} \sum_k a_{nk} \mid \psi_k^{(0)}\rangle + \langle \psi_{k'}^{(0)} \mid E_n^{(2)} \mid \psi_n^{(0)}\rangle$$

$$\sum_k b_{nk} E_k^{(0)} \delta_{k'k} - E_n^{(0)} \sum_k b_{nk} \delta_{k'k}$$

$$= E_n^{(1)} \sum_k a_{nk} \delta_{k'k} - \sum_k a_{nk} W_{k'k} + E_n^{(2)} \delta_{k'n}$$

$$b_{nk'} E_{k'}^{(0)} - E_n^{(0)} b_{nk'} = E_n^{(1)} a_{nk'} - \sum_k a_{nk} W_{k'k} + E_n^{(2)} \delta_{k'n} \qquad (2)$$

考察式(2)，当 $k' = n$ 时

$$b_{nn} E_n^{(0)} - E_n^{(0)} b_{nn} = E_n^{(1)} a_{nn} - \sum_k a_{nk} W_{nk} + E_n^{(2)}$$

即

$$E_n^{(2)} = \sum_k a_{nk} W_{nk} - a_{nn} E_n^{(1)}$$

$$= \left(\sum_{k \neq n} a_{nk} W_{nk} + a_{nn} W_{nn}\right) - a_{nn} E_n^{(1)}$$

$$= \sum_{k \neq n} a_{nk} W_{nk}$$

$$= \sum_{k \neq n} \frac{|W_{nk}|^2}{E_n^{(0)} - E_k^{(0)}}$$

于是，二级近似下的能量为

$$E_n = E_n^{(0)} + \lambda W_{nn} + \lambda^2 E_n^{(2)}$$

$$= E_n^{(0)} + H'_{nn} + \lambda^2 \sum_{k \neq n} \frac{|W_{nk}|^2}{E_n^{(0)} - E_k^{(0)}}$$

$$= E_n^{(0)} + H'_{nn} + \sum_{k \neq n} \frac{|H'_{nk}|^2}{E_n^{(0)} - E_k^{(0)}}$$

附录H　含时微扰体系在一级近似下的波函数展开系数的推导

将式(6.3.10)代入式(6.3.8),则有

$$\mathrm{i}\hbar\dot{C}_{mk}(\lambda,t)=\lambda\sum_{n}C_{nk}(\lambda,t)W_{mn}(t)\mathrm{e}^{\mathrm{i}\omega_{mn}t}\tag{1}$$

令

$$\begin{aligned}C_{nk}(\lambda,t)&=\lambda^{0}C_{nk}^{(0)}(t)+\lambda^{1}C_{nk}^{(1)}(t)+\lambda^{2}C_{nk}^{(2)}(t)+\cdots\\&=\sum_{l=0}^{\infty}\lambda^{l}C_{nk}^{(l)}(t)\end{aligned}\tag{2}$$

代入式(1),得

$$\mathrm{i}\hbar\sum_{l=0}^{\infty}\lambda^{l}\dot{C}_{mk}^{(l)}(t)=\sum_{l=0}^{\infty}\lambda^{l+1}\sum_{n}W_{mn}(t)C_{nk}^{(l)}(t)\mathrm{e}^{\mathrm{i}\omega_{mn}t}\tag{3}$$

比较方程两边 λ 的同幂次的系数,得到下面的等式:

$$\begin{aligned}&\lambda^{0}:\quad \mathrm{i}\hbar\dot{C}_{mk}^{(0)}(t)=0\\&\lambda^{1}:\quad \mathrm{i}\hbar\dot{C}_{mk}^{(1)}(t)=\sum_{n}W_{mn}(t)C_{nk}^{(0)}(t)\mathrm{e}^{\mathrm{i}\omega_{mn}t}\\&\quad\vdots\qquad\qquad\qquad\vdots\end{aligned}\tag{4}$$

可以证明(见附录I):

$$C_{mk}^{(0)}(t)=\delta_{mk}\tag{5}$$

对式(4)关于时间 t 积分,可得

$$\begin{aligned}C_{mk}^{(1)}(t)&=\frac{1}{\mathrm{i}\hbar}\int_{t_0}^{t}\mathrm{d}t'\sum_{n}W_{mn}(t')C_{nk}^{(0)}(t')\mathrm{e}^{\mathrm{i}\omega_{mn}t'}\\&=\frac{1}{\mathrm{i}\hbar}\int_{t_0}^{t}\mathrm{d}t'\sum_{n}W_{mn}(t')\delta_{nk}\mathrm{e}^{\mathrm{i}\omega_{mn}t'}\\&=\frac{1}{\mathrm{i}\hbar}\int_{t_0}^{t}\mathrm{d}t'W_{mk}(t')\mathrm{e}^{\mathrm{i}\omega_{mk}t'}\end{aligned}\tag{6}$$

类似地,可得到更高阶项的系数 $C_{mk}^{(l)}(t)(l>1)$。由于微扰项对体系的“干扰”是非常微弱的,我们在处理许多含时的微扰问题时,常常只要近似到一级微扰修正就可以了。所以,在一级近似下,式(2)中 $C_{nk}(t)$可近似为

$$\begin{aligned}C_{nk}(t)&\approx C_{nk}^{(0)}(t)+\lambda C_{nk}^{(1)}(t)\\&=\delta_{nk}+\frac{1}{\mathrm{i}\hbar}\int_{t_0}^{t}\mathrm{d}t'[\lambda W_{nk}(t')]\mathrm{e}^{\mathrm{i}\omega_{nk}t'}\\&=\delta_{nk}+\frac{1}{\mathrm{i}\hbar}\int_{t_0}^{t}\mathrm{d}t'H'_{nk}(t')\mathrm{e}^{\mathrm{i}\omega_{nk}t'}\end{aligned}$$

对于 k 态向 n 态的跃迁,上式中的 $k\neq n$,则 $\delta_{nk}=0$。于是

$$C_{nk}(t)=\frac{1}{\mathrm{i}\hbar}\int_{t_0}^{t}\mathrm{d}t'H'_{nk}(t')\mathrm{e}^{\mathrm{i}\omega_{nk}t'}\tag{7}$$

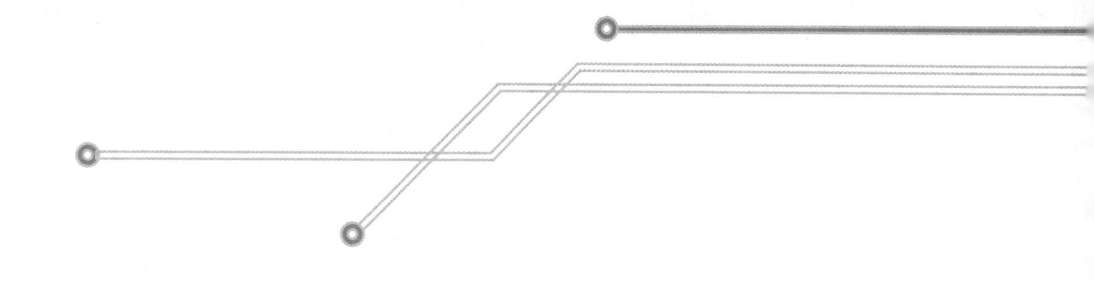

附录I 附录H中式(5)的证明

由 $\mathrm{i}\hbar\dot{C}_{mk}^{(0)}=0$ 可知 $C_{mk}^{(0)}$ 是与时间无关的常数，那么可以选择一个特殊时刻的情况来解出 $C_{mk}^{(0)}(t)$，此时，解出的 $C_{mk}^{(0)}(t)$ 也就是附录H中式(5)中的常数。所以，我们不妨令初始时刻体系处于 $|\psi_k\rangle$ 态，即 $|\psi_k(t=0)\rangle$，此时，微扰尚未加上，体系的初态就是 $\hat{H}_0$ 的本征态。既然如此，我们可令 $|\psi_k(t=0)\rangle=|\varphi_k\rangle$。另一方面，$|\psi_k(t=0)\rangle$ 当然可以在 $\hat{H}_0$ 表象中展开。于是，我们有

$$|\psi_k(t=0)\rangle=|\varphi_k\rangle=\sum_n C_{nk}(t=0)|\varphi_n\rangle \tag{1}$$

用 $\langle\varphi_m|$ 左乘(1)第二个等号的两边，有

$$\langle\varphi_m|\varphi_k\rangle=\sum_n C_{nk}(0)\langle\varphi_m|\varphi_n\rangle \tag{2}$$

故有

$$\delta_{mk}=\sum_n C_{nk}(0)\delta_{mn}=C_{mk}(0)$$

名词索引